無線工学A

第一級陸上無線技術士
第二級陸上無線技術士
第一級総合無線通信士

入門
無線機器
および 測定

▶ **無線機器**

▶ **測定**

一之瀬　優　著

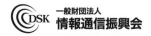

一般財団法人
情報通信振興会

まえがき

　通信は、離れたところにいる相手と情報交換することであり、その手段として現在では電気通信が使われている。初期の電気通信は有線通信であったが、電波の発見により線を張らないで情報を送ることができる無線通信が使われるようになり、移動しながらどこからでも通信できる現在のような情報化社会ができ上がった。この便利な電波は限られた資源であり、誰でもが勝手に使うことは許されない。もし、皆が勝手に使うと、お互いに混信して話もできなくなり、テレビやラジオにも妨害を与えて今のようなきれいな画像や音声を楽しむことや、航空機、船、車などを安全に運行できなくなる。このため、各国の政府は免許を発行し、認めた者だけに厳しい条件の下で電波の使用を許可している。さらに、その電波が決められた条件で使用されているかどうかを専門的な知識を持つ者に監視させ操作させるように義務づけている。この専門的知識を持つ者が陸上無線技術士と総合・海上無線通信士であり、国家試験に合格した者に免許が与えられている。

　陸上無線技術士の国家試験には電波法規、無線工学の基礎、無線工学Ａ（無線機器）、無線工学Ｂ（アンテナと電波伝搬）の４科目があり、また総合・海上無線通信士の試験にはこれに加えて地理、英語、送受信の実技がある。この本は、これらの科目のうち無線機器（無線工学Ａ）の基礎知識を習得するための学習参考書である。内容は高等学校の電気関連のコースを卒業した人、または同程度の電気基礎知識を持っている人が理解できる程度であり、第二級陸上無線技術士と第一

1

級総合・海上無線通信士の国家試験の受験者に必要な基礎知識を得る
ために、また第一級陸上無線技術士の試験を目指す人の入門書とし
て、過去の試験に出題されたテーマを中心に広い範囲の知識が得られ
るようにした。さらに、専門用語には解説を加え、重要な数式などに
は網掛けした。

　読者は、この本の内容を理解した上、過去の国家試験問題を解くこ
とで一層確かな知識を得ることができるであろう。なお、第一級陸上
無線技術士の試験には、よりハイレベルの基礎知識を要求する試験問
題が多く出題されている。そのような知識を得るために、この本の姉
妹編として（一陸技）無線工学Ａ（情報通信振興会編）が用意されて
いる。

　　2020年2月

　　　　　　　　　　　　　　　　　　　　　　　一之瀬　優

目　次

第1章

無線通信の基礎 ··········· *13*

第2章

AM 送信機 ······ *69*

第3章

FM 送信機 ······ *85*

第4章

受信機 ······ *95*

第7章

デジタル通信の原理と技術 …… *135*

第8章

多重通信 ……………… *163*

第9章

デジタル無線伝送 ……… *181*

第10章

衛星通信 ……… *195*

第13章

電源 ········· 263

付　録

第1章

無線通信の基礎

　無線通信はいうまでもなく電波を使う。電波は通信以外にもレーダや電子レンジなど多くの分野で利用されている。この章では電波を利用する機器を理解するのに必要な最低の基礎知識を学ぶ。なお、さらに詳しい基礎的内容を知りたい場合には「無線工学の基礎」の参考書等（例えば：無線工学の基礎、情報通信振興会編）を参照されたい。

1.1　無線通信のしくみ

1.1.1　無線通信の種類

⑴　一般無線通信

　特定の相手との間で情報の交換を行うものであり、個別に専用の装置を持つ個別通信と通信会社の装置を使う公衆通信がある。

　公衆通信には携帯電話があり、通信会社に使用料を払って多数の人が一つの中継装置を共同で使う。

　個別通信には業務用として警察無線、防災無線、タクシー無線などがあり、また、航行援助無線として航空用と船舶用がある。その他にアマチュア無線がある。

⑵　放送

　不特定の相手に一方的に情報を送るものであり、地方自治体やNHK などの公共放送と放送会社などが行っている民間放送がある。

　現在、我が国で行われている放送の主なものは、ラジオ放送、テレビ放送などがある。

　ラジオ放送は、中波 AM 放送、短波 AM 放送、FM 放送などがある。

　テレビ放送には、地上波テレビ放送、衛星テレビ放送がある。

1.1.2 電波の名称

電波は周波数が変わっても電波そのものの性質は変わらないから、これを分類することはできない。しかし、周波数によって伝わり方が異なるので、我々は便宜的に周波数または波長によって電波を分類している。図1.1に周波数帯と波長の名称を示す。これらとは別の呼び方として、マイクロ波（約1〜15〔GHz〕）、準ミリ波（約15〜30〔GHz〕）、ミリ波（約30〔GHz〕〜）などがあるが、これらをさらに細分したバンド名で呼ぶこともある。表1.1はバンドと呼ばれる分類である。

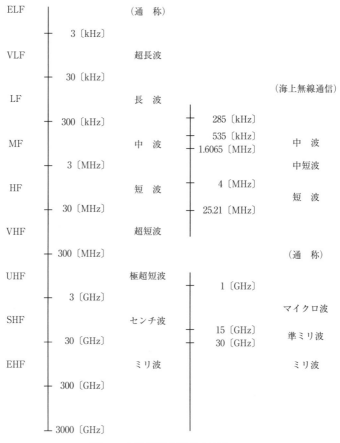

図1.1 周波数帯と波長の名称

表1.1　バンド名

バンド	周波数の範囲〔GHz〕
L	1 ～ 2
S	2 ～ 4
C	4 ～ 8
X	8 ～ 12.5
Ku	12.5 ～ 18
K	18 ～ 26.5
Ka	26.5 ～ 40

1.1.3　無線通信の通信方式

　無線通信では通信相手と同じ周波数を同時に使うことはできない。そこで以下に述べるようないくつかの通信方式がある。

⑴　単向通信方式

　これは相手に一方的に情報を送る方式である。したがって、情報を受け取る側には送信機がない。

⑵　単信方式

　通信相手双方に送受信機を備えていて、交互に送受を切り替えて話をする。すなわち一方が電波を出しているときには相手は電波を出さず聞いている、すなわち受信をしている。この方式において、使用周波数が双方共に同じ場合を1周波単信方式、異なる周波数を使う場合を2周波単信方式という。1周波単信方式は、図1.2のように、アンテナなどを送信と受信に共用できるので都合がよい。

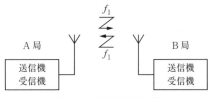

図1.2　1周波単信方式

15

⑶ **複信方式**

　通信相手双方が送受信機を持ち、異なる周波数を使う。すなわち、一般の有線電話と同じように会話がスムーズに行える。図1.3は複信方式の説明である。この方式は、前述の方式の2倍の周波数を使うので、救急車のように人命にかかわるような重要な通信にのみ使われる。

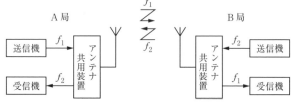

図1.3　複信方式

⑷ **同報通信方式**

　送信機から一つの周波数を使って情報を同時に複数の受信者に送る方式である。受信側は情報を送る送信機を持っていない。この方式は放送や防災無線などで使われている。

1.1.4　無線装置

　無線通信で使われる装置は、大きく分けて電波を作り出す送信機、電波を受け取る受信機、電波を送受するアンテナの三つで構成されている。ただし、この本ではアンテナは扱わない。

⑴ **送信機**

　送る情報の種類によって色々な型式の送信機があるが、基本的には同じである。送信機の主な役割は、情報を持った電気信号を**高周波★**（**RF**：radio frequency）に乗せて、これをアンテナから電波として放射することである。この場合の高周波は情報を乗せて運ぶという意味で**搬送波**（carrier）といい、これに対して情報を持った電気信号を**信号波**という。図1.4は送信機の基本構成を示すブロック図である。搬送波となる高周波は信号波の数百倍以上の周波数の正弦波であって、

★ 高周波：10〔kHz〕以上の高い周波数の電気振動

送信機中の高周波発振器で作られる。一方、音声などの情報はマイクロホンなどで**低周波**（約20〔Hz〕～15〔kHz〕の周波数）の電気信号に変えられ、低周波増幅器で必要な大きさの信号波に増幅★★される。この信号波を搬送波に乗せる操作を**変調**（1.5節参照）といい、変調器で行われる。搬送波を信号波で変調した波を**被変調波**ということがあり、これが高周波増幅器で増幅されてアンテナから電波として送出される。一般に、信号波は音声や映像などを電気信号に変えた低周波信号やパルス信号である。

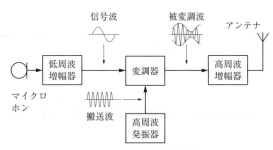

図1.4　送信機の基本構成

(2) 受信機

　受信アンテナには色々な送信機から発射された電波がとらえられて高周波の電気信号（高周波信号）に変えられている。受信機では、これらの内から希望する信号を取り出すために周波数選択回路を通し、それを高周波増幅器で増幅してから信号波を分離して取り出す。この分離操作を**復調**（変調に対して使われる）または**検波**といい、復調器または検波器で行う。検波によって取り出された信号波は小さいので、これを低周波増幅器で増幅してスピーカなどへ出力する。図1.5

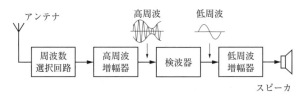

図1.5　基本的な受信機の構成例

★★増幅：信号の電圧または電流の振幅を大きくすること

は基本的な受信機の構成例を示すブロック図である。高周波信号を増幅する方法により受信機の型式が異なる。高周波信号をそのまま検波して増幅する受信機を**ストレート受信機**といい、また、高周波信号を増幅しやすい中間周波数（4.2.2項参照）に変えてから検波して増幅する受信機を**スーパヘテロダイン受信機**という。この受信機については後の章で詳しく述べる。

1.2 空中線電力

通常、高周波信号という用語は導体中を伝わるときに使われる呼び方であり、電波は高周波信号がそのままアンテナ（電波法では空中線という）から放出されて空間に出たものであると考えられるので、両者は全く同じものである。アンテナから放射される電波の電力は、アンテナから四方八方へ放射される電波の電力の総和である。この電波の電力をすべて測定することは一般に困難であるので、アンテナから放射される前の高周波信号の電力を放射電波の電力、すなわち空中線電力としている。

送信機から出てアンテナへ向かう高周波信号の電圧を v、電流を i とし、それぞれ次式で与えられるとする★。

$$v = V_m \sin \omega t = \sqrt{2}\, V \sin \omega t \;\,〔\mathrm{V}〕 \qquad \cdots(1.1)$$

$$i = I_m \sin \omega t = \sqrt{2}\, I \sin \omega t \;\,〔\mathrm{A}〕 \qquad \cdots(1.2)$$

ただし、V_m と I_m はそれぞれ高周波信号の電圧と電流の最大値、V と I はそれぞれ電圧と電流の実効値であり、ω は**角周波数**★★(次頁)といわれ、$\omega = 2\pi f$ で、f は周波数である。

★電圧や電流を数式で表すとき、直流は大文字、交流は小文字で表し、変数はすべて斜体にする。ただし、実効値と最大値などは大文字にする。

★★角周波数の定義

電波や電圧、電流などは一般に $A\sin\theta$ のように正弦波によって表される。ただし、A は振幅で一定であり、θ は角度であって変数である。下図はこれらの関係を図にしたものである。

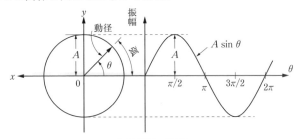

角周波数の説明

図において、xy 座標の原点 O を中心にして半径 A の動径（回転する半径 A の線）が反時計回りに x 軸から角度 θ だけ回転したとき、

$$\theta = (\text{回転角度 } \theta \text{ に対応する弧の長さ})/(\text{円の半径 } A) \qquad \cdots ①$$

を**弧度法**で表した角度（単位はラジアン〔rad〕）という。これに対して、一般生活で使われている角度は度数法（単位は度〔°〕）である。例えば、360° を弧度法で表せば、弧の長さは円周であるから、半径 r の円を考えれば $2\pi r$ である。したがって、

$$\theta = \frac{2\pi r}{r} = 2\pi \,\, \text{〔rad〕} \qquad \cdots ②$$

となる。無線通信の分野では、この弧度法による角度が使われる。

図において、動径の先端の動きを y 軸に投影し横軸を θ にして描くと右側の正弦曲線になる。この曲線が $A\sin\theta$ の電波などを表していることになる。θ は一定の割合で増加するものとすれば、動径は一定の速さで原点の周りを反時計方向に回転することになる。その回転速度を角速度といい、これを φ で表す。角速度 φ は、θ が Δt 時間に $\Delta\theta$ だけ増加したとすると、

$$\varphi = \frac{\Delta\theta}{\Delta t} \qquad \cdots ③$$

である。したがって、もし動径が 1 秒間に 1 周すれば θ は 2π〔rad〕になり、n 周すれば $2\pi n$〔rad〕なるから、φ は $2\pi n$〔rad/sec〕となる。このとき正弦波は n 回振動したことになる。電波などでは、波の 1 秒間の振動数をヘルツ〔Hz〕という単位を使い、振動数 n を f に置き換えて f〔Hz〕のように表すのが慣例になっている。ゆえに、$2\pi n$〔rad〕は $2\pi f$〔rad〕の

ように書き換えられる。さらに、φ を ω に変えて、

$\omega = 2\pi f$ 〔rad/sec〕 …④

のように表し、これを**角周波数**と呼んでいる。

したがって、角周波数の定義は式③がそのまま使えて、次式となる。

$\omega = \dfrac{\Delta\theta}{\Delta t}$ …⑤

図の正弦波を、例えば電圧 v とすれば、v は次式のように表される。

$v = A\sin\theta$ …⑥

この正弦波の変数 θ を時間 t で表すと理解しやすく、また数学的取扱いにも都合がよい。そこで、式⑤より、$\theta = \omega t$ の関係を使って、式⑥を書き替えると次式になる。

$v = A\sin\omega t$ …⑦

これが正弦波の一般的な数学的表現である。この場合、ωt は一つの文字のように扱われ単位は〔rad〕である。

—・—・—・—・—・—・—・—・—・—・—・—・—

したがって、高周波信号の瞬時電力 p は次式で与えられる。

$$
\begin{aligned}
p = vi &= \sqrt{2}\,V\sin\omega t \cdot \sqrt{2}\,I\sin\omega t \\
&= 2VI\sin^2\omega t = VI(1-\cos 2\omega t)^\star \\
&= VI - VI\cos 2\omega t \ \text{〔W〕}
\end{aligned}
$$ …(1.3)

上式の右辺第2項は、周波数が f の2倍で正負に変化する電力を表しているので、f の1周期について平均すると0になるから、式（1.3）は次式のようになる。

$$ P = VI = \dfrac{V^2}{R} = I^2 R \ \text{〔W〕} $$ …(1.4)

ただし、P は高周波電力（空中線電力となる）であり、R〔Ω〕はアンテナ抵抗（アンテナの放射抵抗）である。

$\star$ 公式：$\sin^2\theta = (1-\cos 2\theta)/2$

このように、アンテナ抵抗が分かっていれば、高周波信号の電圧または電流を測定することによって、アンテナから放射される全電力を推定することができる。通常、アンテナ抵抗は既知のことが多い。

1.3 増幅回路

我々が普段扱っている信号の強度は非常に小さいので、電波によって遠方まで飛ばすには大きく増幅した高周波電力が必要になる。また、受信した信号も非常に弱いので増幅しなければ人が見聞きすることはできない。増幅するのに使われる回路を増幅回路または増幅器（amplifier：アンプリファイア）という。

増幅回路には、周波数で分類した高周波増幅回路、中間周波増幅回路、低周波増幅回路、直流増幅回路などがあり、また、出力の種類で分類した電圧（または電流）増幅回路、電力増幅回路が、デバイスによって分類したトランジスタ増幅回路、FET 増幅回路、電子管増幅回路などがある。

1.3.1 増幅回路の性能

それぞれの増幅回路を特徴付けるものとして、増幅度や周波数特性など多くの指標があるが、ここではこれらのうち代表的なものについて述べる。

(1) 増幅度

式（1.1）で与えられる信号電圧の振幅を A 倍に増幅すると、その出力 v_A は次式のようになる。

$$v_A = A V_m \sin \omega t \qquad \cdots (1.5)$$

このように、電圧の振幅だけを A 倍にすることを**電圧増幅**という。同様に、電流だけを増幅すると**電流増幅**、電圧と電流を同時に増幅すれば**電力増幅**となる。このとき、A を増幅回路の**増幅度**または増幅率

という。増幅度や増幅率は出力と入力の比であるから単位のない無名数であるが、**デシベル**〔dB〕で表されることが多い。デシベルで表した増幅度や増幅率を**利得**という。利得は増幅回路以外でも、例えば、アンテナ利得や変換利得などのように多く使われている。

デシベルは電力の比で定義されているので、増幅回路の入力電力をP_i、出力電力をP_oとすれば、デシベルで表した**電力増幅度**（すなわち**電力利得**）G_Pは次式のようになる。

$$G_P = 10 \log_{10} \frac{P_o}{P_i} \qquad \cdots (1.6)$$

増幅回路の出力電力は式（1.4）で表されるので、増幅回路の入力電圧と出力電圧の実効値をそれぞれ V_i と V_o とし、増幅回路の入力抵抗と出力抵抗 R が等しいとすれば、式（1.6）は次のようになる。

$$G_P = 10 \log_{10} \frac{{V_o}^2/R}{{V_i}^2/R} = 10 \log_{10} \left(\frac{V_o}{V_i} \right)^2 = 20 \log_{10} \frac{V_o}{V_i} \quad \cdots (1.7)$$

上式中の V_o/V_i は電圧が増幅された割合であるので電圧増幅度であり、デシベル表示の**電圧増幅度**（すなわち**電圧利得**）G_V は次のようになる。

$$G_V = 20 \log_{10} \frac{V_o}{V_i} \qquad \cdots (1.8)$$

式（1.7）から、電力増幅度 P_o/P_i は電圧増幅度 V_o/V_i を2乗したものに等しいことが分かる。したがって、電力増幅度と電圧増幅度が同じ場合、これをデシベルで表した電力利得と電圧利得は異なることになる。例えば、電力増幅度 P_o/P_i と電圧増幅度 V_o/V_i が共に2である場合、電力利得は式（1.6）から3〔dB〕であり、電圧利得は式（1.8）から6〔dB〕となる。したがって、電力利得と電圧利得を共に G と書くことが必要なときには、電力利得 G〔dB〕、電圧利得 G〔dB〕などのように書く。以上の説明では、電流増幅度と電流利得について触

れなかったが、これらは電圧増幅度、電圧利得と同様に考えればよい。

利得や増幅度を単に A と表記する場合、これがデシベル値か**真数**★かを区別するために A〔dB〕や A（真数）のように書くことがある。利得と同様に減衰量もデシベルで表すことが多い。このようにすると、減衰回路と増幅回路が複雑に接続された装置などの全体の利得を、減衰量〔dB〕と利得〔dB〕の加減算で簡単に求めることができる。

★ 真数：$A = \log B$ のように表すとき、A を対数、B を真数という。すなわち、対数に変換する前の数値を真数という。

〔参考〕利得以外で使われるデシベル

送信電力や電界強度などもデシベルで表すことがある。例えば、送信機の送信電力が 200〔W〕のとき、これをデシベルで表すことを考えてみる。式 (1.6) の真数は比でなければならないから、200〔W〕をそのまま式 (1.6) へ代入してもデシベルにはならない。すなわち、200〔W〕を「何か」に対する比で表す必要がある。この「何か」は基準になる値であり、通常、基本単位で、例えば、電力では 1〔W〕である。また、電力の値が小さい場合には 1〔mW〕が基準値として使われる。そこで、1〔W〕と 1〔mW〕の二つの基準値に対する 200〔W〕の比を求めてみると、200〔W〕/1〔W〕= 200、200〔W〕/1〔mW〕= 200×10^3 のようになる。これらの比の値を式 (1.6) へ代入すれば次のようになる。

$$W_1 = 10 \log_{10} 200 = 10 \log_{10}(2 \times 10^2) = 10 \log_{10} 2 + 10 \log_{10} 10^2$$
$$= 23 \text{〔dB〕} \qquad \cdots ①$$
$$W_2 = 10 \log_{10}(200 \times 10^3) = 10 \log_{10}(2 \times 10^5) = 53 \text{〔dB〕} \qquad \cdots ②$$

このように、200〔W〕の電力に対するデシベル値は基準値によって変わることになる。そこで、そのデシベル値がどの基準値を使ったものであるかを以下のようにして表示する。すなわち、W_1 は 1〔W〕を基準値にしているので単に 23〔dB〕、また W_2 は 1〔mW〕を基準値にしているので 53〔dBm〕（デービーエムと読む、〔dBmW〕のようには書かない）のように dB の後に使用した単位の接頭語の記号（巻末の接頭語表を参照）を添え字として表記する。

電圧では 1〔V〕が基準値であり、値が小さい場合には 1〔μV〕を基準値として使い〔dBμ〕（デービーマイクロと読む、〔dBμV〕のように書いてはいけない）と表記する。

(2)　周波数特性

　音声増幅回路では数十〔Hz〕から十数〔kHz〕まで増幅度が均一であることが望まれる。一方、高周波増幅回路では、一つの周波数を中心にした狭い範囲だけを大きく増幅する増幅回路が必要である。増幅回路の持つこのような周波数に対する増幅度の変化をグラフにしたものを**周波数特性**という。すなわち、周波数特性は、増幅器の入力に振幅が一定の電圧を加え周波数を連続的に変化させて、その出力電圧を測定し、増幅度（利得）を求めて図1.6のようなグラフにしたものである。

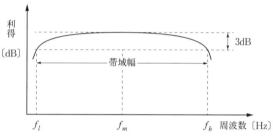

図1.6　周波数特性

　このようなグラフは有用な情報を与えてくれるが、これを一つの数値で表すことが必要な場合がある。周波数特性は、一般に、高い方と低い方の周波数で低下し、中央で最大になる。図のように、中央の周波数を f_m〔Hz〕とし、f_m における増幅度より 3〔dB〕低くなった点の上下の周波数をそれぞれ f_h〔Hz〕、f_l〔Hz〕とすれば、低周波増幅回路では f_h を**高域遮断周波数**、f_l を**低域遮断周波数**と呼ぶ。また、高周波回路では周波数差 $f_h - f_l$ を**帯域幅**と呼び B〔Hz〕で表す。なお、上記の帯域幅を **3〔dB〕帯域幅**と呼ぶ。これに対して増幅度が 6〔dB〕低い点間の周波数幅を 6〔dB〕帯域幅と呼ぶことがある。一般に、帯域内での周波数特性は平坦であることが望ましい。

(3)　ひずみ

　通常の増幅回路では、入力信号の波形と出力信号の波形が相似であることが良い増幅回路の条件の一つである。しかし、増幅回路は多数の部品で構成されていて、それぞれ異なった特性を持っているので、

ひずみの発生することが多い。

(a)　**非直線ひずみ**

増幅回路への入力信号の振幅を徐々に大きくしたとき、それに比例して出力信号も大きくなれば、入力と出力は比例している。例えば、図1.7の通常の入出力特性で、入力が $0 \sim v_{iP}$ の範囲では入力と出力は直線関係（比例関係）にある。しかし、この範囲を超えると入力と出力は比例しなくなり、出力は飽和する。増幅回路は通常このような**飽和特性**を持っている。このような入出力特性を持つ増幅回路において、直線範囲だけを使う増幅器を**直線増幅器**といい、ひずみは発生しない。しかし、図1.8のように入出力特性が直線でない（非直線）場合、入力波形と出力波形が比例しない。すなわち、非直線ひずみが発生することになる。トランジスタの特性は、入力の小さい部分が非直線になっていて、また非常に大きな入力に対しても飽和する非直線になっている。

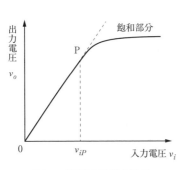

図1.7　通常の入出力特性

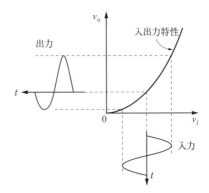

図1.8　非直線の入出力特性

(b)　**周波数ひずみ**

増幅回路にはコンデンサなどの部品が多く使われているため、周波数によってそれらのリアクタンスの値が異なる。このため、周波数によって増幅度が変わることがある。このような増幅回路では、多数の周波数でできている複雑な波形の信号を増幅する場合にひずみが発生する。このひずみを**周波数ひずみ**という。

(c) 位相ひずみ

例えば、音声は異なる多数の周波数が合成された複雑な波形である。合成される周波数の数や位相の相互関係が異なると音程が同じでも音色が異なる。複雑な波形の音を増幅器に通したとき、音色が変わったとすれば元の音はひずんだことになる。もし、増幅器の周波数特性が平坦であっても、信号の増幅回路を通過する時間が周波数によって異なると位相の相互関係が変わってしまう。このような原因で発生するひずみを**位相ひずみ**という。位相ひずみと周波数ひずみは直線増幅回路であっても発生するので、これらを**直線ひずみ**ということがある。

(4) **雑音**

一般に、目的信号より非常に早く不規則に振動する電気振動を雑音と呼んでいる。増幅などを行う場合、信号に対する雑音の割合はできるだけ小さい方がよい。雑音が信号に対してどの程度の割合であるかを表す指標として、信号 S と雑音 N の比（S/N）がある。これを SN 比（4.1.1項参照）と呼び、この値は大きい方がよい。

雑音には増幅回路の内部で発生する**内部雑音**と外部から取り込まれた**外部雑音**がある。このうち、信号を増幅するときに問題になるのは内部雑音である。内部雑音には熱雑音とトランジスタ雑音がある。

(a) **熱雑音**

熱雑音はすべての導体内で発生するものであり、自由電子が熱エネルギーを得て複雑に振動することによって発生する。その大きさは $\sqrt{TBR}$ に比例する。ただし、T は絶対温度、B は帯域幅、R は導体の抵抗である。

熱雑音は広い周波数帯域にわたって一様に分布していて、**白色雑音**とも呼ばれる。

(b) トランジスタ雑音

トランジスタ雑音は、エミッタとコレクタの接合部で発生する**散乱雑音**、キャリヤ（電子か正孔）がベースとコレクタに分配されるときに発生する**分配雑音**がある。これらの雑音の周波数分布は、図1.9に

示すように、低域方向には 3
〔dB/oct〕（オクターブ当たり、
oct は octave の略で 2 倍を意味す
る）の傾斜で、また高域方向には
6〔dB/oct〕の傾斜で増加する。

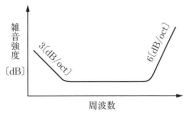

図1.9　トランジスタ雑音の周波数分布

1.3.2　トランジスタ増幅回路

　固体増幅回路にはトランジスタ増幅回路と FET 増幅回路がある。
その違いは、トランジスタ増幅回路はトランジスタが**電流制御素子★**
であるので電流増幅になり、FET 増幅回路は FET が**電圧制御素子
★★**であるので電圧増幅になることである。ここではトランジスタ増
幅回路についてのみ簡単に述べる。

　増幅回路または増幅器をブロック図で描き表す場合には、図1.10の
ような図を使う。これを**図記号**という。一般に、回路や部品などには
決められた図記号があるので、以後、この
本でもこれらの図記号を使うことにする。
電気通信関係で使われる主な図記号を巻末
に掲載してあるので、これを参照していた
だきたい。

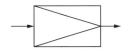

図1.10　増幅回路の図記号

　トランジスタ増幅回路は端子の接地方式の違いにより、エミッタ接
地回路、ベース接地回路、コレクタ接地回路があるが、ここでは最も
多く使われるエミッタ接地回路について説明する。次の表1.2は三つ
の接地回路の特徴を比較したものである。

- -

　★電流制御素子：電流を入力として使い、電流の変化で出力電流を変化させ
　　る素子。入力電流が比較的大きいので、（入力電圧）/（入力電流）で計算さ
　　れる入力抵抗は小さい。
　★★電圧制御素子：電圧を入力として使い、電圧の変化で出力電流を変化させ
　　る素子。入力電流が非常に小さい（ほぼ 0 ）ので、（入力電圧）/（入力電流）
　　で計算される入力抵抗は非常に大きい（無限大に近い）。

表1.2　トランジスタ増幅回路の接地方式による違い

	エミッタ接地	ベース接地	コレクタ接地
電圧増幅率	大	中	小（1以下）
電流増幅率	大	小（1以下）	大
電力増幅率	大	中	小
入力抵抗 インピーダンス	中 （数百〜数 kΩ）	小 （数十〜数百 Ω）	大 （数十 kΩ 以上）
出力抵抗 インピーダンス	中 （数百〜数十 kΩ）	大 （数百 kΩ 以上）	小 （数十〜数百 Ω）
周波数特性	良くない	良い	中程度

　図1.11(a)は NPN トランジスタのエミッタ接地の基本的な増幅回路例である。この回路では、コレクター-エミッタ間に V_{CE}、ベース-エミッタ間に V_{BE} の直流電圧を加えて動作させ、ベースに入力信号を加えてコレクタから出力を取り出す。このとき、コレクタ、ベース、エミッタに流れる直流電流をそれぞれ I_C、I_B、I_E とし、I_B を少し ΔI_B だけ変化させたときの I_C の変化を ΔI_C とすれば、その比 β は、

$$\beta = \frac{\Delta I_C}{\Delta I_B}$$

$\cdots$(1.9)

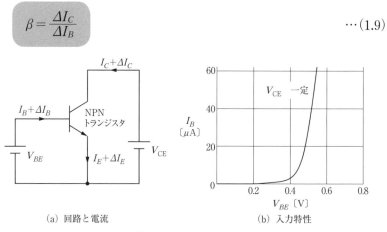

(a) 回路と電流　　　　　　(b) 入力特性

図1.11　基本的なエミッタ接地増幅回路

βをエミッタ接地の小信号電流増幅率（または**電流増幅率**）という。

図1.11(a)において、V_{BE}を0〔V〕から徐々に増加させてI_Bの変化をグラフにすると、同図(b)のような入力電圧に対する入力電流の関係を表す曲線が得られる。これをエミッタ接地回路の**入力特性**という。

トランジスタ増幅回路は電流増幅回路であるので、入力は電流であるが、電圧で表した方が便利なことが多い。そこで、この入力特性図を使えば、入力電圧がV_{BE}のときの入力電流I_Bを知ることができる。

交流を増幅する場合、この増幅回路の直流入力電圧V_{BE}を交流入力電圧に取り換えるだけでは正常な増幅はできない。例えば、最大値が±0.5〔V〕の交流電圧をそのまま入力に加えた場合、図1.12のように、V_{BE}が約0.3〔V〕以上のときはI_Bが流れるが、それ以下の入力電圧では$I_B=0$となるので、増幅器への入力電流はなくなり出力も得られない。このように、振幅の正の大きな部分だけが増幅されるだけで、出力は入力に比例しなくなり正しく増幅されない。

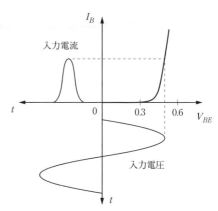

図1.12　交流電圧をそのまま入力した場合

このため、図1.13(a)のように、交流入力電圧v_iに一定の直流電圧V_{BB}を加えて**脈流**★V_{BE}（$=v_i+V_{BB}$）とし、これを入力電圧とする。この加える直流電圧V_{BB}を**バイアス電圧**という。バイアス電圧を、図1.13(b)のように、交流電圧の正負の最大値が入力特性の直線部分に入るように決めれば、入力電圧と入力電流は比例するようになり、交流をひずみなく正しく増幅することができる。

★脈流：直流の上に交流が重なった形の一定向きの電流（または電圧）で、交流のように、流れる方向が正負に変化しない（13.1.1項参照）。

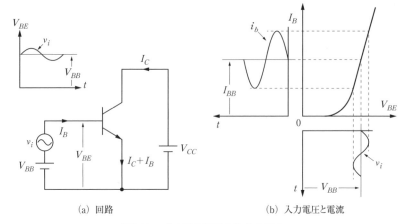

(a) 回路　　　　　　　　　　　(b) 入力電圧と電流

図1.13　バイアス電圧を加えた場合

バイアス電圧を加える方法には、固定バイアス、自己バイアス（または電圧帰還バイアス）、電流帰還バイアスがある。このうち、電流帰還バイアスが最も安定であり広く使われている。図1.14は電流帰還バイアス回路の例であり、バイアス電圧 V_{BE}（$=V_B-V_E$）は、通常、コレクタに加える電源電圧 V_{CC} の15％前後になるように R_A、R_B、R_E が決められている。

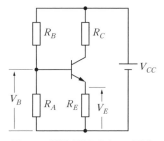

図1.14　電流帰還バイアス回路

この回路の動作を知るためには、入力電流 I_B を変化させたとき、コレクタに流れる出力電流 I_C がどのように変わるかを知る必要がある。図1.15は、I_B と I_C の関係を表すグラフであり、これを**電流伝達特性**という。この図から、入力電流 I_B と出力電流 I_C とは比例関係にあり、正しい電流増幅が行えることが分かる。

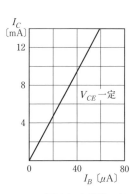

図1.15　電流伝達特性の例

図1.13(a)の回路において、入力として交流電圧 v_i を加えたとき
ベースへ流れ込む交流電流成分を
i_b、そのコレクタへ出力される交
流電流成分を i_c、また、バイアス
電圧 V_{BB} だけを加えたときにベー
スに流れ込む電流を I_{BB}、この
I_{BB} に対する出力電流を I_{CC} とす
れば、電流伝達特性から、入力
I_B は $I_{BB}+i_b$ であり、出力 I_C は
$I_{CC}+i_c$ となる。図1.16は入力波
形 $(I_{BB}+i_b)$ に対する出力波形
$(I_{CC}+i_c)$ の関係である。

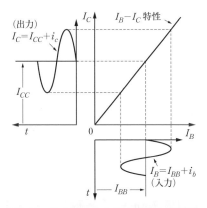

図1.16　入力電流 I_B と出力電流 I_C の関係

　通常の増幅回路は、電流増幅であっても電圧増幅であっても、出力
は電流の変化である。しかし、入力
を電圧で扱ったのと同様に、出力も
電圧にした方が都合がよいので、図
1.17に示すように、コレクタ回路に
抵抗を入れて、その抵抗の両端の電
圧を出力として取り出す。この抵抗
を **負荷抵抗** といい、抵抗値を R_L
〔Ω〕とすれば、その両端の電圧 V_L
は、$V_L = R_L I_C$〔V〕であるので、出力
電流 I_C に比例する電圧になる。

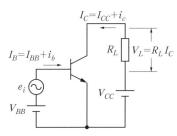

図1.17　出力電圧 V_L の取り出し方

　このように負荷抵抗を入れた回路で
は、コレクタに加わる電圧 V_{CE} は I_C に
反比例する。このときの V_{CE} と I_C の関
係を知るために、図1.18のような出力特
性図が使われる。この出力特性は、図
1.11(a)の回路ように、負荷抵抗がない
状態で、I_B を変えて V_{CE} と I_C の関係を

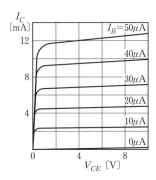

図1.18　出力特性の例

求めたものである。

　この出力特性図によって入力と出力の関係を求めるには、この図に負荷線を描き込む必要がある。**負荷線**は負荷抵抗の値によって決まるものであり、次のようにして描く。図1.19(a)の回路において、$I_C = 0$とすれば負荷抵抗による電圧降下がなくなるため V_{CE} は V_{CC} に等しくなるから、同図(b)のように横軸上に V_{CC} の値として点 A を描く。次に、V_{CC}/R_L の点 B を縦軸上に描き、点 A と点 B を直線で結べばこれが負荷線になる。

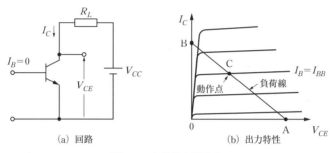

図1.19　負荷線と動作点

　図1.19(b)において、バイアス電圧によって決まる I_{BB} と負荷線との交点 C を**動作点**といい、入力電流と出力電圧（または電流）の振動の中心を与える。したがって、入力の交流電流と出力電圧（または

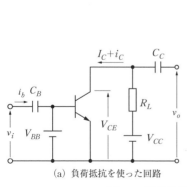

(a) 負荷抵抗を使った回路

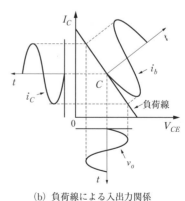

(b) 負荷線による入出力関係

図1.20　動作状態の入出力電圧と電流

電流）は図1.20(b)のようになる。実際の回路では、図1.20(a)のように、出力として得られる脈流から、コンデンサC_Cによって直流成分を切り離し、抵抗に現れる交流成分v_oのみを取り出す。また、入力ではコンデンサC_Bを通して交流成分v_iを直流バイアスV_{BB}に加える。

1.3.3 増幅回路の分類

一般に、増幅器はひずみのない増幅が望まれるが、ひずみのない増幅は増幅器の効率が悪い。通常、大きな電力を増幅する場合には増幅器の効率が問題になる。効率が良くひずみのない増幅をするには回路や構成に工夫が必要になる。

(1) A級、B級、C級、D級、E級増幅回路

増幅回路はバイアス電圧の大きさによってA級、B級、C級に分けられる。図1.21はそれぞれの増幅回路のバイアス電圧の大きさと入出力波形をまとめて描いたものである。

A級増幅回路は、図1.21のA級のように、動作点が特性曲線の直線部分の中央になるようにバイアス電圧を設定した増幅回路である。この増幅回路は入力と出力が比例する**直線増幅回路**であり、小信号の増幅に使われることが多い。**B級増幅回路**は、図1.21のB級のように、バイアス電圧を0〔V〕にして、動作点を特性曲線の**カットオフ点★**に設定する。したがって、この増幅回路一つだけでは、図のように入力交流電圧の正の半サイクルしか増幅できない。そこで、この増幅回路と特性が同じもう一つの増幅回路を使って、負の半サイクルを増幅する。こうし

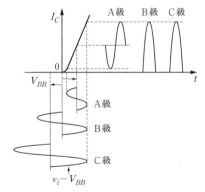

図1.21 増幅回路のバイアス電圧と出力波形

★カットオフ点：遮断点。電流などが流れなくなる点。

て得られた正負二つの半サイクル出力を合成して入力に比例した出力を取り出す。実際の回路の一つに、図1.22に示す**プッシュプル**（push pull）**増幅回路**がある。これは特性の揃ったNPNとPNP接合トランジスタを使い、正負の半サイクルをそれぞれの回路で別々に増幅して、これをトランスで合成して出力を取り出す方法であり、音声などの低周波電力増幅回路として使われる。

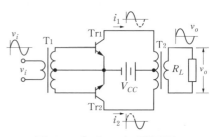

図1.22 プッシュプル増幅回路

しかし、この増幅回路ではトランスが大きくなるため、実際にはトランスを使わない **OTL**（output transformer less）**回路**が使われている。図1.23は OTL 回路の一つで、**コンプリメンタリ SEPP**（complementary single ended push pull）**回路**といい、特性の揃った PNP と NPN 接合トランジスタを使い、入力信号の正と負をそれぞれのトランジスタで別々に増幅して、出力を共通のエミッタ回路から取り出すことにより、**トランスレス**（トランスがないこと）にしている。この方式の回路には、図のような2電源方式のほかに1電源方式がある。

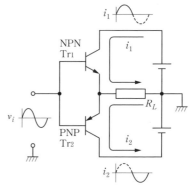

図1.23 コンプリメンタリ SEPP 回路

C級増幅回路は、図1.21の C 級のように、バイアス電圧を負にして、動作点を特性曲線のカットオフ点以下に設定する。したがって、波形の最大部分だけが増幅されることになり、**流通角**★は B 級増幅回路の半サイクル（流通角 = 180°）よりもさらに短くなる。このような波

★流通角：電流が流れる間の位相角である。

形から、入力に比例した波形を取り出すためには、出力回路に共振回路を挿入する。共振回路は、入力を短時間与えると、その後しばらくの間は正弦波振動を続けながら減衰していく性質がある。そこで、共振回路の共振周波数を増幅回路入力の周波数に一致させておけば、入力の振幅に比例した正弦波出力を取り出すことができる。したがって、この回路は高周波増幅にのみ使われる。

　図1.24はC級の高周波電力増幅回路であり、出力回路は共振回路になっていて、2次側コイルにより出力を取り出している。C級電力増幅回路の利点は、A級とB級に比べて電力効率がよいことである。**電力効率**（または**電源効率**）ηは、電力増幅器に加える交流電力P_{AC}と直流電力P_{DC}の比であり次式によって定義される。

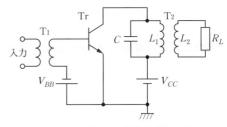

図1.24　C級高周波電力増幅回路

$$\eta = \frac{P_{AC}}{P_{DC}} \times 100 \ (\%) \qquad \cdots (1.10)$$

　D級とE級電力増幅回路は、上記A〜C級増幅とは原理が異なり、スイッチング回路をパルスで働かせて増幅を行う方式である。このような、パルスで電力増幅する方法は非常に種類が多いが、ここではD級電力増幅増幅回路の基本的な動作について説明する。

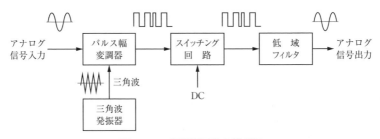

図1.25　D級増幅回路の構成例

　図1.25は基本的な **D 級増幅回路** の構成例である。パルス幅変調器は音声などのアナログ信号を PWM 信号（1.5.3項(3)参照）に変換する。PWM 信号は、図1.26のように、三角波をアナログ信号で切ることで作ることもできる。スイッチング回路には FET が使われていて、PWM 信号によって FET の出力電流をパルス幅に比例して ON－OFF させ、大きな PWM 信号電流を作る。この PWM 電流を低い周波数だけを通す低域フィルタ（パルスに含まれる高い周波数成分は通さない）に通すと、パルス幅に比例して電流が変化し、元のアナログ信号に比例した電流が得られる。

　FET の入力にはアナログ信号の電圧が加わるだけであり電流はほとんど流れないので、入力電力は非常に小さい。一方、出力には大きな電流と電圧が得られるので出力電力は大きい。したがって、

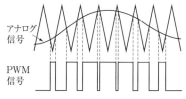

図1.26　PWM 信号を作る方法の例

電力増幅率は非常に大きい。また、電力効率も非常によい。しかし、低域フィルタの特性が悪いと出力信号がひずんだり雑音を生ずる。

　このほかの増幅回路として、バイアス電圧を A 級と B 級の中間に設定してひずみの発生を少なくした AB 級電力増幅回路があり、音声などの増幅に使われる。以上で述べた増幅器の分類では、A 級増幅以外はすべて電力増幅に使われる。

(2)　多段結合増幅回路

　通常、一つの増幅器が持つ増幅度には限りがあるので、非常に小さな信号を必要な大きさまで増幅するには数段の増幅器を結合して使う。このとき、増幅器間を結合する方法には CR 結合とトランス結合、直接結合（直結）がある。

　CR 結合は、図1.27のように、初段の増幅器の負荷抵抗 R_4 から取り出した出力信号（交流成分）を **結合コンデンサ** C_3 を通して次段の増幅器の入力へ送り込む方法である。

　トランス結合は、上記の結合コンデンサの代わりに **結合トランス** を

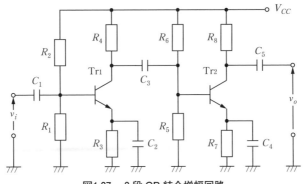

図1.27　2段 CR 結合増幅回路

使うもので、トランスの1次側を前段増幅器の出力とし、2次側を次段の入力とする結合方法である。通常、トランス結合増幅器は高周波信号の増幅に使われる。

　ここで多段結合した増幅器の総合の増幅度はどうなるか考えてみる。図1.28のように、初段（1段目）の入力電圧をv_1、出力電圧をv_2とすると、初段の電圧増幅度A_1は$A_1 = v_2/v_1$である。2段目の入力電圧として初段の出力電圧v_2をそのまま使うとし、出力電圧をv_3とすると、2段目の電圧増幅度A_2は$A_2 = v_3/v_2$となる。以下同様にして、終段（n段目）の入力電圧と出力電圧をそれぞれv_{n-1}、v_n、電圧増幅度をA_nとすれば総合の電圧増幅度Aは次のようになる。

$$A = \frac{v_2}{v_1} \times \frac{v_3}{v_2} \times \cdots \times \frac{v_n}{v_{n-1}} = A_1 \times A_2 \times \cdots \times A_n = \frac{v_n}{v_1} \quad \cdots (1.11)$$

　すなわち、総合の増幅度は各段の増幅度の積になる。さらに、これをデシベルで表すと次式のようになる。

　ただし、Gはデシベルで表した電圧増幅度（利得）である。

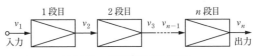

図1.28　多段結合増幅回路

$$G = 20 \log_{10}(A_1 \times A_2 \times \cdots \times A_n)$$
$$= 20 \log_{10} A_1 + 20 \log_{10} A_2 + \cdots + 20 \log_{10} A_n$$
$$= G_1 + G_2 + \cdots + G_n \ \text{(dB)} \qquad \cdots (1.12)$$

すなわち、多段結合増幅回路の総合の利得〔dB〕は各段の利得〔dB〕の和になる。

1.4　発振回路

増幅回路に図1.29(a)のように、出力の一部を入力に戻す回路（**帰還回路**という）を付けてやると、出力信号が入力信号となり増幅されてふたたび出力信号となる。これがまた入力信号となる、というように繰り返され、同図(b)のように信号波は次第に大きくなって行き、最終的に回路による制限で一定値になる。最初の入力として雑音のようなごく小さな振動があれば、以後は外部からの入力信号がなくても増大して行き、一定の大きさの信号が出力されるようになる。ただし、この場合、入力へ戻す信号の位相を入力信号の位相と一致させなければならない。このように、位相を一致させて入力へ戻す方法を**正帰還**といい、正帰還回路を持つ増幅回路を、一般に発振回路という。

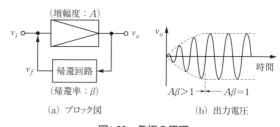

(a) ブロック図　　(b) 出力電圧

図1.29　発振の原理

1.4.1　発振の基礎

発振回路が発振を持続するための条件を求める。図1.29(a)のブロック図において、増幅器の増幅率をAとすれば、出力電圧v_oは入力電圧v_iがA倍されたものであるから、$v_o = Av_i$である。また、帰還

回路の**帰還率**を β とすれば帰還回路から出た信号 v_f は、$v_f = \beta v_0$ の関係がある。したがって、これらの関係を合わせると次式が得られる。

$$v_f = A\beta\, v_i \qquad \cdots (1.13)$$

発振が持続するためには、$v_f \geqq v_i$ でなければならないから、最低でも $v_f = v_i$ が必要である。したがって、上式から次式の関係が得られる。

$$A\beta = 1 \qquad \cdots (1.14)$$

これが**発振の条件**であり、$A\beta$ を**ループゲイン**という。一般に、このループゲインはベクトルであり次式のような複素数で表される。

$$A\beta = a + jb \qquad \cdots (1.15)$$

上式と式 (1.14) から、実数部は $a = 1$、虚数部は $b = 0$ であることが分かる。すなわち、発振が持続するには、$a = 1$、$b = 0$ の二つの条件が必要になる。

① $a = 1$ はループゲインが 1 であることを意味しており、これを**利得条件**（または振幅条件）という。

② $b = 0$ は v_i と v_f が同位相であること、すなわち正帰還を意味しており、これを**位相条件**（または周波数条件）という。

1.4.2 発振回路の種類

発振回路は電波のような高い周波数を発振する高周波発振回路と可聴周波数を発振する低周波発振回路に大きく分けられる。高周波発振回路には、同調回路を持たない自励発振回路、回路素子としてコイルとコンデンサを使う LC 発振回路と 3 素子形発振回路、水晶を使う水晶発振回路などがあり、また、低周波発振回路はコンデンサと抵抗を

第1章 無線通信の基礎

39

使う *CR* 発振回路などがある。ここでは、無線機器に多く使われている3素子形発振回路、水晶発振回路、*CR* 発振回路について解説する。

⑴ 3素子形発振回路

図1.30(a)は**3素子形発振回路**の原理回路である。同図に示すように、トランジスタの各端子間に Z_1、Z_2、Z_3★の3素子を接続して発振回路を構成するもので、これらの3素子間に一定の関係があるときに回路は発振する。

発振条件を求めるために、ループゲイン $A\beta$ を求めると次式のようになる。図1.30(b)の**等価回路**★★から、まず、i_f を求める。i_c が i_f と i_l に分流すると考え、流れる向きも反対にすれば次式のようになる。

$$i_f = \frac{-Z_2 i_c}{Z_3 + \dfrac{Z_1 h_{ie}}{Z_1 + h_{ie}} + Z_2} \qquad \cdots(1.16)$$

ただし、h_{ie} はエミッタ接地トランジスタ増幅回路の **h定数**★★★(次頁)である。

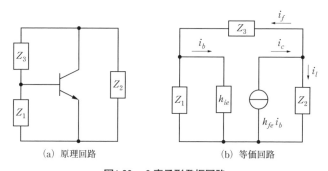

(a) 原理回路   (b) 等価回路

図1.30　3素子形発振回路

　★ 太字 *Z* は複素数 ($R+jX$) で表されるインピーダンスである。
★★ 等価回路：実際の回路はトランジスタや抵抗などの図記号でそのまま描かれるが、等価回路はこの回路の性質を調べるのに都合の良いように、これと等価な部品や電源などに置き換えて描いたものである。

★★★**h 定数**（*h* パラメータ）：トランジスタには三つの端子があり、このうち二つを入出力とし、他の一つを接地し、接地した端子は入力と出力の共通の接地端子として使われる。したがって、トランジスタ増幅回路は下図(a)のような4端子回路として扱うことができる。

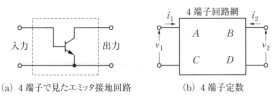

(a) 4端子で見たエミッタ接地回路　　(b) 4端子定数

4端子回路

　4端子回路は、その回路の性質を四つの定数を使って表すものであり、この定数を**4端子定数**または**4端子パラメータ**という。同図(b)のような4端子回路の箱の内部にある回路はどんなに複雑であっても4端子定数 A、B、C、D で表すことができる。4端子定数は、入力の電圧と電流をそれぞれ v_1、i_1、出力の電圧と電流をそれぞれ v_2、i_2 としたとき、それらの比で表され、電圧二つと電流二つの組み合わせ方によって、異なる種類の4端子定数となる。例えば、電圧と電流だけの比 $A = v_1/i_1$、$B = v_1/i_2$、$C = v_2/i_1$、$D = v_2/i_2$ として求めたものはインピーダンス定数である。h 定数は4端子定数の一種である。

　h 定数は次式によって定義されている。

出力端を短絡したときの入力インピーダンス

$$A = h_i = \frac{v_1}{i_1}\bigg|_{v_2=0} \ \ [\Omega] \qquad \cdots ①$$

入力端を開放したときの電圧帰還率

$$B = h_r = \frac{v_1}{v_2}\bigg|_{i_1=0} \ \ [無名数] \qquad \cdots ②$$

出力端を短絡したときの電流増幅率

$$C = h_f = \frac{i_2}{i_1}\bigg|_{v_2=0} \ \ [無名数] \qquad \cdots ③$$

入力端を開放したときの出力アドミッタンス

$$D = h_o = \frac{i_2}{v_2}\bigg|_{i_1=0} \ \ [S] \qquad \cdots ④$$

以上四つの定数の単位を見ると、それぞれ異なっている。すなわち、この4端子定数は混合した単位を持つことから、ハイブリッド（hybrid：混成の）定数またはh定数という。h定数に付けられている添字i、r、f、oは、それぞれ input（入力）、reverse（反対方向）、forward（順方向）、output（出力）を意味している。

このh定数を使って入出力の電圧と電流の関係を表すと次式のようになる。

$$\left.\begin{array}{l} v_1 = h_i\,i_1 + h_r\,v_2 \\ i_2 = h_f\,i_1 + h_o\,v_2 \end{array}\right\} \qquad \cdots \text{⑤}$$

トランジスタのh定数は接地方法によって異なるので、第二の添字として、エミッタe、ベースb、コレクタcが付けられ、例えばエミッタ接地の場合h_{ie}、h_{re}、h_{fe}、h_{oe}のように表される。また、エミッタ接地増幅回路では、図(b)の電圧と電流は、$v_1 = v_{be}$、$i_1 = i_b$、$v_2 = v_{ce}$、$i_2 = i_c$に置き換えられる。したがって、エミッタ接地の各h定数は、式①〜④と同様にして、次式のように定義される。

$$h_{ie} = \frac{v_{be}}{i_b} \qquad \cdots \text{⑥}$$

$$h_{re} = \frac{v_{be}}{v_{ce}} \qquad \cdots \text{⑦}$$

$$h_{fe} = \frac{i_c}{i_b} \qquad \cdots \text{⑧}$$

$$h_{oe} = \frac{i_c}{v_{ce}} \qquad \cdots \text{⑨}$$

エミッタ接地では式⑤は次式のようになる。

$$\left.\begin{array}{l} v_{be} = h_{ie}\,i_b + h_{re}\,v_{ce} \\ i_c = h_{fe}\,i_b + h_{oe}\,v_{ce} \end{array}\right\} \qquad \cdots \text{⑩}$$

— ・ — ・ — ・ — ・ — ・ — ・ — ・ — ・ — ・ — ・ — ・ — ・ —

したがって、i_bは次式のようになる。

$$i_b = \frac{Z_1}{Z_1 + h_{ie}}\,i_f = \frac{Z_1}{Z_1 + h_{ie}} \cdot \frac{-Z_2\,i_c}{Z_3 + \dfrac{Z_1 h_{ie}}{Z_1 + h_{ie}} + Z_2} \qquad \cdots (1.17)$$

上式からβは次のようになる。

$$\therefore \quad \beta = \frac{i_b}{i_c} = \frac{-Z_1 Z_2}{(Z_2+Z_3)(Z_1+h_{ie})+Z_1 h_{ie}}$$

$$= \frac{-Z_1 Z_2}{Z_1(Z_2+Z_3)+(Z_1+Z_2+Z_3)h_{ie}} \quad \cdots(1.18)$$

電流増幅度 A は h 定数の電流増幅率 h_{fe} であり、また 3 素子をそれぞれ抵抗分 R のない純リアクタンス jX_1、jX_2、jX_3 とすれば、$A\beta$ は次式のようになる。

$$A\beta = \frac{X_1 X_2 h_{fe}}{-X_1(X_2+X_3)+j(X_1+X_2+X_3)h_{ie}} \quad \cdots(1.19)$$

発振するための条件は $A\beta = 1$ であるから、分母の虚数部は 0 でなければならない。したがって、次の位相条件が必要になる。

$$j(X_1+X_2+X_3) = 0 \quad \cdots(1.20)$$

この式と、この式から得られる $X_2+X_3 = -X_1$ を式（1.19）へ代入すると、次の利得条件が得られる。

$$\frac{X_2}{X_1} h_{fe} = 1 \quad \cdots(1.21)$$

式（1.20）と（1.21）において、リアクタンス jX の符号が正のとき誘導性、負のとき容量性である。したがって、式（1.21）から jX_1 と jX_2 は同符号のリアクタンスであるので、式（1.20）から jX_3 は jX_1、jX_2 と異なる符号のリアクタンスでなければならない。

この関係を満足する組み合わせは二組あり、それぞれハートレー発振回路とコルピッツ発振回路と呼ばれる。

（a）ハートレー発振回路

jX_1 を正に選べば jX_2 も正となるから共に誘導性リアクタンスであり、jX_3 は負となって容量性でなければならない。図1.31(a)は 3 素子を図のように選んだ回路で、これを**ハートレー発振回路**という。

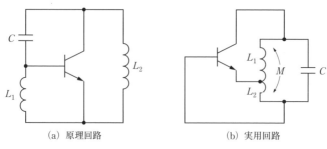

（a）原理回路　　　　　（b）実用回路

図1.31　ハートレー発振回路

　この回路が発振するためには、帰還回路が必要であり、そのために L_1 と L_2 に相互コンダクタンス M を持たせる。同図(b)は L_1 と L_2 のコイルを接近して巻いて相互コンダクタンスを持たせてあり、同図(a)と等価である。したがって3素子は、それぞれ $jX_1 = j\omega(L_1+M)$、$jX_2 = j\omega(L_2+M)$、$jX_3 = -j/(\omega C)$ となる。

　これらを位相条件の式（1.20）へ代入すれば次式が得られる。

$$\omega(L_1+M)+\omega(L_2+M)-\frac{1}{\omega C}=0 \qquad \cdots(1.22)$$

したがって、ω について解くと、

$$\omega^2=\frac{1}{(L_1+L_2+2M)C}$$

発振周波数 f は、

$$f=\frac{1}{2\pi\sqrt{(L_1+L_2+2M)C}}\ \ 〔\mathrm{Hz}〕 \qquad \cdots(1.23)$$

また、利得条件の式（1.21）へ代入すれば、

$$\frac{L_2+M}{L_1+M}h_{fe}=1$$

$$\therefore \quad h_{fe}=\frac{L_1+M}{L_2+M} \qquad \cdots(1.24)$$

となり、ハートレー発振回路の発振条件と発振周波数が得られる。

(b)　コルピッツ発振回路

jX_1 を負に選べば jX_2 も負で共に容量性リアクタンス、jX_3 は正で誘導性リアクタンスとなる。3素子をこのように選べば、図1.32(a)に示すコルピッツ発振回路になる。

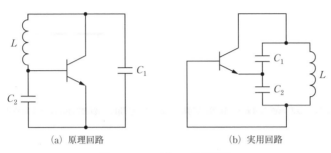

(a) 原理回路　　　　　(b) 実用回路

図1.32　コルピッツ発振回路

帰還電圧は、同図(b)のように、コイルの両端に現れる出力電圧をコンデンサで分割して取り出して入力に加える。図(a)と(b)は全く同じ回路である。

同図(a)から、3素子はそれぞれ $jX_1 = -j/(\omega C_1)$、$jX_2 = -j/(\omega C_2)$、$jX_3 = j\omega L$ となるから、これらを式（1.20）へ代入すれば、

$$-\frac{1}{\omega C_1} - \frac{1}{\omega C_2} + \omega L = 0$$

$$\omega^2 = \frac{1}{L}\left(\frac{1}{C_1} + \frac{1}{C_2}\right)$$

発振周波数 f は、

$$f = \frac{1}{2\pi\sqrt{L\left(\dfrac{C_1 C_2}{C_1 + C_2}\right)}} \quad \text{〔Hz〕} \qquad \cdots(1.25)$$

また、式（1.21）へ代入すれば、次式の発振条件が得られる。

$$\frac{1/(\omega C_2)}{1/(\omega C_1)}h_{fe} = \frac{C_1}{C_2}h_{fe} = 1$$

$$\therefore \quad h_{fe} = \frac{C_2}{C_1} \qquad\qquad\qquad \cdots(1.26)$$

(2)　水晶発振回路

　水晶発振回路は、水晶の圧電効果を利用したもので他の発振回路に比べて非常に周波数安定度が良く、現在実用されている大部分の無線機器で使われている。

(a)　水晶振動子

　水晶の結晶を薄い板状に切り、これに圧力を加えると電荷が発生する。また、これを 2 枚の電極で挟み電圧を加えると水晶片は変形する。これを**圧電効果**という。加える電圧を交流にして周波数を変えていくと、水晶片の固有振動数と一致した周波数で共振が起こり、水晶片は大きく振動し、交流電流は急増する。水晶発振回路はこの共振現象を利用したものである。水晶の固有振動数は主にその厚さで決まるので、目的の発振周波数を得るには、結晶を適切な厚さに成形する。また、周波数安定度は水晶の結晶軸に対するカット方法で決まり、現在一般的に行われている方法は AT カットと言われている。こうして成形して作られた水晶片を 2 枚の電極で挟んで一つの電子素子にしたものを水晶振動子という。図1.33(a)に水晶振動子の図記号を示す。

　水晶振動子は、図1.33(b)に示すように、水晶片をコイル L_0 とコンデンサ C_0、抵抗 R_0 で表した直列回路と、この水晶片を二つの電極で挟んでできるコンデンサ C が並列に接続された等価回路で表される。したがって、この等価回路は、L_0 と C_0 による直列共振回路と、これに C が並列に接続された並列共振回路の二つの

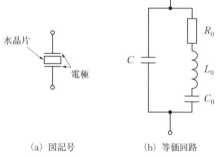

(a)　図記号　　　(b)　等価回路

図1.33　水晶振動子

共振回路で構成されていることになる。

直列共振周波数 f_s は、

$$f_s = \frac{1}{2\pi\sqrt{L_0\,C_0}}\ \text{〔Hz〕} \qquad \cdots(1.27)$$

また、並列共振周波数 f_p は、R_0 が非常に小さいのでこれを無視すれば、次のようになる。

$$f_p = \frac{1}{2\pi\sqrt{L_0\left(\dfrac{C_0\,C}{C_0+C}\right)}}\ \text{〔Hz〕} \qquad \cdots(1.28)$$

この等価回路のリアクタンスは、周波数によって図1.34のように変わり、周波数 f_s と f_p の間は非常に狭くなっている。したがって、水晶振動子を誘導性素子として発振回路に使えば、発振条件を満足する周波数範囲は f_s と f_p の間だけであるので、発振周波数は安定することになる。3素子形発振回路に水晶振動子を使う場合に、これを入れる場所を、ハートレー発振回路のように選ぶ方法とコルピッツ発振回路のように選ぶ方法がある。

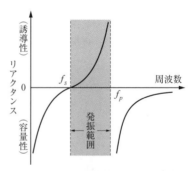

図1.34　水晶振動子のリアクタンス特性

(b)　ピアース BE 回路

ハートレー発振回路のように、ベース−エミッタ間とコレクタ−エミッタ間を誘導性素子にする場合、水晶振動子には直流を流せないのでコレクタ−エミッタ間には使えない。そこで図1.35(a)のように、ベース−エミッタ間に水晶振動子を入れ、コレクタ−エミッタ間には共振回路を入れて、これが誘導性になるように C_2 または L を調整する。この回路をピアース BE 回路といい、ハートレー発振回路と同じ

原理回路で表される。

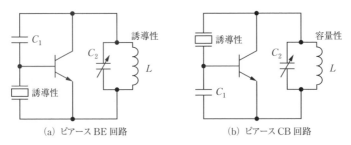

(a) ピアース BE 回路　　　　(b) ピアース CB 回路

図1.35　ピアース発振回路の原理回路

(c)　ピアース CB 回路

　3素子をコルピッツ発振回路と同様に選ぶと、コレクター－ベース間だけが誘導性素子であるので、ここに水晶振動を入れ、コレクター－エミッタ間には共振回路を入れてこれを容量性に調整すれば発振回路にすることができる。これを**ピアース CB 回路**と呼び、図1.35(b)はその原理回路であり、コルピッツ発振回路と同じになる。

⑶　CR 低周波発振回路

　通常の増幅回路では、出力信号と入力信号の位相は180°異なるようになっているから、もし、何らかの原因で出力信号がそのまま入力へ戻っても発振はしない。すなわち、安定な増幅を行うために、入力と出力の信号の位相を反転させているのである。この増幅回路を使って発振回路を作るには、出力の信号を入力と同位相にして戻してやる正帰還回路が必要になる。高周波では高周波トランスなどを使えば位相を反転することは容易であるが、音声のような低周波ではコンデンサと抵抗で作られた複雑な位相反転回路を使わなければならない。**CR 低周波発振回路**は、コンデンサ C と抵抗 R による位相反転回路を使った発振回路という意味である。位相を反転する方法には、ブリッジを使う方法と位相を徐々に180°まで変える移相回路を使う方法などがある。ここでは、図1.36に示す3段の CR 移相回路を使った**移相形 CR 低周波発振回路**について説明する。

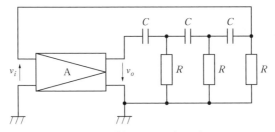

図1.36　移相形 CR 発振回路

　位相を180°変える方法には、位相を進ませる方法と遅らせる方法があり、同図の移相回路は進ませる方法を使っている。位相を遅らせるには、この移相回路の C と R を入れ替えればよい。図に示す移相回路は C と R の組が3段直列に接続されているので、出力電圧 v_o が CR 移相回路一組を通過する毎に60°位相が進むことになる。この発振回路の位相条件と利得条件は、移相回路の v_o と v_i の関係を求めれば得られるが、ここでは途中経過を省略して、その結果だけを示す。

　位相条件から求めた発振周波数を f とすれば、

$$f = \frac{1}{2\pi\sqrt{6}\,CR} \ \text{(Hz)} \qquad\qquad \cdots(1.29)$$

　利得条件は、増幅回路の増幅度を A とすれば、$A = -29$ で与えられる。これは増幅度が29であって位相が負、すなわち逆位相であることを意味している。

1.5　変調の基礎

　音声や映像などの低周波信号をそのままアンテナへ送っても電波として出て行かない。電波にするには高周波でなければならないから、高周波に低周波信号を乗せてやる変調という操作が必要である。変調する方法には、振幅変調、周波数変調、位相変調、パルス変調など多くの方法がある。

1.5.1 振幅変調

振幅変調は **AM**（amplitude modulation）といい、振幅変調には以下で説明する両側波帯変調（DSB 変調）と単側波帯変調（SSB 変調）がある。

(1) DSB 変調

(a) 変調率と波形

電波となる高周波（搬送波）の電圧 v_c を次式で表すものとすれば、この電圧波形は図1.37(a)に示すようになる。

$$v_c = V_c \sin \omega_c t \qquad \cdots(1.30)$$

ただし、V_c を搬送波の振幅、$\omega_c\,(=2\pi f_c)$ を角周波数、f_c を搬送波周波数とする。

上式の搬送波の振幅 V_c を信号波の振幅で変化させることを振幅変調または AM という。この信号波の電圧 v_p を次式で表し、波形を図1.37(b)に示す。

$$v_p = V_p \sin \omega_p t \qquad \cdots(1.31)$$

ただし、V_p を信号波の振幅、$\omega_p\,(=2\pi f_p)$ を角周波数、f_p を信号波周波数とする。

上式の v_p を式（1.30）の V_c に加えると次式のようになる。

$$
\begin{aligned}
v_{AM} &= (V_c + V_p \sin \omega_p t) \sin \omega_c t \\
&= V_c \left(1 + \frac{V_p}{V_c} \sin \omega_p t\right) \sin \omega_c t \\
&= V_c (1 + m \sin \omega_p t) \sin \omega_c t \ \text{〔V〕} \qquad \cdots(1.32)
\end{aligned}
$$

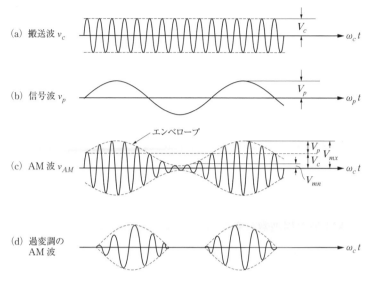

(a) 搬送波 v_c　　V_c　　$\omega_c t$

(b) 信号波 v_p　　V_p　　$\omega_p t$

エンベロープ

(c) AM 波 v_{AM}　　V_p　V_{mx}　V_c　$\omega_c t$　V_{mn}

(d) 過変調の AM 波　　$\omega_c t$

図1.37　振幅（DSB）変調の入出力波形

　得られた波 v_{AM} は変調された波という意味で、振幅変調波または AM 波★という。上式において、$m = V_p / V_c$ を**変調度**、これを〔%〕で表したものを**変調率**といい、ともに変調の深さを表す。

　AM 波の波形を図1.37（c）に示す。同図において、AM 波を囲む破線は搬送波の振幅の最大点を結んだ線であり、これを**包絡線**または**エンベロープ**という。AM 波の包絡線は 0〔V〕の線に対して対称な 2 本の曲線となり、形は信号波の波形と相似になる。

　この図において、包絡線の最大振幅を V_{mx}、最小振幅を V_{mn} とすれば、それぞれ

$$V_{mx} = V_c + V_p、\quad V_{mn} = V_c - V_p$$

の関係がある。これらの関係から V_c、V_p を求めると、

★AM 波：振幅変調（AM）には DSB 変調と SSB 変調があるが、ここでは DSB 変調波だけを AM 波と呼ぶことにする。

$$V_c = \frac{V_{mx} + V_{mn}}{2} \, 、 \quad V_p = \frac{V_{mx} - V_{mn}}{2}$$

となるから、式（1.32）で定義した変調度は次式のようになる。

$$m = \frac{V_p}{V_c} = \frac{V_{mx} - V_{mn}}{V_{mx} + V_{mn}} \qquad \cdots(1.33)$$

　変調率は100% 以下（$m \leq 1$）でなければならないが、V_p が V_c より大きく（$m > 1$）なる状態を**過変調**（over modulation）という。過変調になった AM 波を受信すると、同図(d)のように、元の信号と相似にはならないので、ひずんだ音声になる。

(b)　**AM 波の周波数分布**

　式（1.32）を三角関数の公式を使って展開すると次のようになる。

$$v_{AM} = V_c \sin \omega_c t - \frac{m}{2} V_c \cos(\omega_c + \omega_p) t + \frac{m}{2} V_c \cos(\omega_c - \omega_p) t$$

$$= V_c \sin(2\pi f_c t) - \frac{m}{2} V_c \cos\{2\pi(f_c + f_p) t\}$$

$$+ \frac{m}{2} V_c \cos\{2\pi(f_c - f_p) t\} \qquad \cdots(1.34)$$

　この式から、AM 波は、図1.38(a)のように、周波数 f_c の搬送波と周波数 $(f_c + f_p)$、$(f_c - f_p)$ の二つの波による合計三つの波から構成されていることが分かる。これらの波のうちで周波数が $(f_c + f_p)$ の波を**上側波**、$(f_c - f_p)$ を**下側波**という。式（1.34）では、信号波を一つの周波数（例えば 1 000 〔Hz〕）の波としたが、実際の信号波には多数の周波数の波が含まれていて、音声などの可聴周波数では含まれる最高周波数は 15 〔kHz〕程度になる。

　音声の最低周波数を f_{min}、最高周波数を f_{max} とすれば、音声強度の周波数分布は、図1.38(b)の音声のように、中央部（100〜500Hz）が高い山形になっている。音声で変調した AM 波の周波数分布は図1.38(b)の右側の図のように、搬送波周波数 f_c に対して上下対称に音声と同じ山形の分布をしている。したがって、AM 波が必要とする周波数

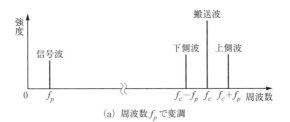

(a) 周波数 f_p で変調

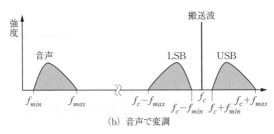

(b) 音声で変調

図1.38　AM 波の周波数分布

範囲は下側波の最低周波数 f_c-f_{max} から上側波の最高周波数 f_c+f_{max} までになる。この周波数範囲の幅 $2f_{max}$ を AM 波の**占有周波数帯幅**（または占有周波数帯域幅）という。このように、上側波と下側波は一定の帯域幅を持つことから、上側波の存在する帯域を**上側波帯**（**USB**：upper side band）、下側波の帯域を**下側波帯**（**LSB**：lower side band）といい、どちらか一方を呼ぶとき**単側波帯**（**SSB**：single side band）、上下の単側波帯を併せて**両側波帯**（**DSB**：double side band）という。また、両側波帯変調（DSB 変調）によって得られた波を DSB 波、単側波帯変調（SSB 変調）の波を SSB 波という。

（c）**電力**

　AM 波の電力 P_{AM} は、一つの音で変調したとき、式（1.34）で与えられる三つの電圧を負荷抵抗 R〔Ω〕に加えたとして、次式で表される。

$$P_{AM} = \frac{1}{R}\left(\frac{V_c}{\sqrt{2}}\right)^2 + \frac{1}{R}\left(\frac{\frac{m}{2}V_c}{\sqrt{2}}\right)^2 + \frac{1}{R}\left(\frac{\frac{m}{2}V_c}{\sqrt{2}}\right)^2$$
$$= \frac{V_c^{\,2}}{2R} + \frac{m^2 V_c^{\,2}}{4R} = \frac{V_c^{\,2}}{2R}\left(1+\frac{m^2}{2}\right) \qquad \cdots(1.35)$$

この式において、$V_c^2/(2R)$ は搬送波の電力であるから、これを P_c とすれば、上式は次式のように表される。

$$P_{AM} = \left(1 + \frac{m^2}{2}\right)P_c \ \text{〔W〕} \qquad \cdots(1.36)$$

この式から分かるように、二つの側帯波電力の和は搬送波電力の $m^2/2$ 倍である。この値が最大になるのは変調率100%、すなわち $m = 1$ のときであり、搬送波電力の1/2になる。

(2) SSB 変調

上側帯波と下側帯波は、周波数分布が反対になっているだけであって、持っている情報は全く同じものである。したがって、どちらか一方の側帯波だけでも情報を送ることができるはずである。しかも占有周波数帯幅は DSB 波の約半分になるから周波数を有効に利用でき、さらに送信電力を大幅に軽減できる。これが SSB 波である。SSB 波は上記のような利点がある反面、送信機と受信機の回路が多少複雑になる。

SSB 波は式（1.34）の第2項または第3項のどちらでもよいが、その一方を取り出す回路が必要になる。図1.39は SSB 変調方式の例である。SSB 変調器として**リング変調器★**を使う場合には、最初にリング変調器で搬送波を取り除き、次にフィルタを通して USB または LSB の一方を取り除く。

図1.40(c) は、このようにして得られた SSB 波 v_{SSB} の例であり、図1.37(c) の AM 波（DSB 波）と比べるとその違いが良く分かる。

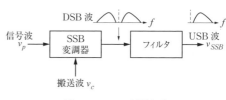

図1.39 SSB 変調方式

★ リング変調器：ダイオード4本をリング状に接続した回路（2.2.2項参照）。

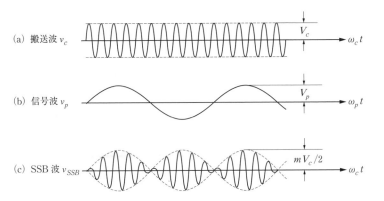

(a) 搬送波 v_c V_c $\omega_c t$

(b) 信号波 v_p V_p $\omega_p t$

(c) SSB 波 v_{SSB} $mV_c/2$ $\omega_c t$

図1.40　SSB 変調の入出力波形

SSB 波の電力は、式（1.35）から、$m^2 V_c^2/(8R)$ であるから、AM 波（DSB 波）に対する割合 K は次のようになる。

$$K = \frac{\dfrac{m^2 V_c^2}{8R}}{\dfrac{V_c^2}{2R}\left(1 + \dfrac{m^2}{2}\right)} = \frac{\dfrac{m^2}{4}}{1 + \dfrac{m^2}{2}} \qquad \cdots (1.37)$$

この式から、SSB 波の電力は DSB（A3E）波に比べて、最大（$m=1$）のときでも 1/6 であり、$m=0$ では 0 になる。すなわち、信号波がないとき変調がないので電波は出ないことになる。図1.41は音声で変調したときの SSB 波（USB の場合）の周波数分布の例である。なお、SSB 波には搬送波はないが（実際にはわずかに残っている）、図には搬送波を取り除く前の位置を破線で示してある。

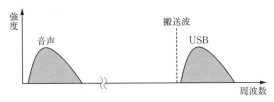

図1.41　SSB 波の周波数分布（USB の場合）

1.5.2 角度変調

角度変調には周波数変調と位相変調がある。**周波数変調（FM：frequency modulation）**は搬送波の周波数を、また、**位相変調（PM：phase modulation）**は搬送波の位相をそれぞれ信号波の振幅に応じて変える変調方法である。

⑴ 周波数変調

搬送波を v_c、信号波を v_p として、それぞれ次式で表されるものとする。

$$v_c = V_c \sin \omega t \qquad \cdots (1.38)$$

$$v_p = V_p \cos pt \qquad \cdots (1.39)$$

ただし、V_c と V_p をそれぞれ搬送波と信号波の振幅、$\omega = 2\pi f_c$ と $p = 2\pi f_p$ をそれぞれの角周波数、f_c と f_p をそれぞれの周波数とする。

周波数変調では搬送波の周波数が信号波の振幅に応じて変化するから、周波数変調された波の周波数を f_{FM} とすれば、f_{FM} は次式のようになる。

$$f_{FM} = f_c + kV_p \cos pt = f_c + \Delta F \cos pt \qquad \cdots (1.40)$$

ただし、$\Delta F = kV_p$ であり、k は比例定数である。

ここで、ΔF を信号波 V_p が最大振幅のときの周波数変化量であるとすれば、これは**最大周波数偏移**である。

FM 波の角周波数を ω_{FM} とすれば、ω_{FM} は式（1.40）を 2π 倍して、

$$\omega_{FM} = 2\pi f_{FM} = 2\pi f_c + 2\pi \Delta F \cos pt = \omega + \Delta\omega \cos pt \qquad \cdots (1.41)$$

となる。ただし、$\Delta\omega = 2\pi\Delta F$ であり、これを**最大角周波数偏移**という。

ここで、一般に位相角 θ と ω との間には次の関係がある。ただし、

時間を t とする。

$$\omega = \frac{d\theta}{dt} \qquad \cdots(1.42)$$

上式から θ を求めると次式のようになる。

$$\theta = \int \omega dt \qquad \cdots(1.43)$$

上式を利用して、FM波の瞬時位相角 θ_{FM} を求めると、

$$
\theta_{FM} = \int_0^t \omega_{FM}\, dt = \int_0^t (\omega + \Delta\omega \cos pt)\, dt
$$
$$
= \left| \omega t + \frac{\Delta\omega}{p} \sin pt \right|_0^t = \omega t + \frac{\Delta\omega}{p} \sin pt \qquad \cdots(1.44)
$$

となる。したがって、FM波 v_{FM} は上式を使って式 (1.38) を書き換えると、次式のようになる。

$$
v_{FM} = V_c \sin\left(\omega t + \frac{\Delta\omega}{p} \sin pt\right) \qquad \cdots(1.45)
$$

上式において、$\Delta\omega/p$ を m_f とおけば、

$$
m_f = \frac{\Delta\omega}{p} = \frac{\Delta F}{f_p} \qquad \cdots(1.46)
$$

となり、これを周波数変調指数という。この m_f を式 (1.45) へ代入すると次式となる。

$$
v_{FM} = V_c \sin\left(\omega t + m_f \sin pt\right) \ (V) \qquad \cdots(1.47)
$$

この式がFM波の一般式である。図1.42(b)がFM波の例であり、振幅は一定で、周波数が同図(a)の信号波の振幅に応じて変化する。

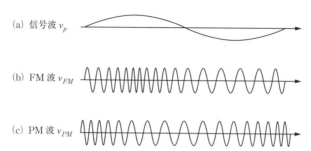

(a) 信号波 v_p

(b) FM 波 v_{FM}

(c) PM 波 v_{PM}

図1.42　FM 波と PM 波

(2) 位相変調

搬送波 v_c と信号波 v_p がそれぞれ次式で表されるものとする。

$$v_c = V_c \sin(\omega t + \theta) \qquad \cdots (1.48)$$

$$v_p = V_p \cos pt \qquad \cdots (1.49)$$

ただし、V_c と V_p を搬送波と信号波それぞれの振幅、$\omega = 2\pi f_c$ と $p = 2\pi f_p$ をそれぞれの角周波数、f_c と f_p をそれぞれの周波数とする。

PM 波は搬送波の位相が信号波の振幅で変化するので、位相角の最大変化量を $\Delta\theta$ とすれば $\Delta\theta = kV_p$ であるから、PM 波の位相 θ_{PM} は、

$$\theta_{PM} = \Delta\theta \cos pt \qquad \cdots (1.50)$$

となる。PM 波 v_{PM} は上式を式 (1.48) の θ として代入すれば、次式で表される。

$$v_{PM} = V_c \sin(\omega t + \Delta\theta \cos pt) \qquad \cdots (1.51)$$

$\Delta\theta$ は信号波が最大振幅のときの位相変化量であるから、これを**最大位相偏移**という。また、これは**位相変調指数**でもあるので、これを m_p とすれば、

$$m_p = \Delta\theta \qquad\qquad \cdots(1.52)$$

である。したがって、式（1.51）は次式のようになる。

$$v_{PM} = V_c \sin(\omega t + m_p \cos pt)\ [\mathrm{V}] \qquad\qquad \cdots(1.53)$$

これが PM 波の一般式である。

PM 波の瞬時角周波数 ω_{PM} は、式（1.42）の関係を使って式（1.51）の括弧の中を t で微分して、次式となる。

$$\omega_{PM} = \frac{d}{dt}(\omega t + \Delta\theta \cos pt) = \omega - p\Delta\theta \sin pt \qquad\qquad \cdots(1.54)$$

また、瞬時周波数 f_{PM} は、上式を 2π で割って、

$$f_{PM} = \frac{\omega_{PM}}{2\pi} = f_c - f_p\,\Delta\theta \sin pt \qquad\qquad \cdots(1.55)$$

となる。

上式より、PM 波の周波数偏移は信号波の周波数 f_p と最大位相偏移 $\Delta\theta$（位相変調指数 m_p と同じ）の積に比例することが分かる。

図1.42(c)が PM 波の例であり、FM 波との違いが分かる。式（1.45）と（1.51）を比較すると、$\Delta\omega/p$ と $\Delta\theta$ が対応しているが、$\Delta\omega/p$ は $\Delta F/f_p$ であるから $\Delta\theta$ と同じものであり、また sin と cos は位相が $\pi/2$ だけ異なることを意味している。

(3) 角度変調波の側波帯

FM 波と PM 波は、変調指数が同じであれば本質的な違いはないから、角度変調波を代表して FM 波で説明することにする。

式（1.47）を展開すると次式のようになる。

$$v_{FM} = V_c\{\sin\omega t \cos(m_f \sin pt) + \cos\omega t \sin(m_f \sin pt)\} \quad \cdots(1.56)$$

　この式の各項は、sin と cos の変数がさらに sin になっている。このような関数を**ベッセル関数**という。式（1.56）をベッセル関数の公式を使ってさらに展開すると搬送波の周波数を中心にして上下に無限に広がる側帯波の和で表されていることが分かる。その大きさは、ベッセル関数値に比例し、搬送波周波数から離れるに従って消長を繰り返しながら徐々に小さくなっていき 0 に近づく。図1.43はこの様子を描いたものであり、AM 波の場合と異なり、一つの周波数 f_p の信号波で変調しても側波帯は搬送波 f_c を中心にして上下に nf_p（$n=1$、2、3…∞）の無限の広がりを持つ。図1.43は $n=5$ まで描いたものであるが、実際には $n=\infty$ まで広がっていて徐々に小さくなっていく。

周波数

f_c-5f_p　f_c-4f_p　f_c-3f_p　f_c-2f_p　f_c-f_p　f_c　f_c+f_p　f_c+2f_p　f_c+3f_p　f_c+4f_p　f_c+5f_p

図1.43　FM 波の周波数分布（変調指数 $m_f=3$）

　このように無限に広がる側波帯を持つ FM 波の占有周波数帯幅は理論的には無限大であるが、これでは困るので、実用上問題ない範囲に電波法で決められている。占有周波数帯幅 B は次の近似式で与えられる。

$$B = 2f_p(1+m_f) = 2(f_p+\Delta F) \ \text{〔Hz〕} \qquad \cdots(1.57)$$

上式より、$m_f \ll 1$ であれば次の近似式が使える。

$$B \fallingdotseq 2f_p \ \text{〔Hz〕} \qquad \cdots(1.58)$$

1.5.3　パルス変調

　信号波を一旦パルスに変換して、このパルスによって搬送波を変調する方式を**パルス変調**という。信号波をパルスに変換する方法には、信号波の振幅をそのままパルスの高さに変換する方法やパルスの幅に変換する方法など多くある。図1.44は代表的なパルス変調方式の説明図である。

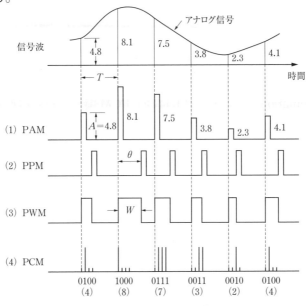

図1.44　パルス変調方式

(1)　パルス振幅変調

　信号波の振幅 A を一定の時間間隔 T で取り出し、パルスの高さを A に比例して変える方式を**パルス振幅変調**（**PAM**：pulse amplitude modulation）という。この変調された信号を電波にするには、図1.45のように、搬送波を振幅変調して高周波パルスにする。

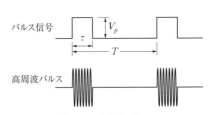

図1.45　高周波パルス

　この図において、T をパルス繰返し周期、τ をパルス幅、V_p

をパルスの振幅または高さという。

(2) パルス位相変調

パルスの位相 θ を信号波の振幅 A に比例して変える変調方式を**パルス位相変調**（**PPM**：pulse phase modulation）という。

(3) パルス幅変調

パルス幅 W を信号波の振幅 A に比例して変える変調方式を**パルス幅変調**（**PWM**：pulse width modulation）という。

(4) パルス符号変調

高さと幅が一定のパルスの数を信号波の振幅 A に比例する一定の規則に従って並べ変える変調方式を**パルス符号変調**（**PCM**：pulse code modulation）という。図1.44の(4)PCMでは、長いパルスと短いパルスを描いてあるが、実際には短いパルスは無く、パルスの場所を示すために描いたものである。この様な表現は以後に出てくる図でも使われる。PCMは現在最も多く使われているパルス変調方式であり、後章で詳しく述べる。

1.5.4 パルスの種類

表1.3は代表的なパルス形式をまとめたものである。単極性パルスは、振幅電圧が 0〔V〕と正の一定値（または負の一定値）だけをとる形式のパルスであり、また複極性パルス（または両極性パルス）は正の一定値と負の一定値をとる形式のパルスである。この二つの形式を **NRZ**（non-return to zero）**符号**といい、パルスとパルスの間で 0〔V〕にならない。一方、**RZ**（return to zero）**符号**はパルスとパルスの間で一旦 0〔V〕になる。これも単極性と複極性がある。

表1.3　パルスの種類

符　号　名	極　　性	波形の例
NRZ 符号	単極性	0 1 1 0 0 1 0
	複極性（両極性）	0 1 1 0 0 1 0
RZ 符号	単極性	0 1 1 0 0 1 0
	複極性（両極性）	0 1 1 0 0 1 0

1.5.5　電波型式

電波はその変調方式によって異なった電波型式になる。例えば、SSB 変調において無変調（$m = 0$）のために電波が出ない状態が長く続くと受信側で困ることもあるので、搬送波を少し残しておく変調方式がある。これを低減搬送波方式といい、それぞれ DSB、SSB の変調方式にある。また、図1.39において、フィルタを通す前の両側波をそのまま電波として出す方式もあり、DSB 変調波の一つである。これらはそれぞれ電波型式が異なり、電波法でその表示法が決められている。表1.4は主搬送波の変調の型式、表1.5は信号の性質、表1.6は伝送情報の型式であり、これら三つの表から文字を一つずつ取って並べて電波型式名としている。

電波型式の例を挙げると、例えば、搬送波を手動で ON−OFF する電信は A1A、音声による AM（DSB）の電波型式は A3E、音声による抑圧搬送波（搬送波がない）SSB の電波型式は J3E、FM 放送のように音声で周波数変調（FM）する電波型式 F3E などである。

表1.4　変調の型式

変　調　の　型　式	記号
1．無変調	N
2．振幅変調	
(1)　両側波帯	A
(2)　全搬送波による単側波帯	H
(3)　低減搬送波による単側波帯	R
(4)　抑圧搬送波による単側波帯	J
(5)　独立側波帯	B
(6)　残留側波帯	C
3．角度変調	
(1)　周波数変調	F
(2)　位相変調	G
4．同時に、または一定の順序で振幅変調及び角度変調を行うもの	D
5．パルス変調	
(1)　無変調パルス列	P
(2)　変調パルス列	
ア．振幅変調	K
イ．幅変調または時間変調	L
ウ．位置変調または位相変調	M
エ．パルスの期間中に搬送波を角度変調するもの	Q
オ．アからエまでの各変調の組合わせ、または他の方法によって変調するもの	V
6．1から5までに該当しないもので、同時に、または一定の順序で振幅変調、角度変調またはパルス変調のうち2以上を組合わせて行うもの	W
7．その他のもの	X

表1.5　信号の性質

信　号　の　性　質	記号
1．変調信号のないもの	0
2．デジタル信号である単一チャネルのもの	
（1）　変調のための副搬送波を使用しないもの	1
（2）　変調のための副搬送波を使用するもの	2
3．アナログ信号である単一チャネルのもの	3
4．デジタル信号である2以上のチャネルのもの	7
5．アナログ信号である2以上のチャネルのもの	8
6．デジタル信号の1または2以上のチャネルとアナログ信号の1または2以上のチャネルを複合したもの	9
7．その他のもの	X

表1.6　伝送情報の型式

情　報　の　型　式	記号
1．無　情　報	N
2．電　信	
（1）　聴覚受信を目的とするもの	A
（2）　自動受信を目的とするもの	B
3．ファクシミリ	C
4．データ伝送、遠隔測定または遠隔指令	D
5．電話（音響の放送を含む）	E
6．テレビジョン（映像に限る）	F
7．1から6までの型式の組合わせのもの	W
8．その他のもの	X

練 習 問 題 Ⅰ 平成30年1月施行「二陸技」(B−5)

次の記述は、無線送信機の周波数逓倍や電力増幅に用いることができるＣ級増幅器の動作原理等について述べたものである。 ▢ 内に入れるべき字句を下の番号から選べ。ただし、入力信号(基本波成分)v_i〔V〕の角周波数を ω〔rad/s〕とする。

(1) 無線送信機に用いることができる ア 周波のＣ級増幅器は、負荷に同調回路を用いて効率の良い増幅が可能である。

(2) 図1に示すＣ級増幅回路は、図2に示すように、ベースとエミッタ間のバイアス電圧 イ 〔V〕をＢ級増幅器より更に低く(しゃ断領域に)設定し、v_i の半周期よりも短い 2θ〔rad〕の期間だけコレクタ電流 i_C〔A〕が流れるようにしているため、出力波形は ウ 。したがって、コレクタ電流には基本波成分の他に エ が含まれているので、負荷回路にコイル L〔H〕及びコンデンサ C〔F〕からなる同調回路(共振回路)を用いて希望する周波数成分を取り出すことができる。よって、周波数逓倍に用いることができる。また、2θ を オ ほど電力効率は良くなるが、出力電力は小さくなる。

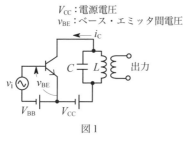

V_{CC}:電源電圧
v_{BE}:ベース・エミッタ間電圧

図1

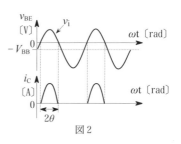

図2

1	ひずまない	2	ひずむ
3	低調波成分	4	V_{CC}
5	小さくする	6	単一
7	音声	8	高調波成分
9	V_{BB}	10	大きくする

練　習　問　題　Ⅱ　　平成30年1月施行「二陸技」（A-2）

図に示す AM（A3E）波 e を表す式として、正しいものを下の番号から選べ。ただし、e の振幅の最大値 A〔V〕に対する最小値 B〔V〕の比 (B/A) の値を1/2とし、搬送波の振幅を E〔V〕、角周波数を ω〔rad/s〕とする。また、変調信号は単一正弦波とし、その角周波数を p〔rad/s〕とする。

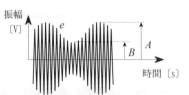

1　$E\{1+(1/3)\cos\omega t\}\cos pt$〔V〕

2　$E\{1+(1/3)\cos pt\}\cos\omega t$〔V〕

3　$E\{1+(1/3)\cos\omega t\}\cos\omega t$〔V〕

4　$E\{1+(1/2)\cos\omega t\}\cos pt$〔V〕

5　$E\{1+(1/2)\cos pt\}\cos\omega t$〔V〕

練　習　問　題　Ⅲ　　平成27年1月施行「二陸技」（A-3）

次の記述は、周波数変調（FM）波について述べたものである。□□□内に入れるべき字句の正しい組合せを下の番号から選べ。ただし、搬送波を $a\sin\omega_c t$〔V〕、変調信号を $b\cos\omega_s t$〔V〕で表すものとし、搬送波の振幅及び角周波数を a〔V〕及び ω_c〔rad/s〕、変調信号の振幅及び角周波数を b〔V〕及び ω_s〔rad/s〕とする。なお、同じ記号の□□□内には、同じ字句が入るものとする。

(1)　FM 波の瞬時角周波数 ω は、式①で表される。ただし、k_f〔rad/(s・V)〕は電圧を角周波数に変換する係数、　A　〔rad/s〕は最大角周波数偏移である。

$$\omega = \omega_c + \boxed{\text{A}}\cos\omega_s t \text{〔rad/s〕} \qquad \cdots ①$$

(2)　FM 波の位相角 φ は、式①を t で積分して得られ、式②で表される。

ただし、θ〔rad〕は積分定数である。

$$\varphi = \int \omega \mathrm{d}t = \omega_c t + (k_f b/\omega_s)\sin\omega_s t + \theta \text{〔rad〕} \qquad \cdots ②$$

$k_f b/\omega_s$ は、FM 波の　B　を表す。

(3)　FM 波の全電力は、通常、変調信号の振幅の大きさによって変化　C　。

	A	B	C
1	$k_{\mathrm{f}}b/\omega_{\mathrm{s}}$	変調指数	する
2	$k_{\mathrm{f}}b/\omega_{\mathrm{s}}$	角周波数	しない
3	$k_{\mathrm{f}}b$	角周波数	する
4	$k_{\mathrm{f}}b$	変調指数	する
5	$k_{\mathrm{f}}b$	変調指数	しない

練習問題 Ⅳ　平成28年7月施行「一陸技」（A-3）

次の記述は、振幅変調（A3E）波について述べたものである。□内に入れるべき字句の正しい組合せを下の番号から選べ。ただし、搬送波を $A\cos\omega t$ 〔V〕、変調信号を $B\cos pt$ 〔V〕とし、A〔V〕は搬送波の振幅、B〔V〕は変調信号の振幅、ω〔rad/s〕は搬送波の角周波数、p〔rad/s〕は変調信号の角周波数を表すものとし、$A \geq B$ とする。また、変調度を m とする。

(1) A3E波 e は、次式で表される。

$$e = \boxed{\quad A \quad}\ 〔\mathrm{V}〕$$

(2) 変調度 m は、次式で表される。

$$m = \boxed{\quad B \quad} \times 100\ 〔\%〕$$

(3) 変調度が50〔%〕のとき、A3E波の上側波帯の電力と下側波帯の電力の和の値は、搬送波電力の値の $\boxed{\quad C \quad}$ である。

	A	B	C
1	$B\cos\omega t + Bm\cos pt\cos\omega t$	B/A	$1/4$
2	$B\cos\omega t + Am\cos pt\cos\omega t$	A/B	$1/8$
3	$A\cos\omega t + Am\cos pt\cos\omega t$	B/A	$1/4$
4	$A\cos\omega t + Am\cos pt\cos\omega t$	B/A	$1/8$
5	$A\cos\omega t + Am\cos pt\cos\omega t$	A/B	$1/4$

練習問題・解答	Ⅰ	ア-6　イ-9　ウ-2　エ-8　オ-5
	Ⅱ	2　Ⅲ　5　Ⅳ　4

68

第2章

AM 送信機

AM 送信機の代表的なものとして、音声通信（電話など）で使われる DSB 送信機と SSB 送信機がある。DSB は AM 放送以外で使われることは少ないが、最も基本的なものである。一方、SSB は短波帯の船舶通信で主に使われている方式である。なお、近年の送信機は従来のアナログ方式からデジタル方式に変わってきており、特に変調と電力増幅の方式が大きく異なる。

2.1 DSB 送信機

DSB 送信機には、従来から使われてきたアナログ方式と近年主流となってきたデジタル方式がある。ここでは送信機の基礎知識を得るためにアナログ方式について学ぶ。

2.1.1 アナログ方式 DSB 送信機

アナログ方式の DSB 送信機には変調を行う場所により、図2.1(a)

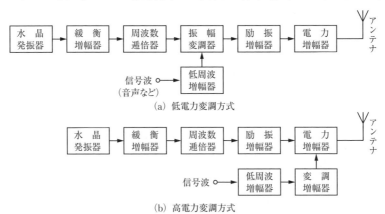

(a) 低電力変調方式

(b) 高電力変調方式

図2.1 アナログ方式 DSB 送信機の構成例

の低電力変調方式と同図(b)の高電力変調方式がある。**低電力変調方式**は変調を搬送波の振幅が小さいとき、すなわち初段に近い所で行っている。これに対し、**高電力変調方式**の変調は搬送波の振幅が非常に大きい終段の電力増幅器で行う。高電力変調方式は低電力変調方式に比べて効率がよく、ひずみが少ないので放送局のような大電力送信機に使われる。ただしここでは、小電力の送信機で多く使われる低電力変調方式を主に説明する。

(1) 水晶発振器と緩衝増幅器

すべての送信機は搬送波の基になる高周波が必要であり、高周波発振器でこの高周波を作り出す。水晶発振器は高周波発振器として現在最も多く使われている。

図2.2は水晶発振器の実用回路として使われるピアース BE 水晶発振回路の例である。この回路は、1.4.2項(2)で述べたように、水晶振動子 X を誘導性素子として使用する 3 素子形発振回路であるので、コレクタ回路に挿入されている同調回路は誘導性になるように可変コンデンサ C_2 を調整する必要がある。

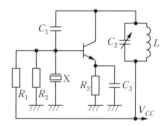

図2.2 ピアース BE 水晶発振回路

水晶発振回路は安定に動作させなければならないが、外部からの影響を受けやすい。特に、増幅器の出力の変動が水晶発振器の負荷に影響を与えて発振周波数を変動させる原因となる。このような、後段からの水晶発振器への影響を少なくするために**緩衝増幅器**（buffer amplifier）が使われる。

(2) 周波数逓倍器

水晶発振器の発振周波数は水晶振動子の厚さで決まるので、高い発振周波数を得るためには、水晶振動子を薄く作らなければならないが、物理的に限界がある。このため高い送信周波数が必要な場合には、**周波数逓倍器**★^(次頁)を使って発振周波数を何倍かに高くする必要がある。

（a）　周波数逓倍の原理

　正弦波以外の波を**ひずみ波**といい、多数の正弦波が合成されてでき
ている波である。すなわち、ひずみ波をvとすれば次式のように表さ
れる。

$$v = V_1 \sin(\omega t + \theta_1) + V_2 \sin(2\omega t + \theta_2)$$
$$+ V_3 \sin(3\omega t + \theta_3) + \cdots \quad \cdots(2.1)$$

　ただし、$V_1 \sim V_n$を振幅、$\theta_1 \sim \theta_n$を位相、ωを角周波数、tを時間
とする。

　上式の第1項は**基本波**、第2項は角周波数が基本波の2倍（2ω）
であるから第2高調波、第3項以後は第3、第4、…高調波の各成分
を表している。また、基本波以外をまとめて単に**高調波**という。V_1
$\sim V_n$と$\theta_1 \sim \theta_n$はひずみ波の波形を決めるもので、特定の項が0のこ
ともある。

　周波数を逓倍するにはこの高調波成分を利用する。例えば、水晶発
振器の発振角周波数をω（$= 2\pi f$）とし、これを2倍にするには同調
回路または帯域フィルタで第2高調波成分を取り出して増幅する。図
2.3は、振幅の大きな正弦波（周
波数f）を増幅器の入力に加え
ると図のような方形波、すなわ
ちひずみ波が得られるので、こ
れから第2高調波を、L_2とC_2
で構成された周波数が$2f$の共
振回路で取り出す例である。

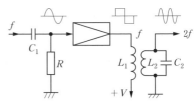

図2.3　周波数逓倍（2倍）の原理

（b）　**任意の送信周波数を作る方法**

　一般に、高調波成分の大きさは周波数が高くなるほど小さくなるの
で、通常、第4高調波以上は利用できない。4倍以上にするには周波

★周波数逓倍器：周波数を何倍かに高くする回路（または装置）。

数逓倍器を 2 段以上使う。例えば、12倍にするには、 2 倍 × 2 倍 × 3 倍のように周波数逓倍器を 3 段使う。図2.4は12倍の周波数逓倍器のブロック図の例である。

図2.4　周波数逓倍器（12逓倍）

　任意の周波数 f を得るには f/n の周波数の水晶振動子を作り、これを源振とし n 逓倍する。ただし、n は 2 と 3 だけの積でなければならない。したがって、n は 2 倍、 3 倍、 4 倍、 6 倍…のように飛び飛びの値になる。

　周波数逓倍器は通常の増幅器を使うが、その出力をひずみ波にしなければならない。例えば、A 級増幅器に直線増幅範囲を越えるような大きな入力を加えて出力をひずませる。

（c）　PLL 回路

　一つの送信機を複数の周波数に切り替えて使う場合がある。このようなとき、前項の方式を使うとすれば複数の周波数の水晶振動子が必要になる。これに対し、PLL 周波数シンセサイザを使えば一つの水晶振動子で任意の周波数を作り出すことができる。

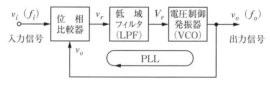

図2.5　PLL の基本構成

　図2.5に PLL（phase locked loop：位相同期ループ）の基本構成を示す。図において、位相比較器は二つの入力信号の位相を比較してその差に比例した電圧を出力する。また、電圧制御発振器（VCO：voltage controlled oscillator）は入力電圧の大きさに従って発振周波数が変わる自励発振器★(次頁)である。

位相比較器は、同図のように、周波数 f_i の電圧 v_i を一方の入力信号とし、VCO の発振周波数 f_o の出力電圧 v_o を他方の入力信号として両信号を比較し、その位相差に比例した電圧 v_r を出力する。v_r には高調波や雑音が混ざっているので、これを取り除くために低域フィルタ（**LPF**：low pass filter）を通して直流成分 V_r だけを取り出す。V_r は VCO の入力となり、常に $f_o = f_i$ となるように VCO の発振周波数 f_o を制御する。PLL が $f_o = f_i$ となったとき、回路は**ロック状態**になったという。

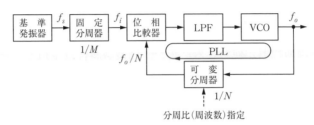

図2.6　PLL 周波数シンセサイザの構成

この PLL 基本構成に、図2.6のように、さらに二つの**分周器**★★を付け加えて目的の周波数を作り出せるようにしたものを PLL **周波数シンセサイザ**という。同図において、基準発振器として水晶発振器を使い、その発振周波数 f_s を分周器で $1/M$ に下げ、それを PLL 回路の入力周波数 $f_i (= f_s/M)$ とする。また、PLL の中に出力周波数 f_o を $1/N$ にする可変分周器を挿入する。ただし、M と N は整数である。PLL のロック状態では $f_i = f_o/N$ であるから、出力周波数は $f_o = Nf_i$ となる。N は可変になっているので N を変えることによって f_i の周波数幅で出力周波数を任意に変えることができる。M を大きくすることによって、f_i を原理的にいくらでも小さくできるが実際には限度がある。出力周波数 f_o と発振周波数 f_s の間には次の関係がある。

★自励発振器：増幅回路の出力をそのまま入力に正帰還させることによって発振する発振器であり、一般に発振周波数は不安定である。

★★分周器：周波数を何分の一かに下げる回路（または装置）。

$$f_o = \frac{N}{M} f_s$$

$\cdots(2.2)$

PLL 周波数シンセサイザを送信機の発振器として使うには、図2.1の場合、水晶発振器から周波数逓倍器までを周波数シンセサイザに置き換えればよい。

(3) 低周波増幅器

マイクロホンなどで拾われた音声などの信号波は微弱であるので、低周波増幅器や変調増幅器によって、変調に必要な大きさまで増幅する。これらの増幅器は、信号波をひずみなく増幅しなければならないので、直線増幅器が使われる。また、周波数特性は平坦で、その最高の周波数は送信局に割り当てられた帯域幅によって決まる範囲内でなければならない。例えば、DSB による音声通信に 9〔kHz〕が割り当てられたとすれば、LSB 下端の周波数から USB 上端の周波数までが 9〔kHz〕であるので、音声信号の最高周波数はその半分の4.5〔kHz〕になる。したがって、低周波増幅器の最高周波数は4.5〔kHz〕であればよいことになる。低周波増幅器の出力は、低電力変調方式では変調するのに比較的小さな電力で済むので、小電力でよい。

(4) 振幅変調器

振幅変調器にトランジスタ増幅回路を使った例について説明する。信号波を加えるトランジスタの端子によって、ベース変調、エミッタ変調、コレクタ変調がある。ここでは使用頻度の高いベース変調とコレクタ変調について説明する。

(a) ベース変調

図2.7はベース変調回路の例であり、ベースへの入力として信号波 v_s と高周波 v_c を同時に加えている。したがって、ベースに加えられる高周波電圧 v_b は v_s と v_c の和になるので図2.8の入力電圧のような波形になる。

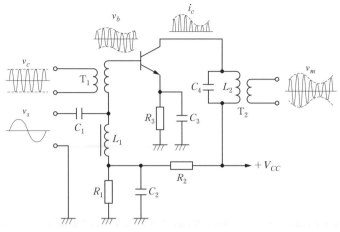

図2.7　ベース変調回路

　トランジスタ増幅回路のベース電圧 V_{BE} とベース電流 I_B との関係は図2.8のような特性曲線になっている。また、I_B とコレクタ電流 I_C とは比例関係にあるので、縦軸の I_B を I_C と読み替えてもよいことになる。バイアス電圧 V_B を特性曲線のカットオフ点Ｐの近くに選ぶと、入力電圧 v_b の左側がカットされて右側だけが増幅されるので、出力電流 i_c は同図のような波形となる。これをコレクタ回路に挿入され

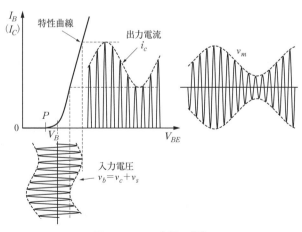

図2.8　ベース変調の動作

ている共振回路 $(L_2、C_4)$ を通して出力を取り出すと、i_c のエンベロープに比例した高周波電圧 v_m が得られる。これが振幅変調波である。

　ベース変調回路の特徴は変調に必要な電力が小さくて済む反面、トランジスタ特性の曲線部分によりひずみが発生する。このため、音声通信のようなひずみをあまり問題にしない出力の小さな簡易無線に使われる。

(b) コレクタ変調

　図2.9はコレクタ変調回路の例である。入力として高周波を入力トランス T_1 を通してベースに、また、信号波を変調トランス T_2 を通してコレクタにそれぞれ加えている。変調波出力はコレクタ回路に挿入された同調回路 $(L_3、C_3)$ に結合されているコイル L_4 から取り出される。

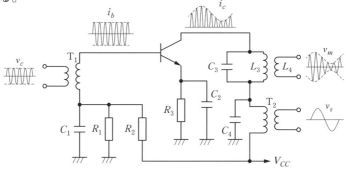

図2.9　コレクタ変調回路

　図2.10はトランジスタの $V_{CE}-I_C$ 特性を使ってコレクタ変調回路の動作を描いたものである。コレクタ電圧 V_{CE} は、V_{CC} に信号波 v_s が加えられたものであるので、V_{CC} を中心にして v_s に応じて変化する。このため、負荷線は図のように信号波の変動に従って①→②→①→③→①→…のように平行移動する。出力電流 i_c は負荷線と特性曲線の交点で決まるので、高周波入力 i_b を非常に大きくしておくと、図のように負荷線の移動に伴って i_c が変化する。この i_c を、ベース変調と同様にして、共振回路に通すことによって振幅変調波 v_m が取り出される。

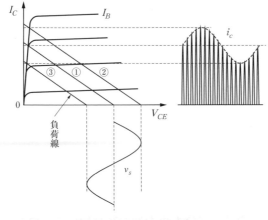

図2.10　コレクタ変調の動作

(5)　励振増幅器と電力増幅器

　通常、変調器の出力は小さいので、これをそのまま電力増幅器の入力に加えても必要な変調度が得られない場合がある。このようなときには、増幅器を1段追加して必要な大きさまで増幅してから電力増幅器に加える。この増幅器を**励振増幅器**といい、電力増幅器の補助的な役割をする。ただし、送信電力が数W以下の送信機では、励振増幅器を使わなくても出力の小さな電力増幅器だけで必要な変調度を得られる場合がある。

　電力増幅器は電波として必要な送信電力を得るために使われる増幅器であり、通常C級増幅器が使われる。

2.1.2　デジタル方式DSB送信機

　図2.11はデジタル方式のDSB送信機の構成例である。図のように、A/D変換器によって音声などのアナログ信号をデジタル信号に変え、これをパルス増幅器で増幅する。A/D変換器は、この例ではパルス幅変調（PWM）を行っているが、パルス符号変調（PCM）を行う方式もある。ただし、PCMの場合には、以後の処理がこの図とは異なる。図のLPF（低域フィルタ）は、振幅の大きくなったPWM信号

から高い周波数成分を取り除いて、図のような音声信号に比例して変化する直流信号を取り出す。この直流信号によって別に作られた高周波信号（搬送波）を変調するとともに電力増幅してBPF（帯域フィルタ）を通し、電波としてアンテナから放射する。変調には前項で述べたコレクタ変調を使っている。また、BPFはDSB波を通すだけの帯域幅を持つフィルタである。この図の方式では、変調にアナログ方式を使っているので全デジタル方式ではないが、この部分もデジタル化した全デジタル方式も実用されている。この方式にするには、A/D変換器でPCM信号を作り、これによってスイッチング回路（電力増幅器に代わる回路）を制御してDSB波を作る。デジタル方式の特徴はアナログ方式に比べて電力効率が良いことであるが、全デジタル方式は通常の変調回路がない（別の方法を使う）ためコレクタ変調を使うデジタル方式に比べてさらに電力効率が良い。

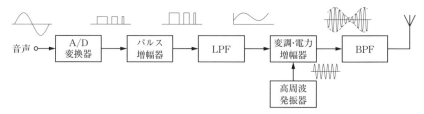

図2.11　デジタル方式 DSB 送信機の構成例

2.2　SSB 送信機

SSB波はAM波の一種であるが、送信機の構成はDSB送信機と大きく異なる。ここでは、SSB波の種類とSSB送信機の構成、SSB送信機だけに使われている回路などについて解説する。

2.2.1　SSB 波の種類

音声通信に使われるSSB波には次の三つがあり、図2.12はそれぞれUSBと搬送波の周波数分布の例である。

(1)　抑圧搬送波 SSB（電波型式 J3E）

図2.12(a)に示すように、搬送波をできるだけ小さく（抑圧）したSSB波であり、SSB波といえば通常この電波型式のSSB波を指す。この電波は搬送波がほとんどないので、これを受信し検波するには受信機内で作られた搬送波の代わりをする高周波を加えなければならない。

(2)　低減搬送波 SSB（電波型式 R3E）

図2.12(b)に示すように、搬送波の強度を DSB（A3E）波の搬送波の強度より小さくした SSB 波であり、DSB 波の送信電力より小さくできる利点がある。また、これを受信して検波するときに必要となる搬送波の代わりをする高周波の周波数を安定に保つことができる。

(3)　全搬送波 SSB（電波型式 H3E）

図2.12(c)に示すように、搬送波の強度を DSB（A3E）波の強度と同じにした SSB 波である。この SSB 波は DSB 受信機でも受信できる利点がある。しかし、送信機の電力効率は J3E 波に比べて悪い。

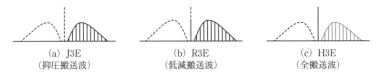

(a) J3E　　　　　　(b) R3E　　　　　　(c) H3E
(抑圧搬送波)　　　(低減搬送波)　　　(全搬送波)

図2.12　SSB 波の種類（周波数分布）

2.2.2　SSB 送信機の構成と動作

図2.13は SSB 送信機の構成例である。この図の各ブロックのうち、SSB 送信機に特有のブロックについてのみ説明する。

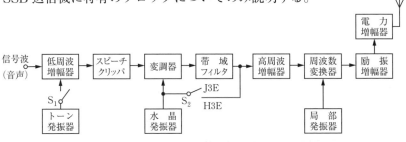

図2.13　SSB 送信機の構成例

(1) トーン発振器

　J3E の SSB 波は搬送波がなく、一つの側帯波だけであるから音声がないときには電波は出ない。電波の電力測定など送信機の試験や調整のときに電波が出ないと困るので、音声の代わりに一定周波数の低周波信号を使う。この低周波信号を作るために、通常 1 500〔Hz〕の信号を出すトーン発振器（低周波発振器）が用意されていて、必要なときにスイッチ S_1 を入れて使う。

(2) スピーチクリッパ

　大きな音声がマイクで拾われて低周波増幅器で増幅され、その出力が非常に大きくなると過変調の状態になる。過変調された電波は、受信したときの音声をひずませるだけでなく、割り当てられた周波数以外の電波（**不要波**または**スプリアス**という）を放射するので非常に問題である。これを避けるには、低周波増幅器の出力を過変調が起こらない程度以下に抑えなければならない。そこで、低周波増幅器の出力を振幅制限器（クリッパ）によって一定値以上の振幅部分を切り取る。これを**スピーチクリッパ**という。

(3) 変調器

　図2.14は、図2.13の変調器と帯域フィルタ部を取り出して、各部の周波数分布を描いたものである。

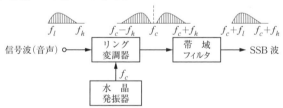

図2.14　変調器出力の周波数分布

　この図では、変調器としてリング変調器が使われていて、入力として周波数分布が f_l から f_h までの信号波と水晶発振器からの周波数 f_c の高周波信号（搬送波）を加え、出力として搬送波のない DSB 波信号（周波数範囲が f_c-f_h から f_c+f_h までの搬送波のない DSB 波）を得ている。この搬送波のない DSB 波信号の一方を帯域フィルタで取

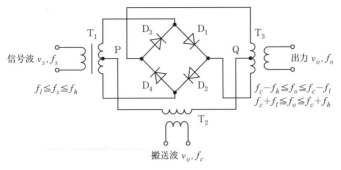

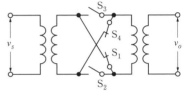

図2.15　リング変調器

り出して SSB 波としている。この図では上側波帯（USB）を取り出
しているので、周波数範囲は f_c+f_l から f_c+f_h となる。

　図2.15はリング変調器の構成であ
り、ダイオード4個をリング状に接
続し、音声などの信号波を入力する
ための低周波トランス T_1、搬送波
を入力する高周波トランス T_2、
DSB 出力信号を取り出す高周波ト
ランス T_3 をそれぞれ図のように接
続する。

　この回路に搬送波だけを加えて点
P が ＋、点 Q が － になったとき、
P → D_1 → Q の回路と P → D_4 → Q
の回路ができて T_3 の1次コイルの
上下半分にそれぞれ電流が流れる
が、この電流は互いに逆向きで等し
いので T_3 の2次コイルから出力は
現れない。また、点 P と Q の極性
が反転したとき、Q → D_2 → P の回
路と Q → D_3 → P の回路ができて
T_3 の1次コイルに互いに逆向きで

搬送波が正の半周期 S_1, S_4：ON
搬送波が負の半周期 S_2, S_3：ON
（1）動作説明図

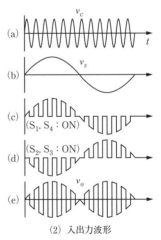

（2）入出力波形

図2.16　リング変調器の動作

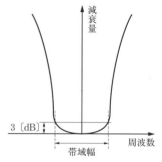

等しい電流が流れるので、同様に出力は現れない。次に、この回路に信号波だけを加えると T_1 の 2 次側に電圧が現れるが、T_1 の上向き電圧（＋）のときは D_1 と D_2 の回路により、また下向き電圧（－）のときは D_4 と D_3 によってそれぞれ短絡されて T_3 から出力は現れない。しかし、信号波と信号波より十分大きな振幅の搬送波を同時に加えると、搬送波の電圧によってダイオードが制御されて、T_3 から出力される信号波の極性が搬送波電圧の正負に応じて交互に反転される。図2.16の(1)動作説明図は D_1〜D_4 をスイッチ S_1〜S_4 に置き換えたものである。すなわち、搬送波が正の半周期の間は S_1 と S_4 が ON となるので入出力波形図(c)の電流が、また負の半周期では S_2 と S_3 が ON となり図(d)の電流が流れることになり、この二つが T_3 で合成されて図(e)の出力電圧 v_o となる。

　帯域フィルタ（**BPF**：band path filter）は一定の周波数範囲の信号だけを通過させるように作られた回路である。通常、図2.17のように、中心周波数から左右対称な周波数特性を持っていて、曲線の立上りが急峻なほどよい。また、信号が通過する帯域幅内の減衰量とその変動は少ないほどよい。

図2.17　帯域フィルタの特性

(4)　高周波増幅器

　帯域フィルタからの出力は小さいので、高周波増幅器でこれを増幅して周波数変換器の入力として必要な大きさにする。増幅のとき、SSB 波信号をひずませてはならないので、直線増幅器が使われる。

(5)　周波数変換器

　目的の周波数の SSB 電波を作るには、図2.13の水晶発振器の周波数を目的の電波の周波数に近い発振周波数にすればよいが、このような高い周波数では上述したような特性の良い帯域フィルタを作ることが困難である。そこで、低い周波数を使って変調を行い SSB 波を作ってから目的の電波の周波数まで上げる。SSB 波は多くの周波数成分

を含んでいるので、2.1.1項(2)で述べた周波数逓倍の手法で周波数を上げることはできない。このため、周波数分布と波形をそのままにして周波数を上げることのできる周波数変換の方法を使う。

一般に、周波数 f_1 を周波数 f_2 に周波数変換するには、変換器の入力に周波数 f_1 の信号を加え、さらに別の発振器などから別の周波数 f_l の信号を加えて、両周波数の和または差の信号を変換周波数 f_2 の信号として取り出す。周波数を上げる場合には和の周波数 (f_1+f_l) の信号を取り出す。このとき、周波数 f_l の信号を作る発振器を**局部発振器**（LO：local oscillator）という。

図2.18は周波数変換の過程を示したものである。音声信号の中心周波数を f_s、水晶発振器の発振周波数を f_c とすれば、リング変調器により変調され、帯域フィルタによって中心周波数 f_{if}（$=f_c+f_s$）の SSB波が取り出される。さらに周波数変換器により電波の中心周波数 f_0（$=f_l+f_{if}$）の SSB波に変換される。

したがって、この場合の電波の中心周波数 f_0 は $f_0=f_l+f_{if}=f_l+f_c+f_s$ となるから、f_c と f_l を適切に選べば電波の中心周波数を割当周波数にできる。周波数変換器の出力周波数分布は、同図(c)のように上下の側波帯が大きく離れて（$2f_{if}$ 程度）いるので、同調回路で容易に SSB波を取り出すことができる。このため、周波数変換器では帯域フィルタを使わなくてもよい。

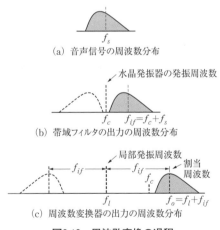

(a) 音声信号の周波数分布 — f_s

(b) 帯域フィルタの出力の周波数分布 — 水晶発振器の発振周波数、f_c、$f_{if}=f_c+f_s$

(c) 周波数変換器の出力の周波数分布 — 局部発振周波数、割当周波数、f_{if}、f_{if}、f_c、f_l、$f_o=f_l+f_{if}$

図2.18　周波数変換の過程

練 習 問 題 I　　　平成31年3月施行「一総通」（A-2）

次の記述は、SSB（J3E）波を得る方法について述べたものである。
____内に入れるべき字句の正しい組合せを下の番号から選べ。なお、
同じ記号の____内には、同じ字句が入るものとする。

(1) フィルタ法は、平衡変調器やリング変調器などを用いて____A____両
側波帯信号を得た後、一方の側波帯を帯域フィルタ（BPF）によ
り取り出す。

(2) 移相法は、二つの平衡変調器を用い、一方に搬送波及び信号波を
加え、他方に搬送波及び信号波の位相を移相器によりそれぞれ
____B____〔rad〕だけずらしたものを加え、両平衡変調器の出力を合
成する。この方法では、信号波の広い周波数範囲にわたって一様に
____B____〔rad〕移相することが必要であるが、アナログ回路でこれ
を実現することは困難であり、二つの平衡変調器のバランスやスプ
リアスの低減などで問題がある。しかし、デジタル移相器が開発さ
れ、これを実現できるようになり、この方法が容易に使われるよう
になった。

	A	B		A	B
1	抑圧搬送波	$\pi/2$	2	抑圧搬送波	$\pi/4$
3	抑圧搬送波	$\pi/3$	4	全搬送波	$\pi/4$
5	全搬送波	$\pi/2$			

練習問題・解答　　I　　1

第3章

FM 送信機

FM送信機には直接 FM 方式と間接 FM 方式がある。この章では、直接 FM 方式と間接 FM 方式の違い、使われる回路、特徴などについて学ぶ。

3.1 直接 FM 方式送信機

直接 FM 方式は発振周波数を信号波で変化させて FM 波を作る方式である。図3.1に基本的な直接 FM 方式送信機の構成例を示す。信号波を低周波増幅器で増幅し、プリエンファシス、リミッタ、スプラッタフィルタによって必要な形に加工する。VCO は信号波電圧によって周波数が変わる自励発振器であるので、変調器として働く。変調された信号は電波の周波数に変換され電力増幅されて送信される。以下、図の構成例の順に説明する。

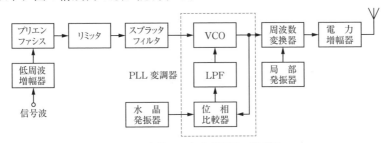

図3.1 直接 FM 方式送信機の構成例

3.1.1 直接 FM 方式で使われる回路

(1) プリエンファシス

音声の周波数に対する強度分布は図3.2(a)のように、高い周波数と低い周波数で弱くなっている。一方、雑音だけで周波数変調された

FM波を受信すると同図(b)のように高い周波数ほど強くなる。このような特性を持つ雑音を**三角雑音**という。

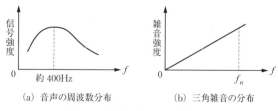

(a) 音声の周波数分布   (b) 三角雑音の分布

図3.2　音声と雑音の周波数分布

　この三角雑音特性のために、受信信号と雑音の比は高い周波数ほど悪くなり、特に音声は高い周波数ほど弱くなるので一層 SN 比が悪くなる。このような特性を改善するために、送信機側で信号波の高い周波数成分をあらかじめ強調してから変調する。この操作を**プリエンファシス**という。この FM 波を受信して復調すれば、音声の高い方の周波数における SN 比を改善できるが、高音が強調された不自然な音になるので、プリエンファシスとは逆に高い方の周波数成分を弱めて元に戻す必要がある。これを**デエンファシス**という。図3.3(a)(b)はそれぞれプリエンファシスとデエンファシス回路であり、入力電圧を v_i とすれば、同図(a)の回路では出力電圧 v_o は

$$v_o = \frac{R}{\sqrt{R^2 + \left(\frac{1}{\omega C}\right)^2}} v_i \qquad \cdots (3.1)$$

となり、また、同図(b)の回路では次式のようになる。

$$v_o = \frac{\frac{1}{\omega C}}{\sqrt{R^2 + \left(\frac{1}{\omega C}\right)^2}} v_i = \frac{1}{\sqrt{(R\omega C)^2 + 1}} v_i \qquad \cdots (3.2)$$

　周波数が高くなるとコンデンサのリアクタンスが小さくなるから、プリエンファシスでは式（3.1）から分かるように v_o が上がり、デエンファシスでは、式（3.2）から、逆に下がる。同図(c)はこれらの回路の周波数特性を、横軸を対数目盛で描いたものである。

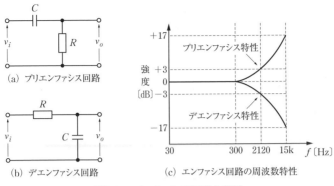

 (a) プリエンファシス回路

 (b) デエンファシス回路

 (c) エンファシス回路の周波数特性

図3.3　エンファシス回路と特性

(2)　リミッタ

　周波数変調波の最大周波数偏移は、式（1.40）で示されるように、信号波の振幅に比例する。したがって、送信電波の周波数を一定の範囲内に収めるために、信号波の振幅をリミッタによって一定値以内に制限しなければならない。図3.4はダイオード2本を使ったリミッタの動作原理であり、出力信号は $+V_1 \sim -V_2$ に制限される。通常は、波形のひずみを少なくするために $|V_1| = |V_2|$ とする。

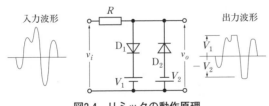

入力波形　　　　　　　　　　　　　出力波形

図3.4　リミッタの動作原理

(3)　スプラッタフィルタ

　リミッタの出力波形は、図3.4に示すように、切り取られた部分が台形になり、入力波形に比べて急激に変化する波形になっている。このような波形は、入力波形に比べて高い周波数成分、すなわち雑音となる成分を含むようになる。この雑音を取り除くために、高い周波数成分を取り除く低域フィルタ（LPF）を通す。この低域フィルタを**スプラッタフィルタ**という。

3.1.2　周波数変調回路

　直接 FM 方式では、発振周波数を信号波で変化させなければならないので、自励発振器が使われる。しかし、自励発振器は発振周波数が不安定であるため、FM 波の中心周波数が不安定になるという欠点がある。そこで、現在では水晶発振器を使った中心周波数が安定な周波数変調器が使われている。このような変調器は種々あるが、ここでは代表的な PLL 変調器と VCXO 変調器について説明する。

⑴　PLL 変調器

　図3.1の破線で囲まれた部分は PLL 変調器である。PLL の動作は2.1.1⑵⒞項で説明したとおりであり、図2.5の入力信号として水晶発振器などの周波数が安定な信号を使えば、VCO の発振周波数は安定になる。実際の PLL 変調器では、VCO の入力には信号波と PLL の制御電圧 V_r の両方が同時に加えられているため、VCO の発振周波数は水晶発振器の発振周波数を中心にして信号波に追従して変化することになる。このため、中心周波数の安定した FM 波が得られる。また、PLL 変調器の代わりに PLL 周波数シンセサイザを組み込めば送信周波数を自由に変えることのできる FM 送信機になる。

⑵　VCXO 変調器

　一般に、LC 発振回路の発振周波数 f は、コイルのリアクタンスを L〔H〕、コンデンサの容量を C〔F〕とすれば、$f = 1/(2\pi\sqrt{LC})$〔Hz〕で与えられる。したがって、L または C を音声などの信号波で変えることができれば発振周波数が変わるから、周波数変調ができることになる。実際には、L を変えるのは困難であるが、C を変えるのは可変容量ダイオードを使えば容易である。可変容量ダイオードは逆バイアス電圧を加えてこれを変化させると容量が変わる素子である。

　図3.5は可変容量ダイオード

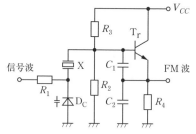

図3.5　VCXO 変調器の例

を使った直接周波数変調回路の例である。水晶振動子 X に直列に可変容量ダイオード D_C を挿入し、これに信号波を加えると D_C の容量が信号波電圧に応じて変化するので発振周波数が変わり、FM 波信号が得られる。このように電圧によって発振周波数が変化する水晶発振器を **VCXO**（voltage controlled crystal oscillator）という。自励発振器を使う直接 FM 方式は、間接 FM 方式に比べて周波数偏移を大きくすることができるが、その反面、FM 波の中心周波数が不安定である。一方、この VCXO を使う直接 FM 方式では、水晶発振器を使うので中心周波数は安定になるが周波数偏移は大きくならない。このため、この変調方式は周波数偏移が小さくてもよい**狭帯域 FM ★**を使う移動体通信に採用されることが多い。これに対して**広帯域 FM** は周波数偏移の大きい FM 放送のような高音質の通信に使われる。

3.1.3　周波数変換器

　FM 送信機に使われる VCXO や PLL などの水晶発振器の発振周波数は、通常、送信周波数に比べて低い周波数に決められている。これは前項で述べたように、水晶発振器を使う FM 方式では周波数偏移が小さく、深い変調が得られないので、これを大きくするためである。すなわち、周波数変換器によって周波数を上げると同時に周波数偏移も大きくなる。したがって、必要な大きさの変調指数を得るには周波数変換器を多段設けて周波数を上げることが必要になる（2.2.2項(5)参照）。

3.1.4　電力増幅器

　電力増幅器は目的の送信電力を得るために必要であり、FM 波は振幅が一定であるから、電力効率の良い C 級増幅器が使われる。電力増幅器への入力が不足しているときには、電力増幅器の前に励振増幅器が設けられることがある。これも一般に C 級増幅器が使われる。

★狭帯域 FM：周波数偏移が小さい FM で、一般の音声通信に使われている。

3.2 間接 FM 方式送信機

図3.6に間接 FM 方式送信機の構成例を示す。**間接 FM 方式**は、水晶発振器で作られた一定周波数の波の位相を変化（PM）させて、その変化を大きくすることによって周波数変化（FM）にする変調である。したがって、変調器は位相変調器になる。また、直接 FM と異なる構成は、信号波を加工する IDC 回路が複雑になることである。

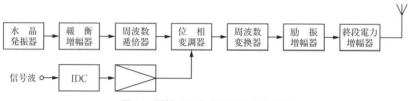

図3.6 間接 FM 方式送信機の構成例

3.2.1 間接 FM 方式で使われる回路
(1) IDC 回路

PM と FM の違いは、1.5.2項で述べたように、周波数偏移が FM では式（1.40）から ΔF であり、PM では式（1.55）から $f_p \Delta \theta$ になることである。すなわち、周波数偏移は、FM では信号波の振幅に比例する ΔF であり、PM では信号波の振幅に比例する $\Delta \theta$ と信号波の周波数 f_p との積である。最大の周波数偏移は規定値以内でなければならないから、FM では信号波の振幅を制限すればよいが、PM では信号波の振幅を制限しても $\Delta \theta$ が一定値以内になるだけであって、f_p が高くなれば周波数偏移はいくらでも大きくなってしまう。そこで、$\Delta \theta$ と f_p の両方を制限することが必要になり、これを実現する回路が **IDC（瞬時偏移制御）**、すなわち瞬時周波数偏移を一定値以下に制限する回路である。

IDC 回路は、図3.7に示すように、微分回路、リミッタ、積分回路の三つの回路により構成されている。ただし、各回路の間には増幅回路が入ることがあるが、これは IDC の働きとは直接関係ないので省

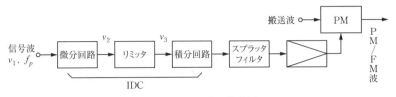

図3.7　IDC回路の構成例

略した。

　微分回路（15.1.1項(2)参照）の入力に周波数f_pの信号電圧v_1を加えると、出力にはf_pとv_1に比例した電圧（すなわち周波数と電圧の積$f_p v_1$に比例した電圧）v_2が現れる。v_2をリミッタに通すと、v_2の一定値以上が切り取られた電圧v_3になる。すなわち、f_pとv_1共に一定以下に制限されることになる。この電圧v_3を積分回路（15.1.1項(3)参照）に通すと、微分回路と反対の働き（周波数に反比例）をするので、リミッタで制限されなかった周波数範囲の信号波は元に戻るが、それ以上の周波数の信号波は周波数に反比例するようになる。この出力をスプラッタフィルタに通して増幅し、搬送波を周波数変調する。こうして得られた被変調波は図3.8のような周波数特性になる。図から、リミッタで制限されなかった周波数範囲（f_1やf_2以下の周波数）はPM波になり、それ以上の周波数はFM波になることが分かる。すなわち、周波数偏移は信号波の振幅（入力）を大きくしても周波数f_pを高くしても一定以上に大きくならない。

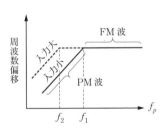

図3.8　被変調波の周波数偏移

(2)　移相変調器

　間接FMにはいくつかの方式があるが、ここでは最も基本的方式である移相法について述べる。

　図3.9(a)のように、可変容量コンデンサとコイルの並列同調回路に抵抗Rを通して同調周波数f_0の高周波電圧vを加えておく。この同調回路は周波数がf_0のときv_oは最大で位相はvと同相になるが、コ

ンデンサの容量 C を変化させると回路全体は容量性となったり誘導性となったりするので v_o の位相 θ が変化する。したがって、C を音声などの信号波で変えてやれば、位相変調された高周波電圧が得られることになる。実際の位相変調回路では、図3.10のように、C と L で構成される同調回路と並列に可変容量ダイオード D_V を挿入し、これにバイアス電圧 V と信号波電圧を加えることで搬送波を位相変調して PM 波を作る。

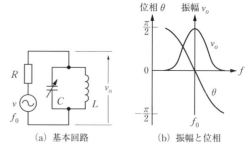

図3.9 移相法による間接 FM の原理

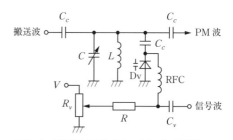

図3.10 可変容量ダイオードによる間接 FM 回路の例

(3) 周波数変換器

間接 FM 方式では図3.9(b)から分かるように、位相偏移は非常に小さいので、これを最大周波数偏移に換算しても小さい。最大周波数偏移が小さいことは変調が浅いことであり、音声の明瞭度や忠実度などが悪くなるので、割り当てられた周波数範囲以内でできるだけ大きい方がよい。したがって、間接 FM 方式では、変調によって得られる最大周波数偏移を適切な大きさまで広げなければならない。周波数変換器は、周波数を高くするとともに周波数偏移も大きくすることができる。このため、間接 FM 方式では必要な最大周波数偏移を得るために周波数変換器を多段使うことがある。

練 習 問 題 Ⅰ　令和元年9月施行「一総通」（A-1）

次の記述は、FM（F3E）送受信機に用いられるエンファシスについて述べたものである。☐☐内に入れるべき字句の正しい組合せを下の番号から選べ。

(1) FM受信機では、入力端で一様な振幅の周波数特性を持つ雑音が復調されると、その振幅は周波数が高くなるにしたがって　A　なるのでディエンファシス回路によって　B　の周波数成分を低減している。

(2) FM送信機では、周波数変調する前の信号の周波数成分を、ディエンファシス回路と逆の周波数特性で強調（プレエンファシス）して、送受信機の総合周波数特性が一様になるようにし、　C　を改善している。

	A	B	C
1	大きく	低域	信号対雑音比（S/N）
2	大きく	低域	周波数特性
3	大きく	高域	信号対雑音比（S/N）
4	小さく	高域	周波数特性
5	小さく	低域	信号対雑音比（S/N）

練 習 問 題 Ⅱ　平成31年3月施行「一総通」（A-3）

FM（F3E）送信機において、電波の占有周波数帯幅が16〔kHz〕のときの変調信号の周波数の値として、最も近いものを下の番号から選べ。ただし、最大周波数偏移は、5〔kHz〕とする。

1　1〔kHz〕

2　2〔kHz〕

3　3〔kHz〕

4　4〔kHz〕

5　5〔kHz〕

　図に示す位相同期ループ（PLL）を用いた周波数シンセサイザの原理的な構成例において、出力の周波数 f_o の値として、正しいものを下の番号から選べ。ただし、水晶発振器の出力周波数 f_x の値を 10〔MHz〕、固定分周器1の分周比について N_1 の値を10、固定分周器2の分周比について N_2 の値を2、可変分周器の分周比について N_p の値を74とし、PLL は、位相比較器に加わる二つの入力の周波数が等しくなるように動作するものとする。

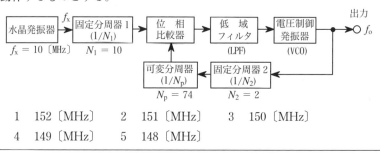

1　152〔MHz〕	2　151〔MHz〕	3　150〔MHz〕	
4　149〔MHz〕	5　148〔MHz〕		

受信機

受信機は、希望する電波を選び出して受信し、送られてきた情報を電波から取り出す（復調を行う）装置である。この章では AM 受信機と FM 受信機でともに使われる一般的なテーマについて学ぶ。

4.1 受信機の性能

受信機の良さは以下に述べるいくつかの性能で表される。一般の受信機では、これらの性能をそれぞれある程度以上満足していればよいが、受信機の使用目的によっては特定の性能だけを良くすることもある。以下に、受信機の性能で主なものについて述べる。

4.1.1 一般的性能

(1) 信号対雑音比

信号対雑音比は、通常、SN 比または S/N のように書き表される。信号電力を S、雑音電力を N とすれば、S/N は次のように定義される。

$$S/N = \frac{S}{N} \qquad \cdots (4.1)$$

S/N はデシベル〔dB〕で表されることも多く、次のようにして計算される。

$$S/N_{dB} = 10 \log_{10} \frac{S}{N} \text{〔dB〕}$$

例えば、信号強度と雑音強度が等しいとすれば、S/N は 1 であるから、デシベルでは 0〔dB〕となる。もし、雑音強度の方が大きけ

ればS/Nは1未満になり、デシベル値は負の値になる。このような
状態では、信号は雑音に埋もれてしまい検出することはできない。し
たがって、前述のS/Nが0〔dB〕の場合が雑音の中から信号を検出
できるか否かの境であり、0 < S/N〔dB〕が信号を検出するための条
件になる。また、S/Nは大きいほど良質な音や信号が得られるが一
定以上大きくする必要はない。

(2) 感度

受信機がどれだけ微弱な電波を受信できるかを表す指標であり、受
信機の重要な能力の一つである。受信機の入力に、電波の代わりに高
周波電圧を加えて徐々に小さくして検出できなくなったときの高周波
電圧（受信機入力電圧という）の値を**感度**という。すなわち、この受
信機入力電圧が小さいほど感度が良いことになる。このことから考え
ると、受信機入力電圧がいくら小さくても受信機の増幅度を大きくす
れば検出できるから、いくらでも感度は良くなることになるが、実際
にはこうはならない。受信機の入力回路には抵抗R〔Ω〕があり、こ
の抵抗は絶対温度T〔K〕によって決まる一定の雑音電圧v〔V〕を
発生している。この雑音電圧vは次式で与えられる。

$$v = \sqrt{4kTBR}$$

$\cdots(4.2)$

ただし、kはボルッツマン定数 = 1.38×10^{-23}〔J/K〕、Tは絶対温
度〔K〕、Bは帯域幅〔Hz〕、Rは導体の抵抗〔Ω〕である。

さらに、受信機の内部で発生する雑音もあるから、受信機全体で発
生する雑音はこれらの雑音の和となる。

前項で述べたように、受信機入力電圧がこの雑音電圧より小さくな
ると、S/Nが0〔dB〕以下になって、受信機入力電圧を検出できな
くなる。したがって、感度は受信機全体で発生する雑音が少ないほど
良いことになる。このように作られた**低雑音増幅器**（**LNA**：low
noise amplifier）が搭載された受信機を低雑音受信機といい、衛星通
信などで使われている。

⑶　**選択度**

　選択度は空間に飛び交う多くの電波の中から希望波だけを選び出す能力である。電波を選び出す方法には、コイルとコンデンサによる同調回路を使う方法とフィルタを使う方法があるが、ここでは同調回路を使う方法で説明する。

　図4.1(a)のように、コイル L_2 とコンデンサ C_1 の同調回路に、アンテナから入ってきた多くの電波をそのままコイル L_1 を通して結合しておく。この回路の周波数に対する出力電圧は、普通は同図(b)のように、同調周波数 f_0 で最大になる曲線（**同調曲線**）AまたはBのようになる。この同調曲線はコンデンサ C_1 を変えると左右に平行移動するので、希望波の周波数 f_r に f_0 を合わせればその電波だけが出力に現れることになる。しかし、同調曲線Aの場合は、f_r の近くに他の周波数 f_v の電波があると、その電波も少し出力されることになる。これは混信を意味する。この混信を防ぐには、同調曲線の帯域幅を曲線Bのように狭くすればよい。すなわち、同調曲線Bを持つ受信機の方が曲線Aを持つ受信機より選択度が良いことになる。

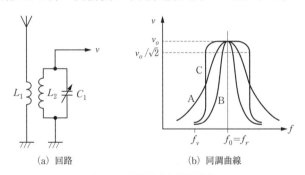

（a）回路　　　　（b）同調曲線

図4.1　同調回路と同調曲線

⑷　**忠実度**

　忠実度は受信した電波から送信元の信号を忠実に再現することのできる能力である。変調された電波は一定の側帯波を持っているので、選択度を良くするために帯域幅を狭くし過ぎると側帯波の上下両端が切り取られる可能性があり、この結果、音声などの高い周波数成分が

失われてしまう。また、検波するときにも色々なひずみが発生する。雑音が混入することも忠実度を悪くする一因である。

4.1.2 雑音指数

雑音指数も受信機の性能の一つではあるが、前項のSN比とは異なり、信号に関係なく受信機の性能そのものを表す指標である。**雑音指数**または**NF**（noise figure）は、受信機の内部で発生する雑音の多少を表すものであり、この値が小さいほど性能の良い受信機とされる。雑音指数を説明する前に、準備として有能電力と有能利得について述べる。

(1) 有能電力

有能電力とは、電源から負荷へ取り出すことができる最大電力のことである。言い換えれば、負荷へ取り出すことができる電力には限度（最大電力）があり、これを**有能電力**という。これは電源には必ず内部抵抗があるためで、もし内部抵抗がなければ負荷へ取り出すことができる電力は負荷に加えた電圧の2乗に比例する。図4.2は、内部抵抗rを持つ電源と負荷抵抗Rだけで構成された最も簡単な回路である。この回路の負荷（負荷抵抗R）に取り出される電力Pは次式のようになる。

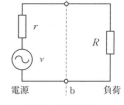

図4.2　有能電力の
説明回路

$$P = \left(\frac{v}{r+R}\right)^2 R \ \text{〔W〕}$$

上式において、電力Pを最大にする条件は$R = r$である★(次頁)。

このように、回路の接続点a−bにおいて左右の抵抗（インピーダンス）が等しい状態を、二つの回路は**整合**★★(次頁)しているという。すなわち、回路が整合しているときにのみPが最大となる。このときの電力をP_mとすれば、次式によって表される。

$$P_m = \frac{v^2}{4R} \qquad \cdots (4.3)$$

ここで、抵抗値が R_N〔Ω〕の抵抗が出す**有能雑音電力**を求める。図4.2において内部抵抗 r と負荷抵抗 R を共に R_N に取り換えた回路を考えて、その有能雑音電力を P_N とすれば、式（4.2）と（4.3）から次式が得られる。

$$P_N = \frac{v^2}{4R_N} = \frac{4kTBR_N}{4R_N} = kTB \qquad \cdots(4.4)$$

　上式より、抵抗が出す有能雑音電力は抵抗値に無関係であることが分かる。

(2)　**有能利得**

　有能利得は増幅器に入る有能電力とその増幅器から取り出される有能電力の比である。図4.3の増幅回路において、入力端と出力端の信号の有能電力をそれぞれ S_i、S_o とすれば、有能利得 G は次式で表される。

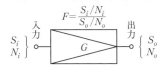

図4.3　雑音指数 F の定義

$$G = \frac{S_o}{S_i} \qquad \cdots(4.5)$$

★この条件を導く過程は「無線工学の基礎」などの参考書を参照されたい。例えば「無線工学の基礎」情報通信振興会編など。

★★整合：送受信機や測定器に信号を送ったり取り出したりするときにはケーブルによって両機器を接続する。このとき、両機器の出力インピーダンスと入力インピーダンスを等しくすることを整合するという。もし整合していなければ（不整合という）、信号電力の一部が跳ね返されてしまい、その分だけ電力が伝送されなくなる。すなわち、最大電力を伝送する条件は、出力インピーダンスと入力インピーダンス（または負荷抵抗）が等しいことである。実際の機器類の入出力インピーダンスは、通常 50〔Ω〕または 75〔Ω〕に統一されている。

(3) 雑音指数の定義

受信機の入力端における有能信号電力と有能雑音電力をそれぞれ S_i と N_i、出力端におけるそれらの電力をそれぞれ S_o と N_o とすれば、雑音指数 F は次式で定義される。

$$F = \frac{S_i/N_i}{S_o/N_o} = \frac{S_i N_o}{N_i S_o} \qquad \cdots (4.6)$$

受信機の有能利得を G とすれば、入力信号電力 S_i は G 倍されて $S_o\ (= GS_i)$ となるが、出力の有能雑音電力 N_o は入力の雑音電力 N_i に内部で発生する雑音が加わるため GN_i より大きくなる。したがって、上式は次のようになる。

$$F = \frac{S_i N_o}{N_i GS_i} = \frac{N_o}{N_i G} = \frac{N_o}{GkTB}$$

ただし、式 (4.4) から $N_i = kTB$ である。

上式を次のように書き変える。

$$N_o = FGkTB = GkTB + (F-1)GkTB \qquad \cdots (4.7)$$

この式の右辺第1項は信号源で発生し、受信機に取り込まれ増幅されて出力された雑音であるから、第2項は受信機内部で発生し増幅されて出てきた雑音である。したがって、第2項を $1/G$ すれば、受信機内部で発生した雑音を受信機入力端で発生した雑音に換算したものになる。もし受信機内で発生する雑音がない場合には雑音指数は 1（0〔dB〕）になる。この状態が理想的であるが、実際は受信機内で雑音が発生するので $1 < F$、$(0 < F$〔dB〕) になる。すなわち、雑音指数 F の値が小さいほど良い受信機である。

4.2 受信方式と受信機の構成

受信方式には、最も簡単なストレート方式、最も多く使われている
スーパヘテロダイン方式、ダブルスーパヘテロダイン方式、携帯機器
類に多く使われるようになったダイレクトコンバージョン方式などが
ある。

4.2.1 ストレート方式と受信機

ストレート方式は受信した電波の周波数に手を加えずに、そのまま
増幅して復調する受信方式である。図4.4にストレート方式の受信機
（**ストレート受信機**）の構成を示す。可変同調回路によって希望波を
選択して受信し、これをそのまま増幅（高周波増幅）してから検波し
て信号波を取り出す。得られた信号波は弱いのでヘッドホンやスピー
カに出すには低周波増幅回路が必要になる。

ストレート受信機は最
も簡単な受信方式である
が、感度と選択度が特に
悪いので、現在ではほと
んど使われていない。

図4.4 ストレート受信機の構成

4.2.2 スーパヘテロダイン方式と受信機

通常の同調回路を使った場合、選択度を良くすれば忠実度が悪くな
る（4.1.1項参照）。この両方を同時に満足する、すなわち混信もひず
みもなく受信するためには、同調曲線を図4.1(b)の曲線 C のような形
にすれば、周波数 f_v などの近接波の混信を排除し、しかも周波数 f_r
の希望波が持っている側帯波も減衰することなく通過させることがで
きる。スーパヘテロダイン方式は、これらの用件を満たし、感度を大
幅に上げるための方式であり、AM、FM 受信機として多く使われて
いる。

(1) スーパヘテロダイン方式の原理

スーパヘテロダイン方式は受信した高い周波数の電波を低い周波数に変換してから増幅する受信方式であり、基本構成は図4.5のように、周波数変換器、局部発振器、BPF（帯域フィルタ）、中間周波増幅器である。**周波数変換器（周波数混合器、混合器又はミキサ（MIX：mixer）ともいう）**は異なる二つの周波数の信号から、それらの周波数の差の周波数の信号を作り出す働きをする。

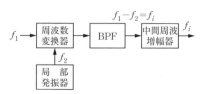

図4.5　スーパヘテロダインの基本構成

二つの周波数をそれぞれ f_1、f_2、その電圧を v_1、v_2 とし、図4.6のような非直線の入出力特性を持つ回路に二つの電圧の和（v_1+v_2）の電圧を加えると、その出力に f_1、f_2、f_1+f_2、f_1-f_2、…など多くの周波数成分の電圧が現れる。受信周波数を f_1、局部発振器の発振周波数を f_2 とすれば、上記のような多くの周波数成分のうちから f_1-f_2 の成分のみを BPF で取り出すことにより受信周波数 f_1 を f_1-f_2 に周波数変換することができる。この周波数変換の原理は2.2.2項(5)と同じであるが、フィルタで取り出す周波数が和の周波数ではなく差の周波数である。変換された周波数 f_1-f_2 を f_i とすれば、f_i を**中間周波数**★（**IF**：intermediate frequency）という。上記では、$f_1>f_2$ としたが、$f_1<f_2$ であっても同じであって、$f_1>f_2$ の場合を**下側ヘテロダイン**、$f_1<f_2$ の場合を**上側ヘテロダイン**という。

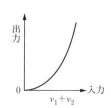

図4.6　非直線の入出力特性

★中間周波数：受信する電波の周波数より十分低い高周波。例えば、受信周波数が中波帯や短波帯の場合は中間周波数として 455〔kHz〕が採用されている。通常、受信周波数が高くなれば中間周波数も高く決められている。

(2) 高周波増幅器

図4.7は**スーパヘテロダイン受信機**の構成例である。図4.5の基本構成では、アンテナから入ってきた電波を周波数 f_1 の入力信号としたので、アンテナが周波数変換器に直接接続されることになっていたが、実際のスーパヘテロダイン受信機では図4.7のように、アンテナから入ってきた電波（高周波信号）を増幅する高周波増幅器（RF 増幅器）が周波数変換器の前に挿入されている場合が多い。また、図には描かれていないが、通常、高周波増幅器の前に帯域フィルタまたは同調回路が設けられている。

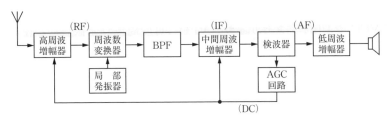

図4.7　スーパヘテロダイン受信機の構成例

このように帯域フィルタと高周波増幅器を設けることにより、

① 影像周波数妨害（4.2.3項(2)参照）を少なくすることができる。
② 雑音に対する希望波強度の比 S/N が改善される。
③ 局部発振器で作られた高周波が逆流してアンテナから放射される（スプリアス）ことを防ぐ。
④ 雑音指数を小さくすることができる。

などの利点があり、受信機全体の性能の向上が得られる。通常、高周波増幅器の前後にそれぞれ可変同調回路（帯域フィルタ）が設けられているので、可変同調回路1段の場合に比べて合成の同調曲線は鋭くなる。このため上記①と②の利点が得られる。また、増幅回路の信号の流れは入力側から出力側へ向かうが、逆向きにはほとんど流れない。このため③の利点が得られる。④の雑音指数を1に近づけるためには受信機内部で発生する雑音を小さくしなければならない。すなわち、受信機には、高周波増幅器、周波数混合器、中間周波増幅器のよ

第4章 受信機

103

うないくつかの増幅器などがあり、それぞれ雑音を出している。雑音指数はこれらの雑音の影響を受けるが、最も影響の大きいのは受信機の初段の増幅器、すなわち高周波増幅器の出す雑音である。したがって、高周波増幅器として低雑音増幅器を使って、発生する雑音を小さくすれば雑音指数を小さくすることができる。

(3) 局部発振器

受信周波数 f_1 を変えても中間周波数 f_i が変わらないようにするためには、局部発振器の発振周波数 f_2 を f_1+f_i または f_1-f_i にすればよい。すなわち、局部発振器には、発振周波数を変えることのできる発振器が必要であり、しかも発振周波数が安定でなければならないので VCO や PLL シンセサイザ、VFO（可変周波数発振器）が使われている。もし、発振周波数が不安定であると、中間周波数が変わってしまい信号が帯域フィルタを正常に通過できなくなる。

(4) 周波数変換器

周波数変換器は受信した電波の周波数だけを変える働きをする。すなわち、電波の側帯波を含む全体の周波数分布をそのまま中間周波数に変換した中間周波信号（IF 信号）を作る。

図4.8は FET による周波数変換の原理図とその等価回路である。ただし、v_s を入力電圧、v_o を局部発振電圧とする。また、等価回路では $r_\mathrm{d} \gg Z$ であるので r_d を無視した。周波数変換によって得られる利得を**変換利得** A_c といい、変換器から得られる中間周波電圧を v_i とすれば、次式で定義される。

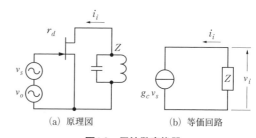

(a) 原理図   (b) 等価回路

図4.8 周波数変換器

$$A_c = \frac{v_i}{v_s} \qquad\qquad \cdots(4.8)$$

また、変換器から得られる中間周波電流成分を i_i とすれば、

$$g_c = \frac{\varDelta i_i}{\varDelta v_s} \ (\mathrm{S}) \qquad \cdots (4.9)$$

であり、この g_c を**変換コンダクタンス★**という。

　周波数変換器の負荷インピーダンスを Z とすれば、変換利得 A_c と変換コンダクタンス g_c の間には次の関係がある。

$$A_c = g_c Z \qquad \cdots (4.10)$$

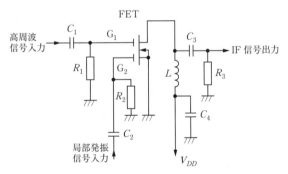

　周波数変換器として使われる素子にはトランジスタや FET などがあるが、図4.9は二つのゲートを持つ FET による周波数変換回路の例である。この FET の入出力特性は図4.6のような非直線特性である。また、動作を安定させるために、受信波と局部発振器からの信号はそれぞれ別のゲートに加えられる。すなわち、受信波が非常に強い場合に、受信波の信号が局部発振器に影響を与えて発振周波数が変えられてしまう**引込現象**を避けるためである。

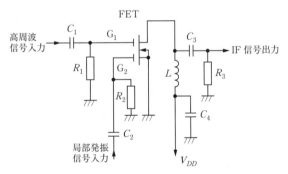

図4.9　FET による周波数変換回路

★変換コンダクタンス：v_s と i_i の関係は非直線的であるので v_s の値によって g_c が変わる。したがって、g_c の定義には小区間 $\varDelta v_s$ とそれに対応する $\varDelta i_i$ を使わなければならない。

第4章　受信機

⑸　帯域フィルタと中間周波増幅器

　帯域フィルタとして、以前は**中間周波トランス**（IFT：intermediate frequency transformer）を増幅器と一組にして2～3段使い、各IFTの同調点を少しずつずらして総合の同調曲線を図4.1(b)の曲線Cになるようにしていたが、現在ではセラミックフィルタや**表面弾性波**（**SAW**：surface acoustic wave）**フィルタ**のような圧電効果と機械的共振の相互作用を利用したものが使われるようになった。これらのフィルタは小型軽量であり、・つで理想に近い特性が得られる。特にSAWフィルタは優れた電気的特性を持っているので多方面で使われている。

　図4.10はSAW（表面弾性波）フィルタの原理図である。入力に高周波電圧を加えてその周波数を変えると圧電体基板の固有振動数において、基板は圧電効果により大きく振動し表面波となって出力側に伝わる。この機械的振動は逆の圧電効果により基板に同じ周波数の電荷を生じるのでこれを出力端子に取り出す。出力電圧は表面弾性波の振動数の周りのごく狭い周波数範囲の電圧であるので、理想に近い帯域フィルタとなる。

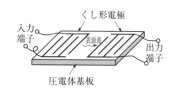

図4.10　SAWフィルタの原理図

　中間周波増幅器は、SAWフィルタなどと増幅器を接続したものであり、必要な大きさの出力を得る。

　前述したように、中間周波数は受信周波数と局部発振器の発振周波数との差の周波数である。この中間周波数を決めるための条件は、**近接周波数選択度★**を良くすること、影像周波数の影響を少なくすること、安定な増幅ができることなどがある。

　ここで、近接周波数選択度について考えてみる。希望波周波数を1 000〔kHz〕、近接する妨害波周波数を1 050〔kHz〕とし、希望波周

★近接周波数選択度：受信希望波の周波数に近接している周波数の電波から希望波を選び出す能力

波数を 455〔kHz〕の中間周波数に変換するとすれば、局部発振周波数は (1000−455 =) 545〔kHz〕になる。このとき、妨害波周波数も同じ局部発振周波数で中間周波数に変換されるから (1050−545 =) 505〔kHz〕になっている。周波数変換する前の二つの周波数の差は (1050−1000 =) 50〔kHz〕であり、周波数変換後では (505−455 =) 50〔kHz〕で同じである。すなわち、二つの周波数の差は周波数変換する前と後で変わらないという重要な結果になる。さらに、この差を一方の周波数で割ってみると、周波数変換前では (50/1000 =) 0.05、周波数変換後では (50/455 =) 約0.1になる。この値を**離調度**★といい、分母の周波数において二つの周波数がどの程度離れているかを表している。すなわち、離調度が大きいほど二つの周波数を分離することが容易になり、近接周波数選択度を良くすることができる。以上の説明は中間周波数の選定にも適用でき、中間周波数が低いほど妨害波に対する離調度が大きくなるので近接周波数選択度が良くなる。

次に、影像周波数は式 (4.12) で表されるから、中間周波数 f_i を高くすれば影像周波数 f_{im} が希望波周波数から離れるので、簡易な帯域フィルタによって希望波周波数を影像周波数から容易に分離できる。この能力を**影像周波数選択度**という。以上のことから、中間周波数を高くすれば影像周波数選択度を良くすることはできるが近接周波数選択度を良くすることは困難になる。反対に中間周波数を低くすれば近接周波数選択度を良くすることはできるが影像周波数選択度を良くすることは困難になる。このため実際には、その他の要件、例えば受信周波数、安定な増幅（中間周波数が低いほどよい）、引込現象などを考慮して決められている。AM ラジオや短波通信機などでは455〔kHz〕、FM ラジオや VHF 帯の通信機では10.7〔MHz〕、地上デジタル TV（UHF 帯）などでは57〔MHz〕などの中間周波数が多く使われている。

★離調度：二つの周波数を f_1 と f_2 とすれば、二つの周波数が離れている相対的な程度（離調度）は $(f_1−f_2)/f_1$ で求められる。

⑹ 復調器

一般に、電波などの高周波信号から信号波を取り出す操作を復調といい、その回路を復調器という。DSB受信機などではこれを検波器、FM受信機では周波数弁別器という。検波器と周波数弁別器についてはそれぞれAM受信機とFM受信機の章で述べる。

⑺ 電力増幅器

復調によって得られた信号波の電力は非常に小さいので、これをスピーカなどを働かせるのに必要な電力に増幅する。この増幅に使う増幅器を電力増幅器といい、電圧と電流を共に増幅して大きな電力（＝電圧×電流）を得ている。

⑻ スーパヘテロダイン方式受信機の特徴

長所

受信周波数を中間周波数に下げることにより、

① 帯域幅の狭いフィルタを作ることができるため、近接周波数の分離が容易になり、近接周波数選択度が良くなる。

② 安定に増幅できるため増幅度を非常に大きくすることができ、感度を上げられる。

③ 帯域フィルタの特性を理想的な曲線に近づけることができ、忠実度を良くすることができる。

短所

① 局部発振器が必要になるので回路が複雑になる。

② 受信機内に発振器（局部発振器）を持つため、その電波が受信機から放射されて妨害を起こすことがある。

③ 影像周波数が生じ、それによる受信妨害（影像周波数妨害）が発生することがある。

④ 相互変調（次項⑶参照）が生じ、受信妨害が発生することがある。

4.2.3 妨害波の種類

妨害波は希望波を受信する際に混信などによって受信品質を悪化させる電波のことであり、受信機の性能が不十分なときなどに生ずる。

(1)　混変調

　希望波から離れた周波数の電波は受信されないはずであるが、離れていても強力な電波であれば混信波として受信されることがある。これは、希望波が強力な電波（妨害波）によって変調を受けて、妨害波の情報が希望波に乗り移ることによって起こる現象であり、これを**混変調**と呼ぶ。混変調は受信機の高周波増幅器や周波数混合器などの入出力特性が非直線特性であることによって生ずる。

　増幅器などの入力電圧を v_i、出力電圧を v_o とし、比例定数を a_n とすれば、入出力特性は一般に次式で表される。

$$v_o = a_1 v_i + a_2 v_i{}^2 + a_3 v_i{}^3 + \cdots \qquad \cdots(4.11)$$

　この式をグラフにすると非直線特性となるが、もし、右辺の第2項より右側の項がなければ直線特性になる。通常の増幅器は上式で表されるような非直線特性を持っているので、出力中には v_i の2乗に比例する項（2次項という）、3乗に比例する項（3次項）、…などの多くの成分が含まれている。混変調はこのような2次以上の項によって生ずるが、特に3次、5次などの奇数次の項が大きく影響する。また、比例定数 a_n の値は高次になるほど小さくなるので、特に3次項の影響が大きいことになる。このような混変調をなくすには式（4.11）の高次の項をなくすこと、すなわち増幅器の入出力特性を直線にすることである。

(2)　影像周波数

　影像周波数はスーパヘテロダイン方式の受信機のみに生ずる弊害である。希望波の周波数を f_r とするとき、f_r から中間周波数 f_i の2倍の周波数 $2f_i$ だけ離れた周波数を f_r の**影像周波数（イメージ周波数）**という。すなわち、影像周波数を f_{im} とすれば次式の関係がある。

$$f_{im} = f_r \pm 2f_i \qquad \cdots(4.12)$$

ただし、局部発振周波数を f_l とすれば、上式の右辺が＋符号のと

き上側ヘテロダイン（$f_l > f_r$）、－符号のとき下側ヘテロダイン（$f_l < f_r$）である。

　周波数 f_r の希望波を受信しているときの局部発振周波数 f_l は、$f_l = f_r + f_i$（上側ヘテロダインの場合）であるから、影像周波数 f_{im} と同じ周波数の電波（妨害波）があると、$f_{im} - f_l = (f_r + 2f_i) - (f_r + f_i) = f_i$ となって、その電波の中間周波信号が作られてしまう。この中間周波信号は、希望波周波数の中間周波信号とともに帯域フィルタを通過するので混信妨害波となる。これを**影像周波数妨害**（イメージ周波数妨害）という。

(3)　**相互変調**

　希望波周波数から離れた所に比較的強い二つの電波（妨害波）があるとき、これら二つの妨害波の周波数と希望波周波数との間に特別の関係があるとき混信を起こす。これも混変調と同じで、増幅器などの非直線特性によって起こるものである。

　二つの妨害波の周波数を f_1、f_2 とすれば、式（4.11）の入力 v_i として二つの妨害波の和を代入して得られる高次の項のうち二つの周波数 f_1 と f_2 の和と差の周波数を持つ項を相互変調積という。相互変調積のうち3次の項が特に問題となる。3次の項の周波数は $f_1 \pm 2f_2$、$2f_1 \pm f_2$ であり、これが希望波周波数 f_r または中間周波数 f_i と一致したとき混信を起こす。すなわち、**相互変調**では次式のような特別の関係がある。

$$f_1 \pm 2f_2 = f_r \text{ or } f_i \qquad \cdots (4.13)$$

$$2f_1 \pm f_2 = f_r \text{ or } f_i \qquad \cdots (4.14)$$

練 習 問 題 Ⅰ
平成29年1月施行「二陸技」（A - 7）

次の記述は、スーパヘテロダイン受信機の初段に設ける高周波増幅器について述べたものである。 ▢ 内に入れるべき字句の正しい組合せを下の番号から選べ。

(1) 受信機の雑音制限感度は、出力を規定の信号対雑音比（S/N）で得るために必要な ▢A▢ の受信機入力電圧をいい、受信機の総合利得及び初段の高周波増幅器の利得が十分大きいとき、高周波増幅器の ▢B▢ でほぼ決まる。

(2) 高周波増幅器を設けると、 ▢C▢ の電波による妨害の低減に効果がある。

	A	B	C
1	最大	雑音指数	近接周波数
2	最大	帯域幅	影像周波数
3	最小	帯域幅	近接周波数
4	最小	雑音指数	影像周波数
5	最小	雑音指数	近接周波数

練 習 問 題 Ⅱ
平成29年1月施行「二陸技」（A - 9）

有能利得が13〔dB〕の高周波増幅器の入力端における雑音の有能電力（熱雑音電力）が −116〔dBm〕、また、出力端における雑音の有能電力が −100〔dBm〕であるとき、この増幅器の雑音指数の値として、正しいものを下の番号から選べ。ただし、1〔mW〕を 0〔dBm〕とする。

1　1〔dB〕　　2　2〔dB〕　　3　3〔dB〕
4　4〔dB〕　　5　5〔dB〕

練習問題 Ⅲ　　平成30年1月施行「二陸技」（A－8）

スーパヘテロダイン受信機の受信周波数が8,545〔kHz〕のときの影像周波数の値として、正しいものを下の番号から選べ。ただし、中間周波数は455〔kHz〕とし、局部発振器の発振周波数は、受信周波数より低いものとする。

1　7,635〔kHz〕　　2　8,090〔kHz〕　　3　8,545〔kHz〕
4　9,000〔kHz〕　　5　9,455〔kHz〕

練習問題 Ⅳ　　平成31年3月施行「一総通」（A－7）

次の記述は、スーパヘテロダイン受信機の影像周波数について述べたものである。　　　内に入れるべき字句の正しい組合せを下の番号から選べ。

(1)　影像周波数と同じ周波数の妨害信号が受信機に入力されたとき、周波数混合器の出力の周波数は　A　周波数と等しくなり、受信機の出力に混信として現れる。この軽減法には、中間周波数を高くして受信信号と妨害信号との周波数間隔を広げる方法や　B　増幅器の同調回路の選択度を良くする方法などがある。

(2)　中間周波数がf_{IF}〔Hz〕の受信機において、局部発振器の発振周波数f_L〔Hz〕が受信信号の周波数f_d〔Hz〕よりも低いときの影像周波数は、f_d〔Hz〕より$2f_{IF}$〔Hz〕だけ　C　。

	A	B	C
1	中間	中間周波	低い
2	中間	高周波	低い
3	局部発振	高周波	高い
4	局部発振	中間周波	高い
5	局部発振	高周波	低い

練習問題・解答　　Ⅰ　4　　Ⅱ　3　　Ⅲ　1　　Ⅳ　2

第5章

AM 受信機

前章で受信機の一般的構成と特性について学んだので、ここでは
DSB 受信機と SSB 受信機それぞれに使われる回路とその動作など
について解説する。

5.1 DSB 受信機

DSB 受信機の構成と動作は前章とほぼ同じと考えてよいので、こ
こでは省略する。

5.1.1 DSB 波の検波

検波は変調された電波から信号波を取り出すことである。DSB
（A3E）波の検波方法には、包絡線検波と 2 乗検波がある。また、包
絡線検波に似た回路を使う平均値検波がある。

(1) 包絡線検波

DSB 波の包絡線は信号波に比例して変化することはすでに学んだ。
このような DSB 波から高周波成分を取り除くと、上部と下部の包絡
線に比例した二つの電圧が残るが、これらは振動方向が互いに反対で
あって大きさが等しいので打ち消し合い出力は何も得られない。しか
し、DSB 波の正または負だけを通すような非直線特性を持つ回路に
通すと、上部または下部の包絡線に比例した振幅の高周波形だけにな
る。この波形から、高周波成分を取り除くと、こんどは上部または下
部の包絡線に比例した電圧が得られる。この電圧は正または負の直流
電圧に信号波が加えられた脈流電圧である。この脈流電圧からコンデ
ンサ（図5.1(a)の C_c）によって直流成分を取り除けば信号波成分を
取り出すことができる。

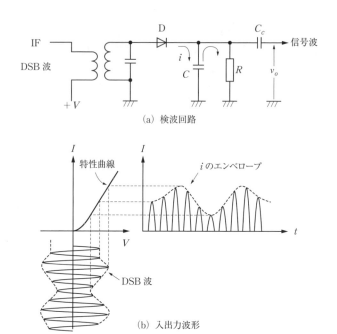

(a) 検波回路

(b) 入出力波形

図5.1　包絡線検波

　図5.1(a)は、ダイオードを使った検波回路の例で、入力に IF 信号（DSB 波）を加え、出力として信号波電圧（低周波電圧）v_o をコンデンサ C_c を通して取り出す。ダイオード D は同図(b)の特性曲線のように、順方向の電圧を加えると電圧に比例した電流が流れる。この順方向部分は電圧と電流がほぼ直線関係である。しかし、逆方向電圧では電流は流れないので、全体で見るとダイオードの特性は非直線特性である。したがって、この回路に DSB 波を入力すると、DSB 波の負側の半周期部分は 0〔V〕一定になり、正側の半周期部分だけがダイオードを通って出力される。この出力電圧の上半周期の間はコンデンサ C に充電されるが、次の半周期では電圧が 0〔V〕となるので、この間にコンデンサの電荷は抵抗を通って放電される。コンデンサの容量と抵抗の値をそれぞれ C〔F〕と R〔Ω〕とすれば、C と R の積 CR を**時定数**という。この時定数を変えると、図5.2のようにコンデンサの放電時間が変わるため、得られる電圧の大きさ（のこぎり歯状波

形の平均値）が変わる。したがって、得られる電圧が包絡線に比例するように時定数を適切に選べば、検波出力として信号波電圧と同じ波形が得られる。このような検波法を**包絡線検波**といい、入力と出力が比例するので**直線検波**ということもある。

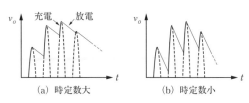

(a) 時定数大　　　　　(b) 時定数小

図5.2　検波出力波形

　また、この回路からコンデンサ C を取り除いて時定数 CR を 0 にすると、得られる電圧は DSB 波の上半周期の波形を 1 周期について平均したものとなる。すなわち、振幅が V_m の正弦波の半周期の平均値は $2V_m/\pi$ であるから、これを 1 周期について平均すると V_m/π になる。これは包絡線に比例した電圧であるので信号波と同じになる。この検波法を**平均値検波**といい、ひずみの少ない検波であるが、得られる信号波電圧は包絡線検波の場合より低下する。

　このように、検波出力電圧（信号波電圧）の大きさは検波方法によって変わる。すなわち、検波方法によって検波の効率が異なることになる。**検波効率**を η、検波器へ入力する高周波電圧の振幅を V_m、出力電圧の平均値を V_d とすれば、η は次のように定義される。

$$\eta = \frac{V_d}{V_m}$$

$\cdots(5.1)$

⑵　2 乗検波

　出力が入力の 2 乗に比例する検波回路に DSB 波を加えると、色々な周波数成分を持つ検波出力が得られる。すなわち、この検波出力は式（1.32）で与えられる DSB 波を 2 乗して展開したものとなる。次式はこうして得られる検波出力のうちから直流成分、信号波成分、信号波周波数の倍の成分（第 2 高調波成分）の 3 成分のみを取り出した

ものであり、検波出力電流を i_o とすれば、i_o は次式のようになる。なお、これ以上の周波数（第3高調波以上）の成分は非常に小さいので無視した。

$$i_o = \frac{aV_c^2}{2}\left\{1+\frac{m^2}{2}+2m\sin(\omega_p t)-\frac{m^2}{2}\cos(2\omega_p t)\right\} \quad \cdots(5.2)$$

ただし、a は比例定数である。

この式中の第3項 $2m\sin(\omega_p t)$ が信号波に比例した必要な成分であり、他の成分は取り除かなければならない。そのうち直流成分 $(1+m^2/2)$ は回路へ直列に入れられたコンデンサ（図5.1(a)のコンデンサ C_c）によって阻止されるが、第2高調波成分である第4項の $(m^2/2)\cos(2\omega_p t)$ は簡単には取り除けないので、そのまま信号波成分と共に出力される。第2高調波成分は信号波成分に比べて小さいが、信号波成分の波形を乱して、**検波ひずみ**の原因になる。この検波を**2乗検波**といい、ひずみの多い検波である。ひずみの量を表すのにひずみ率が使われる。**ひずみ率** ξ は、信号に含まれる基本波成分、第2、第3…高調波成分をそれぞれ I_1、I_2、I_3…とすれば次式で与えられる。

$$\xi = \frac{\sqrt{I_2^2+I_3^2+\cdots}}{I_1} \quad \cdots(5.3)$$

したがって、2乗検波のひずみ率は、式（5.2）の $\sin(\omega_p t)$ と $\cos(2\omega_p t)$ の成分の振幅を上式に代入して、次式のようになる。

$$\xi = \frac{\sqrt{(m^2/2)^2}}{2m} = \frac{m}{4} \quad \cdots(5.4)$$

このひずみは検波器の入出力特性が2乗特性、すなわち非直線であることで生ずるので、非直線ひずみである。

検波のときに生じるひずみにはこの他に、ダイアゴナルクリッピングひずみ、ネガティブピーククリッピングひずみなどがある。

ダイアゴナルクリッピングひずみは、包絡線検波の時定数 CR が大

き過ぎるときに生ずる。図5.3のように、コンデンサに加わる充電電圧（破線の電圧）の最大値が次々と増加して行くとき（Aの部分）にはコンデンサの端子電圧は充電電圧に比例して増加していく。しかし、充電電圧の最大値が減少していくとき（Bの部分）にはコンデンサに蓄えられている電荷の放電が少ない（時定数が大きい）ので、端子電圧は下がらなくなり充電電圧の最大値に比例しなくなる。すなわち、検波電圧は包絡線の変化（信号波電圧の変化）に追従できなくなり、図のように斜めにクリップされてひずんでしまう。このひずみの発生を防ぐには時定数を適切な値まで小さくすればよい。

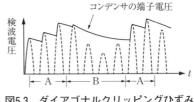

図5.3　ダイアゴナルクリッピングひずみ

5.1.2　自動利得調整回路

　受信点へ到達する電波の強度は電離層や大気などの自然現象の影響を受けて変動する。これを受信すると、受信機の出力が変動して聞きにくいだけでなく、強度が強すぎるとひずみを生ずる。**自動利得調整**（**AGC**：automatic gain control）回路は、このような変動を制御して自動的に受信機出力を一定に保つようにする回路である。AGC回路には種々の方法があるが、ここでは代表的なフォワードAGCと遅延AGCについて述べる。

⑴　フォワードAGC

　図5.4はフォワードAGC回路の例である。同図において、検波ダイオードDの出力は直流に信号波が加わった脈流であるから、この脈流からR_3とC_2によって信号波成分を取り除き直流成分のみを取り出す。この直流成分は受信信号（受信電波の搬送波）の強度に比例するので、これをAGC電圧として利用する。この図の場合、AGC電圧は負電圧であるので、これを直流増幅器で増幅し反転して正電圧にして前段のIF増幅器と高周波増幅器のベースに加える。

　この回路で、受信信号が弱ければAGC電圧は小さいので、IF増

幅器と高周波増幅器は大きい増幅度で動作する。一方、受信信号が強くなると AGC 電圧が大きくなり、IF 増幅器と高周波増幅器に加わるベース電圧（AGC 電圧）は正の方へ大きくなる。トランジスタ増幅器は、ベース電圧を一定以上に大きくするとかえって増幅度が低下する特性がある。したがって、ベース電圧を大きくすれば各増幅器の増幅度は小さくなる。このようにして増幅器の増幅度を調整する方法を**フォワード AGC** という。もちろん、トランジスタ増幅器はベース電圧が小さい間はベース電圧と増幅度は比例する。この比例する部分を利用する AGC を**リバース AGC** といい、フォワード AGC に比べて制御電力が小さくて済むという特徴がある。

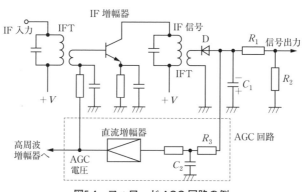

図5.4　フォワード AGC 回路の例

(2)　遅延 AGC

　フォワード AGC では、受信信号の強度が小さくても AGC 電圧が現れるから AGC 回路が働いて IF 増幅器などの増幅度が低下する。しかし、受信信号の小さいときには受信機の増幅度を上げて出力を大きくしたい。そこで、小さな受信信号のときには動作せず、一定以上の受信信号になったとき

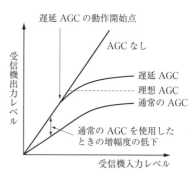

図5.5　AGC の動作特性

にのみ動作（遅延動作）するように作られた**遅延 AGC（DAGC：delayed AGC）**回路が使われる。

　図5.5は遅延 AGC と通常の AGC の動作特性を比較したものである。理想的な AGC は、図の破線のように、受信信号の小さい間は入力と出力が比例し、ある値以上では入力の大きさにかかわらず出力が一定になるような特性である。遅延 AGC は通常の AGC より理想特性に近い曲線になっている。

5.1.3　雑音抑制回路

　受信波とともに外部から受信機に混入する雑音は AM 波と同様に振幅が変化する波が主である。このような雑音は通信の妨害になるので、できる限り取り除きたい。雑音を制御する雑音抑制回路は雑音の種類によってそれぞれ異なった回路が使われる。

(1)　ノイズエリミネータ

　ノイズエリミネータは受信信号の強度以上のパルス性雑音を制御するために使われる回路であり、その構成例を図5.6に示す。同図では、周波数変換された IF 信号から雑音を取り出して増幅、検波し、ゲート回路に加えている。遅延回路はゲート回路において雑音とゲート信号を一致させるために設けられている。受信信号より大きなパルス性雑音が入ったときにはゲート回路が働き出力を遮断する。この回路は、雷放電や人工的な衝撃性の大きな雑音に効果があり、SSB 受信機でも使われる。

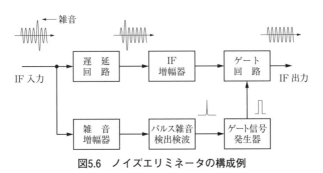

図5.6　ノイズエリミネータの構成例

⑵　スケルチ回路

受信信号強度が一定の限界以下になると AGC が働かないから、受信機は最大増幅度で動作して受信機内部で発生する雑音を増幅し、大きな雑音をスピーカに出力する。この雑音を制御する回路を**スケルチ回路**といい、通常、大きな増幅度を持っている FM 受信機で使われているが AM 受信機でも使われることがある。スケルチ回路は FM 受信機の章で再度取り上げる。

5.2　SSB 受信機

SSB 波は振幅変調波（AM 波）であるが、通常の AM 受信機では受信できない。SSB 波を復調する回路を備えた受信機が必要である。

5.2.1　SSB 受信機の構成と動作

図5.7は SSB 受信機の構成例である。DSB 受信機と異なる構成は、第 1 局部発振器に可変コンデンサ C_V が付いていることと第 2 局部発振器（**BFO**：beat frequency oscillator）があることである。図には現れないが、SSB 波の占有周波数帯幅は DSB 波の約半分であるので、IF 増幅回路の帯域フィルタの帯域幅も半分でよい。また、検波器の構成と AGC の動作も異なる。

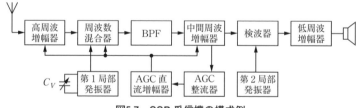

図5.7　SSB 受信機の構成例

SSB 波の受信信号は、DSB 受信機と同様に、高周波増幅され周波数変換されて IF 信号になり、増幅されて検波回路へ送られる。検波回路へ入った IF 信号は、第 2 局部発振器で作られた高周波信号と合成され、検波されて信号波となって出力される。

5.2.2　SSB 波の検波

SSB 波は送信機で搬送波が取り除かれているので、このままでは検波ができない。このため、取り除かれた搬送波と**同期★**した、一定の周波数で一定強度の高周波を受信機内部で発生し、これを搬送波の代わりに使う。この高周波を**基準搬送波**といい、第2局部発振器で作られる。

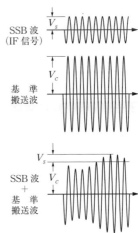

図5.8　ビートの発生原理

ここで、基準搬送波の周波数をf_c、その強度をV_cとし、また IF 信号の強度をV_s、その周波数をf_c+f_s（USB の場合）とすれば、二つの信号（V_cとV_s）を加え合わせると二つの信号の周波数の差f_s（$=(f_c+f_s)-f_c$）の信号（ビートまたは唸り）が基準搬送波に加わって現れる。図5.8に示すように、周波数の異なる二つの波（$V_c > V_s$）の合成波は、振幅がV_c+V_sで変化する DSB 波と同じ波形である。したがって、この波は DSB 検波と同じ回路で検波することができる。

SSB 波を検波する方法は種々あるが、ここでは以下の二つについて述べる。

(1)　プロダクト検波

SSB 波に基準搬送波を加えて得られる DSB 波を、5.1.1項(2)で述べたように、非直線回路に通すことによって検波を行うことができる。これを**プロダクト検波**と呼び、2乗検波と同様の動作をする。検波出力に現れる信号波以外の高調波成分は低域フィルタによって取り除かれる。

- -

★同期：別々に発生した二つ以上の高周波やパルスなどの位相や立上り時間などが一致すること。

(2) リング検波器

図5.9はリング検波器の基本回路であり、ダイオードをリング状に接続したものがT_1とT_2に図のように接続されている。

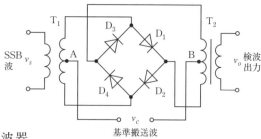

図5.9 リング検波器

図5.10(a)はリング検波器の動作説明図であり、スイッチ S_1〜S_4 はそれぞれダイオード D_1〜D_4 に対応している。これらのスイッチは基準搬送波 v_c の振幅の正負に応じて ON/OFF するものとする。図5.9の点Bの電圧が正（点Aは負）のとき、D_2 と D_3 は正バイアスで ON になるので、スイッチ S_2 と S_3 が ON になる。逆に、点Aの電圧が正（点Bは負）のとき、スイッチ S_1 と S_4 が ON になる。この二つの状態に対応して、同図(b)のような入力信号 v_s が加わると、v_c が正の半周期の場合、最初のエンベロープの山（0〜t_1）では v_s の正の半周期が加わり電流 i_1 が流れ、次のエンベロープの山（t_1〜t_2）では負の半周期が加わり電流 i_2 が流れるの

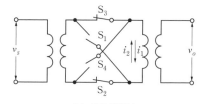

(a) 動作説明図

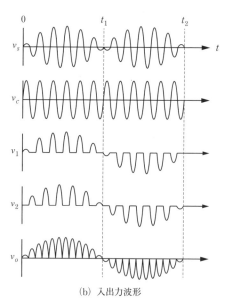

(b) 入出力波形

図5.10 リング検波器の入出力波形

で、同図の v_1 のような出力が得られる。一方、v_c が負の半周期の場合、v_s の最初のエンベロープの山では負の半周期が加わるが、コイルの接続が逆になっているから電流の向きは i_1 と同じになり、次のエンベロープの山でも同様に i_2 と同じになるから同図の v_2 のような出力が得られる。したがって、二つの合成出力は同図の v_0 のような信号波に比例したエンベロープを持つ波形が得られる。この信号を、CR による簡単な低域フィルタを通せば信号波が得られる。

5.2.3　スピーチクラリファイア

SSB 波（J3E）を検波するのに必要な基準搬送波は図5.7の第 2 局部発振器で作られる。発振周波数は送信機で SSB 波を作るときに取り除かれた搬送波の周波数に完全に同期していなければならない。通常、この第 2 局部発振器の発振周波数は固定であり、その代わり中間周波数を微調整できるように、第 1 局部発振器に発振周波数を微調整する可変コンデンサ C_V が設けられている。これは水晶発振器に取り付けられた可変容量ダイオードであり、これを**スピーチクラリファイア**または単にクラリファイアと呼ぶ。この C_V を変えることで第 1 局部発振器の発振周波数が変わり、周波数混合器で作り出される中間周波数が変わるので、第 2 局部発振器で作られる基準搬送波と同期をとることができる。もし、同期がとれていなければ音声がひずんだ音になる。

なお、第 1 局部発振器として PLL 周波数シンセサイザを使い、周波数を微細に調節できる受信機では、スピーチクラリファイアは必要ない。

5.2.4　SSB 受信機の AGC

SSB 波は搬送波がないから、DSB 波のように搬送波を整流した DC 電圧を AGC の制御電圧に使うことができない。そのため SSB 波（側帯波）を搬送波の代わりに使って AGC 電圧を作っている。しかし、SSB 波は変調がないときには SSB 波そのものがなくなってしまうので、AGC 電圧が 0〔V〕になって増幅器が最大増幅度で動作し

（フォワード AGC の場合）、大きな雑音を出力することになる。このような状態になるのを避けるために、SSB 受信機では SSB 波受信特有の AGC 回路が使われている。

　図5.11は SSB 波用の AGC 回路の例であり、2 個のダイオードとコンデンサを使った倍電圧整流回路★で構成されている。入力に中間周波電圧を加えると、負の半周期では D_1 を通してコンデンサ C_1 に中間周波電圧の最大電圧まで充電される。次に、正の半周期では D_2 が導通になり、コンデンサ C_2 には、中間周波電圧の最大電圧と C_1 に充電されている電圧との和の電圧が加わるので、中間周波電圧の最大電圧の倍の電圧まで充電される。音声がなくなって中間周波電圧がなくなると、コンデンサ C_2 に蓄えられた電荷は抵抗 R を通して放電される。このときの放電時定数 $C_2 R$ の値を大きくしておけば、抵抗 R の両端の電圧は下がりにくくなる。したがって、時定数 $C_2 R$ を適切に選び、この電圧を増幅して AGC 電圧として使えば、音声が一時的になくなっても AGC 電圧は維持されることになる。一方、音声（受信波）が急に大きくなったときには、ダイオードの順方向の抵抗が非常に小さいので、C_2 が急速に充電されると同時に R の両端の電圧が上昇し、AGC 電圧が急上昇する。したがって、この AGC 電圧により増幅器の増幅度を急に下げることができる。

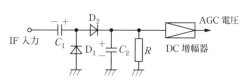

図5.11　SSB 波用の AGC 回路例

5.2.5　SSB 通信の特徴

　SSB の特徴は、電波の占有周波数帯域幅が DSB の約半分であること、このため雑音も半分になり SN 比が改善され、また**選択性**フェージング★^(次頁) も軽減される。特に、抑圧搬送波 SSB（J3E）では搬送

★倍電圧整流回路：整流した出力電圧が入力電圧の振幅の 2 倍になる回路（13.1.3項参照）。

波がほとんどないので他の電波との混信が少なく、送信電力も大幅に小さくなる。

★ 選択性フェージング：周期や強さが周波数によって異なるフェージングであり、周波数が離れるほど発生確率が多くなる。一つの側波帯の中でこのフェージングが起こると、送信したときの周波数分布が変わってしまい受信音がひずむ現象が起こる。なお、フェージングは受信している電波の強度が時間とともに変動する現象である。

練 習 問 題 Ⅰ 平成28年1月施行「二陸技」（A-7）

図に示すリング復調回路に2〔kHz〕の低周波信号で変調されたSSB（J3E）波を中間周波信号に変換して入力したとき、出力成分中に原信号である低周波信号2〔kHz〕が得られた。このとき、入力SSB波の中間周波信号の周波数として、正しいものを下の番号から選べ。ただし、基準搬送波は453.5〔kHz〕とし、SSB波は、上側波帯を用いているものとする。

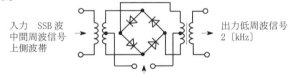

入力 SSB波
中間周波信号
上側波帯 →

→ 出力低周波信号
2〔kHz〕

基準搬送波　453.5〔kHz〕

| 1 | 451.5〔kHz〕 | 2 | 455.0〔kHz〕 | 3 | 455.5〔kHz〕 |
| 4 | 456.0〔kHz〕 | 5 | 457.5〔kHz〕 | | |

練 習 問 題 Ⅱ 平成26年1月施行「二陸技」（B-5）

次の記述は、SSB（J3E）通信方式について述べたものである。[　]内に入れるべき字句を下の番号から選べ。

(1) SSB（J3E）通信方式は、AM（A3E）波の[　ア　]の側波帯のみを伝送して、変調信号を受信側で再現させる方式である。

(2) SSB（J3E）波の占有周波数帯幅は、変調信号が同じとき、AM（A3E）波のほぼ[　イ　]である。

(3) SSB（J3E）波は、変調信号の[　ウ　]放射される。

(4) SSB（J3E）波は、AM（A3E）波に比べて選択性フェージングの影響を受け　エ　。

(5) SSB（J3E）波は、搬送波が　オ　されているため、他の SSB 波の混信時にビート妨害を生じない。

1	一つ	2	1/2	3	無いときでも	4	易い	5	抑圧
6	二つ	7	1/4	8	有るときだけ	9	難い	10	低減

練 習 問 題 Ⅲ　　　平成30年９月施行「一総通」（A－5）

次の記述は、図の構成例等に示す SSB（J3E）復調器の動作などについて述べたものである。　　　内に入れるべき字句の正しい組合せを下の番号から選べ。ただし、復調器の入力における SSB 変調波の搬送波に相当する周波数を f_C〔Hz〕、局部発振器の復調用搬送波周波数を f_L〔Hz〕、変調信号の中心周波数を f_i〔Hz〕とする。

(1) f_L と f_C が数十ヘルツ以上異なると、同期ひずみを生じ、　A　が低下することがある。

(2) f_L が f_C より f_d〔Hz〕低いとき、復調された信号の中心周波数は、　B　〔Hz〕である。

(3) 同期ひずみを避けるため、受信機の局部発振器に　C　を設ける。

	A	B	C
1	復調出力の明りょう度	f_i+f_d	クラリファイヤ
2	復調出力の明りょう度	f_i+2f_d	スピーチクリッパ
3	復調出力の明りょう度	f_i+f_d	スピーチクリッパ
4	変調波の振幅	f_i+2f_d	スピーチクリッパ
5	変調波の振幅	f_i+f_d	クラリファイヤ

練習問題・解答

Ⅰ	3
Ⅱ	アー1　イー2　ウー8　エー9　オー5
Ⅲ	1

第6章

FM 受信機

FM 受信機はスーパヘテロダイン方式を基本としているが、FM 波を復調する回路が必要なため、AM 受信機に比べて少し複雑な構成になっている。ここでは、FM 受信機の構成や主に使われる回路について学ぶ。

6.1 FM 受信機の構成と動作

6.1.1 FM 受信機の構成

図6.1は FM 受信機の構成例である。AM 受信機と異なる構成は、リミッタ（振幅制限器）、周波数弁別器、デエンファシス、スケルチ回路が追加されていることであり、さらに FM 波の占有帯域幅が AM 波より広いことに対応して BPF（帯域フィルタ）の帯域幅も広くなっている。FM 波は振幅の変化は必要ないから、FM 受信機では AGC 回路は必要ないが、受信機への入力が大きすぎる場合に生ずる相互変調などを防止するために高周波増幅器にのみ AGC をかけることがある。AGC 回路の構成と動作は AM 受信機と同じであるので、ここでは説明を省略する。

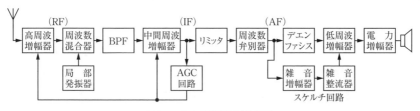

図6.1　FM 受信機の構成例

6.1.2 FM波の復調

復調器は、FM受信機では**周波数弁別器**と呼ぶことが多い。FM復調器には、複同調形検波器、フォスターシーリー検波器、レシオ検波器、PLL検波器などがあるが、ここでは、検波原理を知るための複同調形検波器と最近多く使われているPLL検波器についてのみ説明する。

(1) 複同調形検波器

この検波器では、最初に周波数変化（FM）を振幅変化（AM）に変換し、次にこれをAM（DSB）波の検波と同じ方法で検波する、と考えることができる。ただし実際には、これらは一つの回路の中で動作する。

図6.2は周波数変化を振幅変化に変換する方法の原理である。例えば、直列同調回路に周波数を連続的に変えた電圧を加えると、同図のように同調点f_0で最大電圧になる山形の出力電圧特性（同調曲線）が得られる。この同調回路に、図のように、同調点f_0から中心周波数f_cを少しずらしたFM波を加えると、周波数の変化に応じて振幅が変わる出力電圧（DSB波）が得られる。これをDSB波の検波法（5.1.1項）で検波すれば、信号波電圧が得られる。実際の同調形検波回路では、同調点が離れた二つの同調回路を対称に結合し、二つの同調点の中央にFM波の中心周波数f_cを合わせて、プッシュプル増幅器と同様の動作をさせてDSB波に変換している。

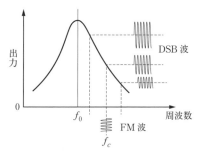

図6.2　FM波をDSB波に変換する方法

(2) PLL検波器

PLL検波器はPLL周波数復調器（位相同期ループ周波数復調器）とも呼ばれ、図6.3のようなPLL回路を使う構成になっている。位相比較器の入力に周波数fのFM波を加えると、VCOの発振周波数f_vと位相（周波数）が比較されて位相差（周波数差）に比例した電圧

v_o が出力される。この電圧は低域フィルタを通して VCO の入力に加えられ、発振周波数 f_v を FM 波の周波数 f との位相差が 0 になるように変化させる。したがって、
出力電圧 v_o は FM 波の周波数
変化に追従して変わることになり、信号波に比例した検波電圧
が得られる。

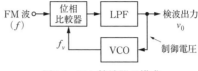

図6.3　PLL 検波器の構成

6.1.3　FM 受信機で使われる回路

⑴　デエンファシス回路

プリエンファシスで強調された高域部分の周波数特性を元の平坦な周波数特性に戻す回路であり、検波器の後に挿入されている。

⑵　スケルチ回路

受信波が非常に小さいときや全くないとき、スピーカから大音響で出される雑音を押さえる回路である。スケルチ回路にはノイズスケルチ方式とキャリアスケルチ方式がある。

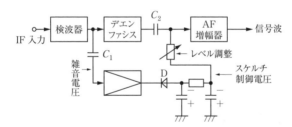

図6.4　ノイズスケルチ回路の構成

図6.4はノイズスケルチ回路の構成であり、検波器の出力から雑音を取り出して増幅し、整流して直流電圧にする。この直流電圧を AF 増幅器のバイアス電圧に加えることにより、AF 増幅器への入力を遮断して雑音が出ないようにする。しかし、スケルチが強く掛かり過ぎると必要な微弱信号まで消してしまうので、スケルチのレベルを調整するための調整回路が挿入されている。

キャリアスケルチ方式では、受信波（キャリア）を整流した直流を

制御電圧に使用する。このため、変調信号の変動による誤動作が少なく、電界強度の強い場所で使用するのに適している。一方、都市雑音のような大きな雑音がある場所では動作を適正に維持することが困難になる。

(3) リミッタ

受信波は、フェージングや雑音などが加わることによって、その強度（振幅）が変動する。FM波は周波数の変化が重要であり、振幅の変化が有ると復調するときにかえって有害である。そこで、周波数弁別器（復調器）の前にリミッタ（3.1.1項(2)参照）を設けて、図6.5に示すように、周波数弁別器に加える信号の振幅を一定に切り揃える。このとき、リミッタを有効に動作させるために、受信波を高周波増幅器と中間周波増幅器で十分に増幅しておく必要がある。このようにリミッタを設けることにより、FM波の周波数変化を保持しながら、有害な雑音や振幅変動を取り除くことができ、SN比などの通信品質を良くすることができる。

図6.5　リミッタの入出力波形

6.2　FM受信機のスレッショルドレベル

受信機（AMとFM）の入力における無変調信号の強度を C、雑音強度を N_i、また、検波出力中の信号強度を S、雑音強度を N とすれば、検波後の S/N と入力信号強度 C との関係は図6.6のようになる。AM受信機では、$C > N_i$ であれば S/N が 0〔dB〕以上になるから信号を検出できるが、$C < N_i$ のときには S/N は負に

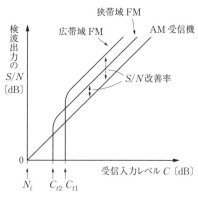

図6.6　入力と検波出力の S/N

なって検出できなくなる。これに対して FM 受信機では、$C > N_i$ であっても信号強度が、ある値 C_t 以下になると S/N が急激に低下してしまい、信号の検出ができなくなる。この C_t 値を**スレッショルドレベル（限界レベル、またはしきい値、あるいは閾値）** という。FM 受信機の特徴の一つは、このスレッショルド現象があることである。この現象のために、FM 波は AM 波に比べて小さな信号を検出できない。

その反面、スレッショルドレベル以上の信号強度では AM 受信機に比べて出力の S/N が良い。すなわち、図6.6に示すように、両受信機の入力強度が同じでも、出力の S/N は FM 受信機の方が AM 受信機より良くなるということである。この良くなる割合を **S/N 改善率**（または S/N 改善係数）といい、S/N 改善率が良くなることも FM 波の特徴の一つである。S/N 改善率が生じる理由は、FM 波の検波出力の雑音は周波数に比例する三角雑音（3.1.1項参照）になるが、AM 波の場合は周波数に関係なく一定であるため、受信周波数帯域幅内の低い周波数ほど雑音電力は FM 波の方が小さくなるからである。

前述したように、FM 波が AM 波に比べて感度が悪いのはスレッショルド現象のためであるが、スレッショルドレベルを下げると感度が上がる。スレッショルドレベル C_t は、受信機の帯域幅 B が小さければ C_t は小さくなる。FM 波の受信に必要な帯域幅 B は式（1.57）で与えられるが、FM 通信の使用目的によって異なり、狭帯域 FM（$m_f \ll 1$）では $B \fallingdotseq 2f_p$、広帯域 FM（$m_f \gg 1$）では $B \fallingdotseq 2f_p m_f$ である。

図6.6の C_{t1} と C_{t2} はそれぞれ広帯域 FM と狭帯域 FM のスレッショルドレベルである。一般に、音楽を放送することを主目的とする広帯域 FM では B を狭くすることはできないが、音声通信などの狭帯域 FM では音声の最高周波数 f_p を制限すれば B が狭くなる。ただし、f_p を制限しなくても等価的に B を狭くする高感度受信法もある。

6.3　FM 通信の特徴

FM 通信の AM 通信と比べたときの特徴をまとめると次のように

なる。

・音質が良く雑音が少ない（S/N改善率が得られるため）。

・送信機の電力効率が良い（FM波の振幅は一定であるため）。

・FM波の側波帯が広い（理論的には無限に広い）。

・感度が悪い（対策を講じない場合）。

・感度抑圧効果★がある。

・三角雑音が生じる（このためエンファシスが必要になる）。

★感度抑圧効果：希望波周波数の近くに強い妨害波があるとき、希望波が抑圧されてしまう現象で、受信機の高周波増幅部の動作が飽和状態になることによって起こる。

| 練習問題 I | 平成27年1月施行「二陸技」（A−6） |

次の記述は、図に示すFM（F3E）受信機に用いられる位相同期ループ（PLL）復調器の原理的な構成例について述べたものである。□□□内に入れるべき字句の正しい組合せを下の番号から選べ。なお、同じ記号の□□□内には、同じ字句が入るものとする。

(1) PLL復調器は、位相検出（比較）器（PC）、低域フィルタ（LPF）、低周波増幅器（AF Amp）及び□A□で構成される。

(2) 搬送波の周波数と□A□の自走周波数が同一のとき、この復調器に単一正弦波で変調されている周波数変調波が入力されると、この復調器は、□B□のような波形を出力する。

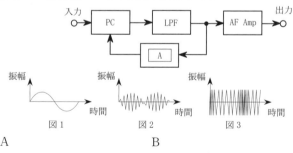

	A	B
1	電圧制御発振器（VCO）	図1
2	電圧制御発振器（VCO）	図2

132

3	電圧制御発振器（VCO）	図3
4	PWM 発振器	図1
5	PWM 発振器	図3

練習問題Ⅱ　平成29年7月施行「二陸技」（A－9）

次の記述は、FM（F3E）受信機のスケルチ回路として用いられているノイズスケルチ方式及びキャリアスケルチ方式について述べたものである。このうち誤っているものを下の番号から選べ。

1　ノイズスケルチ方式は、スケルチが働きはじめる動作点を弱電界に設定できるため、スケルチ動作点を通話可能限界点にほぼ一致させることができる。

2　ノイズスケルチ方式は、音声信号の過変調による誤動作が生じやすい。

3　ノイズスケルチ方式は、周波数弁別器出力の音声帯域内の音声を整流して得た電圧を制御信号として使用する。

4　キャリアスケルチ方式は、都市雑音などの影響により、スケルチ動作点を適正なレベルに維持することが難しい。

5　キャリアスケルチ方式は、強電界におけるスケルチに適しており、音声信号による誤動作が少ない。

練習問題Ⅲ　平成31年3月施行「一総通」（A－6）

次の記述のうち、FM（F3E）受信機の振幅制限器の機能について述べたものとして、正しいものを下の番号から選べ。

1　受信機入力の信号がないか、又は微弱なとき、大きな雑音がスピーカから出力されるのを防ぐ。

2　受信した信号の周波数を中間周波数に変換する。

3　局部発振器の周波数と受信信号の搬送波の周波数とを、一定の周波数関係に保つ。

4　伝搬の途中において発生するフェージングなどによる振幅の変動が、ひずみや雑音として復調されるのを防ぐ。

5　送信側で強調された信号の高域周波数成分を抑圧して平坦な周波数特性に戻し、信号対雑音比（S/N）を改善する。

　次の記述は、FM（F3E）受信機の限界受信レベル（スレッショルドレベル）について述べたものである。□□□内に入れるべき字句の正しい組合せを下の番号から選べ。ただし、スレッショルドは、搬送波の尖頭電圧と雑音の尖頭電圧が等しくなる点であり、雑音は受信機内部で発生する連続性雑音でその尖頭電圧は実効値の4倍とし、搬送波は正弦波とする。

　また、$\log_{10} 2 = 0.3$、$\sqrt{2} = 1.4$ とする。

(1)　S/N改善利得を得るのに必要な受信電力の限界値がスレッショルドレベルであり、スレッショルドを搬送波の実効値と雑音の実効値で比較し、その値（C/N）をデシベルで表すと ┌─A─┐ 〔dB〕となる。

(2)　受信機の入力換算雑音電圧の実効値が 3.5〔μV〕のとき、スレッショルドレベルと等しくなる受信機入力の搬送波の実効値は、┌─B─┐〔μV〕である。

	A	B		A	B
1	9	6	2	9	13
3	9	10	4	12	13
5	12	10			

　単一通信路における周波数変調（FM）波のS/N改善係数 I〔dB〕の値として、最も近いものを下の番号から選べ。ただし、変調指数を m_f、等価雑音帯域幅を B〔Hz〕、最高変調周波数を f_p〔Hz〕とすると、I（真数）は、$I = 3m_\mathrm{f}^2 B/(2f_\mathrm{p})$ で表せるものとし、B を 32〔kHz〕、f_p を 3〔kHz〕、最大周波数偏移を 12〔kHz〕とする。また、$\log_{10} 2 = 0.3$ とする。

1	16〔dB〕	2	18〔dB〕	3	20〔dB〕
4	24〔dB〕	5	28〔dB〕			

練習問題・解答	Ⅰ	1	Ⅱ	3	Ⅲ	4	Ⅳ	3
	Ⅴ	4						

第7章

デジタル通信の原理と技術

　この章ではパルス変調と復調およびデジタル変調と復調の基礎について学ぶ。パルス変調には、PAM、PWM、PCM など多くの方式があるが、これらのうち主に PCM について解説する。デジタル変調は CW を不連続に（デジタル的に）変調する方式であり、ASK、FSK、PSK などがあるが、ここでは主に PSK について解説する。

7.1　パルス符号変調

　図7.1に示すように、パルス符号変調（PCM：pulse code modulation）はアナログ信号の振幅を一定の周期で取り出し、その大きさをパルス符号に変換する変調法である。図中の 2 進符号はパルス符号の一種であり、長い縦線で 1 本のパルスを表している。しかし、短い縦線は、長い縦線の位置を示すために描き入れた仮想の線であり、実際にはないものである。このような表現法は以後の説明でも多く使っている。

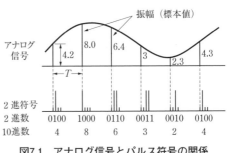

図7.1　アナログ信号とパルス符号の関係

7.1.1　2 進数とパルス符号

⑴　2 進数

　我々が日常使う数は 0 から 9 までで表される10進数であるが、電子機器などでは 0 と 1 で表される **2 進数**が使われる。情報量の最も小さな単位は「有る」か「無い」かである。例えば、昔の情報伝達方法で

あるノロシでは、煙が出ていないときは「無い」であり、煙が出れば何か「有る」という情報であるがそれ以上のことは分からない。電気通信ではこの「有る」と「無い」に対して通常「1」と「0」を対応させている。ただし、逆の場合もある。

図7.2の A、B、C はそれぞれ数値を一時的に溜めておくレジスタで、左から１本のパルスが入るたびに数値が変わるとし、その数値は「1」と「0」だけしか扱えないものとする。いま、初期状態として全レジスタは「000」であるとし、左から４本のパルスが順番に入る場合を考えてみる。

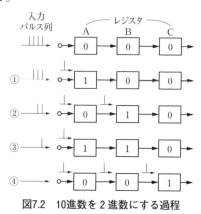

図7.2　10進数を２進数にする過程

① 最初のパルスが A に入ると A は「0」から「1」に代わるが他のレジスタには何も影響を与えないので、各レジスタは左から「100」のようになる。

② 次に、２番目のパルスが A に入ると「1」を「2」に変えたいが、ルールで「2」以上の数を扱えないから、その代わり B に１本のパルス（「1」）を送って A は「0」に戻る。このときの全レジスタは「010」となる。このように次のレジスタに「1」を送り、送ったレジスタは「0」に戻ることを桁上げという。

③ 同様にして、３番目のパルスが入ると、A が「1」になるだけで他のレジスタは変わらないから全レジスタは「110」となる。

④ ４番目のパルスが入ると A から B に桁上げをし、それにより B も C に桁上げをするので、全レジスタは「001」のようになる。

表7.1は図7.2の３個のレジスタに７本のパルス１～７を入力した場合の各レジスタの数値である。もし、８本目のパルスを入力すると全部のレジスタが桁上げをするので全部が0になり、初期状態に戻ることになる。したがって、３桁の２進数では9以上の10進数を表すこと

ができない。

このようにしてできた1と0の横の並びは、入力したパルスの数に対応した2進形式の数値である。しかし、これはA、B、Cの順に右へ行くほど桁が上がっているので通常の2進数ではない。説明の都合でこのようになったが、2進数にするには数値の並びを左右反対にして、左が上位桁になるようにC、B、Aの順にすればよい。例えば、10進数の3は、左が上位桁になるように並べ変えると「011」のようになり、これが2進数である。

表7.1 10進数と2進数

10進	A	B	C
0	0	0	0
1	1	0	0
2	0	1	0
3	1	1	0
4	0	0	1
5	1	0	1
6	0	1	1
7	1	1	1

したがって、10進数の1、2、3、4、5、… は2進数では「001」、「010」、「011」、「100」、「101」、… のように表されることになる。2進数の全桁数が b のとき、表すことのできる10進数の0を含めた個数 n は次式のようになる。

$$n = 2^b \qquad \qquad \cdots (7.1)$$

または、両辺を2を底とする対数をとって、

$$b = \log_2 n$$

この b を情報理論では情報量の単位として**ビット**（bit：binary digit）と呼ぶ。例えば、上記のように3桁の2進数は3〔bit〕のデータあるいは3〔bit〕の情報量であり、0～7までの8個の10進数（または8種類のデータ）を表すことができる。一般に、b〔bit〕の2進数は0から始まる 2^b 個の10進数またはデータを表すことができる。また、2進数の各桁を0から始まる**ビット番号**で呼ぶことがある。例えば、2進数の4桁数「0101」の場合、右端の最も小さな桁「1」（これを**最下位ビット**という）を0番ビット、右端から2番目「0」を1番ビット、左端の最も大きな桁「0」（これを**最上位ビット**という）を

3番ビットのように呼ぶ。

我々は10進数には慣れているが2進数は分かりにくい。そこで、2進数を10進数に変換する方法を上記の2進数「011」を例にとって説明する。

式（7.1）の b の代わりに $b-1$ として、それぞれの桁数を代入したものと、その桁の数値0または1を掛け算したものすべてを加え合わせると、

$$(0 \times 2^2) + (1 \times 2^1) + (1 \times 2^0) = 0 + 2 + 1 = 3$$

となって、入力したパルス数に等しくなる。このようにして、2進数を10進数に変換することができる。

(2) **パルス符号**

パルスに情報を乗せる方法は色々あるが、最も正確な方法はパルスの本数で表す方法である。2進数は0と1によって有無が表されるので、これをそのまま図7.3のように、パルスの有無に置き換えることができる。このような一組の意味を持つパルス列を**パルス符号**（pulse code）という。この場合、情報の大きさはパルスの時間的な位置情報として表されることになる。例えば、PAMでは情報の大きさをパルスの高さで表すが、パルス符号では各パルスが基準時間から遅れる時間 d が情報の大きさを表すことになる。したがって、基準になる時間が必要であり、基準時間は上記のパルス列と異なる形式のパルスで与えられる。このパルスを同期パルスまたは**同期信号**といい、通常、一定周期で繰り返すパルスであり、図7.3のように符号パルス列の前に挿入されていることが多い。

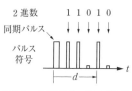

図7.3　2進数とパルス符号

7.1.2　パルス符号変調の原理

PCMは、図7.4のように、標本化、量子化、符号化の3段階の手順で行われる。

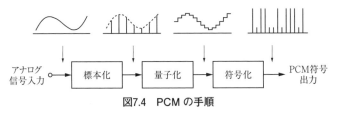

図7.4　PCM の手順

⑴　標本化

　信号波の振幅を一定の周期 T で取り出すことを**標本化**または**サンプリング**といい、標本化によって取り出された値を標本値、$f_s = 1/T$ を**標本化周波数**という。標本値は時間的にとびとびの値であるが、一定条件を満足すれば、これらの標本値から元の信号波の波形を再現できる。すなわち、「標本化周波数 f_s を信号波の持つ最高の周波数 f_m の 2 倍以上にすれば、標本パルス列から元の信号波を再現できる」。これが**標本化定理**という重要な定理である。この条件によると、最低の標本化周波数は信号波の持つ最高周波数 f_m の 2 倍である。なお、$f_s/2$ を**ナイキスト周波数**という。

　ここで標本化定理を簡単に説明する。図7.5(a)に示すように、信号波を周波数が f の正弦波として、これを異なる標本化周波数 f_s（標本間隔 T_s）で標本化してみる。同図(b)は $f_s = 6f$ の場合であり、その振幅を連ねた破線はほぼ元の正弦波を再現できている。(c)は $f_s = 2f$

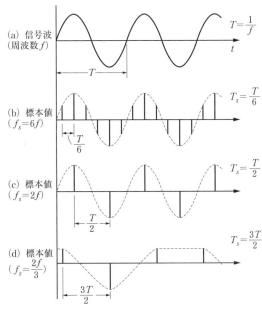

図7.5　標本化定理の説明

の場合であり、これもほぼ元の正弦波となる。ただし、サンプリング点は信号波の 0〔V〕の点ではないものとする。(d)の $f_s = 2f/3$ の場合は元の正弦波にはならない。このように、標本化周波数を信号波の最高周波数の 2 倍未満にすると元の波形を再現できなくなることが分かる。このようなサンプリングを**アンダーサンプリング**という。アンダーサンプリングを行うとナイキスト周波数より高い周波数のベースバンド信号（ここでは音声信号）がナイキスト周波数を中心にして低い方へ折り返して雑音となって現れる。これを**折り返し雑音**といい、信号をひずませる原因になる。一方、標本化周波数を信号波の最高周波数の 2 倍以上の周波数で行うサンプリングを**オーバーサンプリング**といい、一般に行われている方法である。

⑵　**量子化**

パルス符号は、2 進数で表されることからも分かるように、整数以外の数値を扱うことはできない。しかし、信号波は連続的に変化しているのでその標本値は整数のような区切りの良い値にはならない。そこで標本値を一定のルールに従って整数にする、いわゆる丸めを行う。これを**量子化**という。ルールは決まったものでないのでどのように決めてもよいが、例えば、切り上げ、切り捨て、四捨五入などがあ

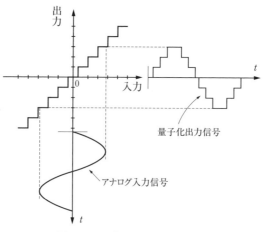

図7.6　量子化回路の入出力特性

る。図7.1の場合は、標本値の小数点以下を切り捨てて整数に（量子化）している。

　量子化する回路の入力に対する出力の特性は図7.6のような階段状になるので、量子化された信号と元の信号（アナログ信号）との間に誤差ができる。この誤差を**量子化誤差**といい、**量子化雑音**の原因になる。図7.7は量子化信号と元の信号との差によって生じる量子化誤差である。この図からも分かるように、量子化雑音を少なくするには標本化周波数を高くして標本間隔 T を狭くするとともに、量子化のステップ V_s を小さくするとよい。

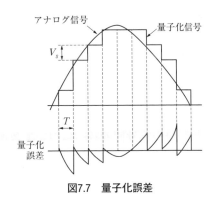

図7.7　量子化誤差

(3) 符号化

　量子化によって整数になった標本値を一組のパルス列（パルス符号）にすることを**符号化**（**コーディング**：coding）という。パルス符号として、一般に、図7.1のような2進符号が使われている。この図のような2進符号を**バイナリコード**（自然2進コード）と呼ぶ。

表7.2　バイナリコードとグレーコード

1ビット符号	2ビット符号		3ビット符号			
バイナリ(グレー)	バイナリ	グレー	バイナリ	グレー	バイナリ	グレー
0	00	00	000	000	100	110
1	01	01	001	001	101	111
	10	11	010	011	110	101
	11	10	011	010	111	100

2進符号は他にもあるが、代表的なものとして**グレーコード（グ
レー符号**または反転2進コード）がある。表7.2は1〜3〔bit〕のバイ
ナリコードとグレーコードを比較したものである。バイナリコードは
数値の小さい順に並べられているのに対して、グレーコードはとなり
の符号間のビットの差が1になるように組み立てられている。例え
ば、表において2ビット符号のグレーコードの1行目「00」と2行目
「01」では1桁目間の差は（0〜1）★で1であるが、2桁目間の差は
（0〜0）で0である。また、2行目の「01」と3行目の「11」では、
1桁目間の差は0、2桁目間の差は1のようになる。同様に他のすべ
てのとなり合う2進数間でも同様になる。このように、ビット数が同
じ二つの符号間で各桁について数値の差を加え合わせたものを**ハミン
グ距離**という。図7.8は、2ビット符号について、となり合う符号間
のハミング距離をバイナリコードとグレーコードについて比較した例
である。この図のように、グレーコードはとなり合う符号間のハミン
グ距離がすべて1のコードである。

図7.8　バイナリコードとグレーコードのハミング距離

7.1.3　符号器と復号器

　パルス通信において、送信側でアナログ信号からデジタル信号に変
換する装置を**符号器**（encoder）または **A/D 変換器**（A/D コンバー
タ）、受信側でデジタル信号から元のアナログ信号に変換する装置を
復号器（decoder）または **D/A 変換器**（D/A コンバータ）という。

★記号〜は二つの数値間の差を求めることを意味する。

⑴　符号器（A/D 変換器）

　符号器を作る方法は種々あるが、ここでは逐次比較形 A/D 変換器について説明する。

　図7.9は 4〔bit〕逐次比較形 A/D 変換器の構成例である。アナログ入力信号の電圧 v_i を一定間隔 T で標本化し、これを V_i として保持回路で保持する。比較レジスタにはデジタル符号のビット数 4 個だけレジスタがあり、初期値はすべて「0」がストアされている。この A/D 変換器で変換できる最大の入力電圧を V_{imax} としたとき 2 進値が「1111」となるようにセットされているものとする。

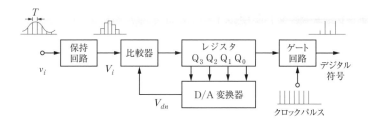

図7.9　4〔bit〕逐次比較形 A/D 変換器の構成例

　一方、D/A 変換器（次項参照）はデジタル信号をアナログ信号に変換する装置で、その出力 V_{dn} は次式により計算される。

$$V_{dn} = \frac{V_{imax}}{2^1}B_3 + \frac{V_{imax}}{2^2}B_2 + \frac{V_{imax}}{2^3}B_1 + \frac{V_{imax}}{2^4}B_0 \qquad \cdots(7.2)$$

　ただし、B_n は各レジスタの値であり、「1」のとき 1、「0」のとき 0 である。

　A/D 変換器への入力電圧を $V_i = 6.4$〔V〕とした場合の動作について考えてみる。ただし、$V_{imax} = 10$〔V〕とする。

①　最初に、最上位ビット B_3 のレジスタ Q_3 を「1」にする。このとき、全レジスタは「1000」となるから、これを式 (7.2) によりアナログ電圧 V_{d3} に変換すると、次のようになる。

$$V_{d3} = \frac{10}{2} \times 1 + \frac{10}{4} \times 0 + \frac{10}{8} \times 0 + \frac{10}{16} \times 0$$

$$= 5.0 + 0 + 0 + 0 = 5.0 \,〔\mathrm{V}〕$$

　　上式より、$V_{d3} < V_i$ となるので Q_3 レジスタを「1」のままにする。したがって、$B_3 = 1$ が決まり、「1」をゲート回路へ出力する。ゲート回路は「1」が入力されたときだけ開いて**クロックパルス★**を 1 本だけ通過させる。

② 　次に、B_2 のレジスタ Q_2 を「1」にすると、全レジスタは「1100」となるから、アナログ電圧は、同様に計算すると、

$$V_{d2} = \frac{10}{2} \times 1 + \frac{10}{4} \times 1 + \frac{10}{8} \times 0 + \frac{10}{16} \times 0$$

$$= 5.0 + 2.5 + 0 + 0 = 7.5 \,〔\mathrm{V}〕$$

　　したがって、$V_{d2} > V_i$ となるので Q_2 レジスタの「1」を「0」に書き換え、$B_2 = 0$ が決まり、「0」を出力するのでゲートは閉のままであり、パルスは通過しない。

③ 　以下同様にして、B_1 のレジスタ Q_1 を「1」にすると、全レジスタは「1010」で、アナログ電圧は、

$$V_{d1} = \frac{10}{2} \times 1 + \frac{10}{4} \times 0 + \frac{10}{8} \times 1 + \frac{10}{16} \times 0$$

$$= 5.0 + 0 + 1.25 + 0 = 6.25 \,〔\mathrm{V}〕$$

$V_{d1} < V_i$ となるので、$B_1 = 1$、「1」を出力、ゲート開、パルス通過。

④ 　B_0 のレジスタ Q_0 を「1」にすると、全レジスタは「1011」で、アナログ電圧は、

$$V_{d0} = \frac{10}{2} \times 1 + \frac{10}{4} \times 0 + \frac{10}{8} \times 1 + \frac{10}{16} \times 1$$

$$= 5.0 + 0 + 1.25 + 0.625 = 6.875 \,〔\mathrm{V}〕$$

★クロック（clock：時計）パルス：時計のように正確に繰り返すパルス。

第7章　デジタル通信の原理と技術

$V_{d0} > V_i$ となるので、$B_0 = 0$、「0」を出力、パルスは通過しない。

このようにして、アナログ入力電圧 6.4〔V〕に対する 4〔bit〕デジタル符号「1010」がゲートから出力される。この場合、6.4〔V〕が 6.25〔V〕として符号化されたことになるので、その差（6.4−6.25 =）0.15〔V〕が量子化誤差になる。

⑵ 復号器（D/A 変換器）

図7.10は抵抗回路を使った 8〔bit〕D/A 変換器の例である。直並列変換回路は、時間的に順番に入力したパルス（直列パルス）を別々の端子から同時に出力する（並列パルス）回路であり、通常シフトレジスタが使われる。シフトレジスタには入力データのビット数だけのレジスタ $Q_1 \sim Q_8$ が直列に接続されていて、読み出し命令により、それぞれ対応するスイッチ $S_1 \sim S_8$ を、「1」のとき閉、「0」のとき開のように制御する。

この入力に、図のようなパルス列が入ってきたとする。最初に「1」が入ると Q_1 は「1」をストアする。このとき、全レジスタの内容は「10000000」になる。次に「0」が入ると、Q_1 は持っている「1」をとなりの Q_2 へ渡して、入って来た「0」をストアする。したがって、全レジスタの内容は「01000000」になる。次に「1」が入ると、同様にして各レジスタは数値をそれぞれ右のレジスタに送るから、Q_1 は「1」を取り込み、Q_2 が「0」に、Q_3 が「1」にそれぞれ変わる。したがって、全レジスタの内容は「10100000」になる。これを最後の入力ビットまで繰り返す。このように、信号が入るたびに全レジスタの内容は右へシ

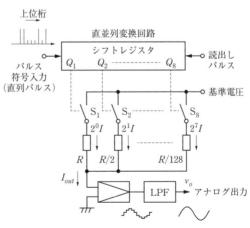

図7.10　8〔bit〕D/A 変換器の構成例

フトするので、これをシフトレジスタという。図のような 8〔bit〕の
パルスが入り終わると、全レジスタの内容は入力したパルス列と同じ
「11000101」となるので、スイッチ S_1〜S_8 は「閉閉開開開閉開閉」の
ようになる。この状態で読出しパルスを加えると、「閉」のスイッチ
の電流だけが加え合わされて出力される。したがって、このときの電
流 I_{out} は次式のようになる。

$$I_{out} = 2^0I + 2^1I + 2^5I + 2^7I = I + 2I + 32I + 128I = 163I \text{〔A〕}$$

　このようにして次々に入力される 8〔bit〕の符号から変換されて得
られる電流は図のような階段状波形を作ることになる。これを増幅し
て、**補間フィルタ**と呼ばれる LPF を通して階段状の変化を取り除く
ことにより元のアナログ信号が得られる。しかし、補間フィルタの特
性が完全でない場合には、階段状波形が残ってしまい、アナログ波形
に**補間雑音**という雑音成分（階段状波形成分）が乗った波形になる。

7.2　デジタル変調

　PCM 信号などのパルス信号を電波に乗せて送るには、高周波信号
をパルス信号で変調しなければならない。高周波をパルスで変調する
方法には、アナログ変調と同様に AM、FM、PM の方式があり、デ
ジタル変調ではこれらをそれぞれ **ASK**（amplitude shift keying：**振
幅偏移変調**）、**FSK**（frequency shift keying：**周波数偏移変調**）、**PSK**
（phase shift keying：**位相偏移変調**）と呼ぶ。このうち ASK は雑音
などに弱いために単独では現在ほとんど使われていない。FSK と
PSK は、伝送するのに ASK より広い周波数帯域幅が必要であるが
比較的雑音に強く、また増幅器の正常動作範囲（**ダイナミックレンジ
★**(次頁)）が比較的狭くても良いという特徴があり、特に PSK は 1 回の
変調によって送ることのできる情報量（ビット数）を大きくすること
ができるので、現在多方面で使われている。

7.2.1 デジタル変調の原理

(1) ASK

図7.11は NRZ 符号で ASK を行ったときの高周波信号の例である。AM と同様に考えて、振幅 A の搬送波をパルスの振幅 P で振幅変調すると、図7.11(a)のように、パルスがあるとき（すなわち「1」のとき）搬送波の振幅は $A+P$ となり、パルスがないとき（「0」のとき）A となる。この搬送波を受信して直線検波すると、出力は振幅が $A+P$ と A にそれぞれ比例した階段状の電圧となるから、A に比例した電圧を差し引けば P に比例したパルスが得られる。この例では、1回の変調で「1」か「0」の2値、すなわち1〔bit〕の符号を送ることができる。また、2〔bit〕の符号では「11」、「10」、「01」、「00」の4値をとるから、同図(b)のようにパルスの形が4段の階段状になる。すなわち、この場合には1回の変調で2〔bit〕の情報を送れることになる。同様に、多値符号の変調も考えられるが、波形の階段が狭くな

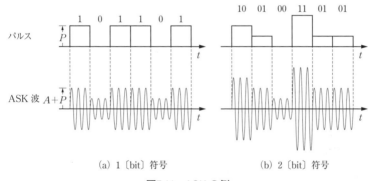

(a) 1〔bit〕符号   (b) 2〔bit〕符号

図7.11　ASK の例

★ダイナミックレンジ：増幅器などの出力電圧は入力電圧を小さくしていくとある電圧（例えば V_1〔V〕とする）で雑音に埋もれてしまう。反対に、大きくしていくとある電圧（例えば V_2〔V〕とする）以上では飽和してしまい、それ以上大きな出力電圧が得られなくなる。ダイナミックレンジは (V_2-V_1)〔V〕の幅のことであり、通常、V_2/V_1 をデシベルで表す。これは増幅器などで入力と出力が比例する動作範囲のことである。

り分離が困難になるので、一般に ASK では多値変調は行われない。

(2) FSK

FSK は、図7.12に示すように、パルスの「1」と「0」に周波数 f_1 と f_2 が対応するように変調する方法であり、振幅は一定である。なお、FSK の多値変調は、周波数の利用効率が悪いため、通常行われない。

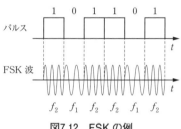

図7.12　FSK の例

　一般に、ベースバンド信号がパルスのように急激に変化すると高調波を多く発生する。特に FSK では、$f_1 \rightarrow f_2$ または $f_2 \rightarrow f_1$ の変化が急になると、多くの高調波が発生して他の通信に妨害を与えるなどの問題を起こす。しかし、パルスの幅と二つの周波数の関係を最適に選べば高調波の発生が抑えられる。このように選んだ FSK を **MSK** という。また、周波数が変化するとき高周波（搬送波）の位相が不連続になると高調波を発生するので、これが連続になるようにした位相連続 MSK がある。さらに、パルスを特別なフィルタ（ガウシャンフィルタ）に通すことによりパルス波形をなだらかにして高調波の発生を抑えた MSK を **GMSK** と呼び、欧州で携帯電話に使われていた。現在では FSK を使った通信システムは少なくなったが一部ではまだ使われている。

(3) PSK

PSK は周波数と振幅はそのままで位相を変える変調である。図7.13は、パルスの「0」と「1」に対応して搬送波の位相が 0 と π の 2 値に変化する PSK の例であり、これを**2PSK** または **BPSK** という。2PSK 波 v_p を式で表すと次のようになる。ただし、搬送波の振幅を A、角周波数を ω、位相の偏移量を $\phi(t)$ とする。2PSK

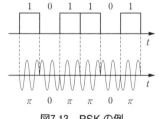

図7.13　PSK の例

では $A =$ 一定、$\phi(t) = 0$ と π であるから次のようになる。

$$v_p = A \sin\{\omega t + \phi(t)\} \qquad \cdots (7.3)$$

PSK は多値変調が可能であり、2^b 値の PSK が考えられるが、b（ビット数）は無線回線の場合 3 以下（$2^3 = 8$ 値）で実用されている。多値 PSK を理解するのに便利なように搬送波をベクトルで描くと図7.14のようになる。同図(a)は図7.13の 2PSK（BPSK）のベクトル図であり、同図(b)は **4PSK**（**QPSK**）、(c)は **8PSK** のベクトル図の例

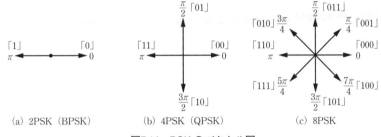

(a) 2PSK（BPSK）   (b) 4PSK（QPSK）   (c) 8PSK

図7.14　PSK のベクトル図

である。4PSK 波と 8PSK 波を数式で表すには、式（7.3）の位相偏移をそれぞれ $\phi(t) = 0$、$\pi/2$、π、$3\pi/2$ 及び $\phi(t) = 0$、$\pi/4$、$\pi/2$、$\cdots$、

表7.3　位相角と符号（グレーコード）の対応例

BPSK（2PSK）		QPSK（4PSK）		8PSK			
位相角	グレー	位相角	グレー	位相角	グレー	位相角	グレー
0	0	0	00	0	000	π	110
π	1	$\pi/2$	01	$\pi/4$	001	$5\pi/4$	111
		π	11	$\pi/2$	011	$3\pi/2$	101
		$3\pi/2$	10	$3\pi/4$	010	$7\pi/4$	100

$7\pi/4$ にすればよい。一般に、2^b 値変調では、一つの変調値で b〔bit〕を伝送できる。例えば、8PSK の場合 b は 3〔bit〕（$2^b = 2^3 = 8$ 値）であり、図7.14(c)のように各位相角に 3〔bit〕の符号を過不足なく割り当てることができるので、一つの信号に 3〔bit〕の情報を乗せることができる。PSK による情報伝送では、各位相角に符号を対応させて送り、受信側ではその位相角を検出して元の符号に変換する。位相角に対応させる符号の順番は色々考えられるが、通常、表7.3のようにグレーコードが使われる。グレーコードは、となり合う符号間のハミング距離がすべて「1」であるので、もし受信誤りが起きても 1〔bit〕の誤りですむ可能性が高いという特徴がある。例えば、図7.14(b)の 4PSK はグレーコードを使った場合であり、基準の位相が 0 のとき、これが誤るとすれば $\pi/2$ か $3\pi/2$ に誤る（1ビットの誤り）確率は高いが、π に誤る（2ビットの誤り）確率は低い。

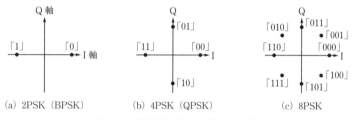

(a) 2PSK（BPSK） (b) 4PSK（QPSK） (c) 8PSK

図7.15　信号空間ダイアグラムの例

　多値 PSK ではベクトルで描くと複雑になるので、図7.15のようにベクトルの先端を黒点（•）で表した図が使われる。この図の黒点を**信号点**といい、図全体を**信号点配置図**または**信号空間ダイアグラム**あるいは**コンスタレーション**（星座）と呼ぶ。この図の元はベクトル図であるので、信号点を数値で表す場合は、**I 軸**（同相軸）の値と **Q 軸**（直交軸）の値を一組として表す。

⑷　**QAM**

　QAM（**直交振幅変調**）は 90° 位相の異なる搬送波に、それぞれ異なる振幅の変化を加えた変調方式である。すなわち、QPSK と ASK を合成した変調である。これを数式で表す場合は、式（7.3）の搬送

波の振幅が $A = V$、$V/2$ などのように、決められた一定値で変化することにすればよい。

　4値以下の QAM も考えられるが、前項の QPSK と伝送できる情報量が同じであるので意味がない。QAM としての特徴が得られるのは 16QAM 以上の多値 QAM である。図7.16は、3種類の16値変調の信号空間ダイアグラムであり、このうち同図(a)が **16QAM** である。同図(b)の 16PSK は無線伝送での使用例は少なく、また同図(c)の 16ASK は実用されないが比較のため描いたものである。

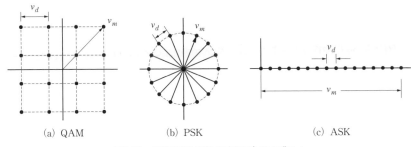

(a) QAM　　　　　(b) PSK　　　　　(c) ASK

図7.16　16値変調の信号空間ダイアグラム

　ここで、これらの16値変調の利点を比較してみる。信号空間ダイアグラムにおいて、ある一つの信号点の符号が他の信号点の符号に誤る場合、その信号点に最も近い信号点の符号に誤る確率が最も大きい。その誤る割合を符号誤り率という。この誤り率を小さくするには信号点相互の距離（**信号点間距離**）を大きくすればよいことになる。これは送信電力を大きくすることに他ならない。すなわち、誤り率は送信電力に影響され、送信電力が大きいほど雑音に対して強く、SN 比が良くなるためである。そこで、送信電力に関係なく変調方式を比較するために、それぞれの信号空間ダイアグラムについて最も短い信号点間距離 v_d と原点から最も遠い信号点までの距離 v_m の比、v_d/v_m を求め、この値が大きい変調方式ほど誤り率が小さいとする。

　16QAM では、最も短い信号点間距離は一つの信号点から上下方向と左右方向のとなりにある信号点までの距離でいずれも同じである。この距離を1とすれば、原点から最も遠い信号点までの距離は

$\sqrt{2} \times 1.5$ であるから、$v_d/v_m = 1/(1.5\sqrt{2}) = 0.47$ となる。同様にして、16PSK では円の半径を r とすれば、円周は $2\pi r$ であるから、$v_d = 2\pi r/16 = \pi r/8$、$v_m = r$ であり、$v_d/v_m = (\pi r/8)/r = \pi/8 = 0.39$ となる。16ASK では $v_d/v_m = 1/15 = 0.067$ となる。すなわち、送信電力を同じにしたとき、最も誤り率の少ない16値の変調方式は 16QAM であることが分かる。ただし、v_d/v_m の逆数で比較することもあり、この場合は当然この値が小さいほど誤り率が小さくなる。

7.2.2 PSK 変調器

⑴ BPSK（2PSK）変調器

BPSK 波は図7.13のように、デジタル信号の「0」と「1」に対応して位相が π（180°）変化する高周波信号である。図7.17はリング変調器を使った BPSK 変調器の例である。

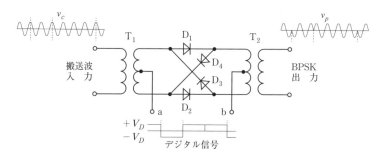

図7.17　BPSK 変調器の例

高周波トランス T_1 を通して一定周波数の高周波（搬送波）$v_c = A\sin\omega t$ を入力しておき、a−b 端子にデジタル信号 $s = $「0」のとき $+V_D$〔V〕、$s = $「1」のとき $-V_D$〔V〕が加わるようにすると、端子 a が $+V_D$ になれば D_1 と D_2 が導通、D_3 と D_4 が非導通になり、高周波はそのままトランス T_2 を通って出力されるから、出力信号 v_p は次式のようになる。

$$v_p = v_c = A\sin\omega t$$

逆に、端子 a が $-V_D$ になれば D_1 と D_2 が非導通、D_3 と D_4 が導通になり、高周波はトランス T_2 を逆方向に流れるので出力の位相は反転（π だけ変化）し、次式のようになる。

$$v_p = A \sin(\omega t + \pi)$$

このようにして、デジタル信号の「0」と「1」に対応して位相が 0 と π に変化する BPSK 波が得られる。

(2) QPSK 変調器

QPSK（4PSK）波は、位相が $\pi/2$ 異なる二つの BPSK を加え合わせたものとも考えることもでき、四つの位相（0、$\pi/2$、π、$3\pi/2$）に変化する高周波信号である。

図7.18は導波管回路による原理的な QPSK 変調器であり、これを**パスレングス形変調器**という。導波管に接続されている二つの**サーキュレータ** C_1 と C_2 は信号をどの端子から入力しても矢印方向の次の端子へのみ出力されるようになっている装置である。また、スタブは導波管の一方の端を短絡したものであり、他方の端から高周波信号を入力すると短絡端で反射されて入力端へ戻るようになっている。

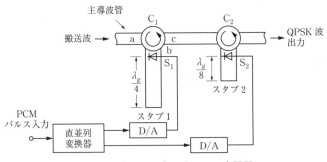

図7.18　パスレングス形 QPSK 変調器

周波数が一定の高周波信号を主導波管により C_1 の端子 a へ入力すると、信号は矢印に従って端子 b へ向かう。端子 b にはスイッチ S_1 があり、S_1 が閉になっていると信号は端子 b を通過して端子 c から出ていく。もし、S_1 が開になっていれば、信号はスタブ中を往復し

て端子 b に戻り、矢印に従って端子 c から出ていく。この場合、信号はスタブ中を往復することによって位相遅れが生ずるので、スタブの長さを導波管内の波長 λ_g（位相にして 2π）の $1/4$ にしておくと、位相がちょうど $\pi\,(=(\lambda_g/4)\times 2)$ だけ遅れることになる。次に、C_2 には $\lambda_g/8$ のスタブが接続されているので、同様にして $\pi/2$ の位相遅れを作ることができる。入力は 2〔bit〕の直列パルスであるから、これを直並列変換し、それぞれ D/A 変換してダイオードスイッチ S_1 と S_2 を制御する直流電圧を作る。そして、入力パルスの 1 ビット目が S_2 を、2 ビット目が S_1 を制御し、それぞれ「1」のとき開、「0」のとき閉になるように設定しておく。

　この回路の動作は、例えば入力が「01」のときには S_2 が開で S_1 が閉となるから、高周波信号は $\pi/2$ だけ遅れる。また、「11」のときには S_2 と S_1 が共に開となるので、高周波信号は $3\pi/2$（$=\pi+\pi/2$）遅れることになる。「00」と「10」のときも同様にして 0（遅れはない）と π 遅れることになり、QPSK 波が作られる。

7.2.3　PSK 復調器

⑴　BPSK（2PSK）復調器

　図7.19はリング形 BPSK 復調器（検波器）であり、リング形変調器と同様の構成になっている。

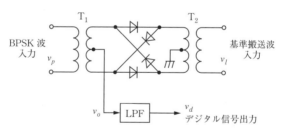

BPSK 波入力　v_p　　基準搬送波入力　v_l

v_o　LPF　v_d　デジタル信号出力

図7.19　リング形 BPSK 復調器

　受信された BPSK 波を

$$v_p = A_p \sin\{\omega t + \phi(t)\}$$

とすると、これをトランス T_1 を通して入力し、一方、T_2 を通して
BPSK の搬送波に同期した同じ周波数の CW（連続波）、

$$v_l = A_l \sin(\omega t)$$

を入力して両波の積をとると、その出力 v_o は次のようになる。

$$v_o = v_p v_l = A_p \sin\{\omega t + \phi(t)\} \cdot A_l \sin(\omega t)$$
$$= \frac{A_p A_l}{2} \left[\cos\{\phi(t)\} - \cos\{2\omega t + \phi(t)\}\right] \qquad \cdots (7.4)$$

この v_o を低域フィルタ（LPF）を通して高周波成分（上式の右辺
第 2 項）を取り除けばデジタル信号（上式の右辺第 1 項）

$$v_d = \frac{A_p A_l}{2} \cos\{\phi(t)\}$$

が得られる。図7.20は上記の各電圧 v_p、v_l、v_o、v_d の波形である。

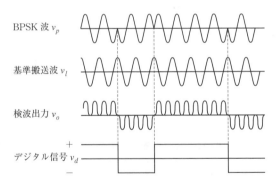

図7.20　BPSK 復調器の入出力波形

　上記の検波を**同期検波**という。これに対して非同期検波があり、そ
の代表的なものに**遅延検波**がある。これは受信された符号（**シンボル★**）
の次の符号の搬送波を基準搬送波として使って位相比較する方法であ

★シンボル：符号または記号。情報を表すのに使用される基本単位。

る。この遅延検波を行うには、送信側であらかじめ差動符号化という処理をした符号を送る必要がある。遅延検波の特徴は、受信処理が比較的簡単であるが、基準搬送波として使う受信符号の搬送波が雑音などで乱されているため符号誤りが同期検波より多いという欠点がある。

(2) QPSK 復調器

図7.21は QPSK 復調器（検波器）の構成例であり、前述した BPSK 復調器二つを並列に組み合わせた構成になっている。復調器に入力された QPSK 波は分けられ、基準搬送波とともに二つの BPSK 検波器へ入れられてそれぞれ検波され、LPF で高周波成分を取り除いてデジタル信号となって出力される。基準搬送波は入力された QPSK 波の高周波成分から搬送波再生回路で作られ、二つに分けられてその一方は $\pi/2$ だけ移相されて

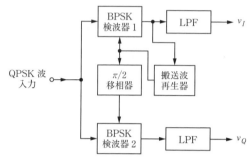

図7.21　QPSK 復調器の例

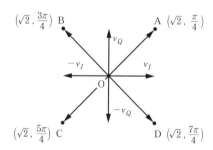

図7.22　QPSK 入力と検波出力のベクトル

表7.4　QPSK 位相角と復調器の出力コード

ベクトルの位相	位相角	v_I	v_Q	グレー符号
$\pi/4$	0	$+1$	$+1$	00
$3\pi/4$	$\pi/2$	-1	$+1$	01
$5\pi/4$	π	-1	-1	11
$7\pi/4$	$3\pi/2$	$+1$	-1	10

BPSK 検波器へそれぞれ加えられる。このため、二つの検波器から出力されたデジタル信号はI軸とQ軸の値v_Iとv_Qになる。図7.22は入力された QPSK 波とv_I、v_Qの関係を表すベクトル図である。例えば、QPSK 波が A のベクトル（大きさが$\sqrt{2}$、位相が$\pi/4$）で表されるとき、デジタル信号出力はそれぞれ$v_I=+1$、$v_Q=+1$となる。表7.4は QPSK 波の変調時位相角に対するv_Iとv_Qの値と、それに対応する符号を表している。

(3) 基準搬送波再生回路

図7.23は BPSK 信号から基準搬送波を作る回路構成の例である。BPSK 受信信号はパルス信号の「1」と「0」に対応して、位相がπだけ反転する高周波信号である。この信号の周波数f_0を、2乗特性回路などによって2逓倍すると、周波数が$2f_0$で位相の反転に関係しない高周波が得られる。このとき同時に、元の信号や高調波、雑音などが出力されるので、これを帯域フィルタ（BPF）によって取り除く。こうして得られた周波数$2f_0$の高周波信号を位相安定化回路（PLL）を通し、分周器によって1/2に下げて周波数がf_0の高周波を取り出せば、BPSK 波の位相偏移に関係しない基準搬送波が生成される。

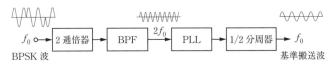

図7.23　基準搬送波再生回路の構成

7.3　パルス伝送の符号間干渉とフィルタ

パルス伝送では誤り訂正ができるので、比較的正確な情報を送ることができる反面、パルス間隔を狭めて多量の情報を速く送ろうとすると符号間干渉という問題が起こる。

7.3.1　符号間干渉

電波をできるだけ多くの人が使えるようにするためには、各利用者

の使う周波数帯域幅をできるだけ狭くする必要がある。このため、伝送する信号の持つ最高周波数を一定の周波数以下に制限しなければならない。

　図7.24(a)のような幅 T のパルスを周波数帯域幅の制限された回路（例えば低域フィルタ）を通すと、その出力は高域の周波数成分がなくなることによって元のパルス波形より広がった同図(b)のような波形になる。このように広がったパルスは後に続くパルスに影響を与えて波形をくずしてしまう。このように、前後の符号間で発生する干渉を**符号間干渉**（**ISI**）という。

　パルス伝送では、この符号間干渉が起こると正しい情報を送ることができなくなる。しかし幸いなことに、帯域制限しても符号間干渉が起きない方法がある。非常に細いパルス1本を遮断周波数が f_c の理想低域フィルタを通したときの出力波形を見ると、同図(c)のように $T_0 (= 1/(2f_c))$ の整数倍の時間 nT_0（n：整数）において成分が0になる。すなわち、nT_0 の時間に別の細いパルスを挿入しても互いに影響しない。このように、間隔が T_0 のパルスを理想フィルタに通せば符号間干渉なしで必要な帯域制限ができるので、このようなパルスで搬送波を変調すると電波の周波数幅を一定の帯域内に収めることができる。

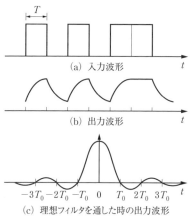

(a) 入力波形

(b) 出力波形

(c) 理想フィルタを通した時の出力波形

図7.24　帯域制限されたパルス波形

7.3.2　ロールオフフィルタ

　上記の説明で使った理想フィルタは、目的の帯域内の周波数は減衰することなくすべて通し、帯域外の周波数は全く通さないというフィルタであるが、このようなフィルタは実現不可能である。そこで、制

限を少しゆるめた実現可能なフィルタを考える。図7.25は低域フィルタの減衰特性であり、横軸は周波数、縦軸は信号の通過量を表していて、1は全量通過を意味する。したがって、理想フィルタの特性は遮断特性が垂直な長方形になる。理想フィルタと同様の働きをする実現可能なフィルタの特性は、図のように遮断周波数f_cを中心にして形が対称でなければならない。その特性は色々考えられるが、そのうち、図のような特性を持つフィルタを**ロールオフフィルタ**という。このフィルタの遮断特性の傾斜の割合を表すために**ロールオフ率**、$\alpha = f_a/f_c$を定義すると、$\alpha = 0$のとき理想フィルタで、αが増えるに従って帯域幅の広いフィルタになる。

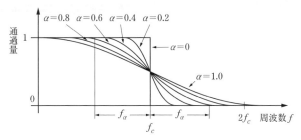

図7.25　低域フィルタの特性

　図7.26はαを変えてロールオフフィルタにパルスを通したときの出力波形の例であり、αを大きくするほど$T_0 (= 1/(2f_c))$以後に続く波形が小さくなることが分かる。したがって、通過帯域幅は広がるが符号間干渉を起こす可能性は少なくなる。一方、図7.25から分かるよう

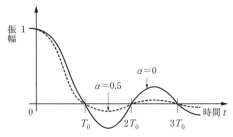

図7.26　ロールオフフィルタの出力波形例

に、αを小さくするほど通過帯域幅が狭くなるため、パルス波形が方形ではなくなり形がくずれて符号間干渉を起こす可能性が大きくなる。このように符号間干渉と通過帯域幅とはトレードオフの関係にあり、実際には、伝送回線の要求に応じたロールオフ率が選ばれることになる。

　次の記述は、QAM のデジタル信号の帯域制限に用いられるロールオフフィルタ等について述べたものである。　　内に入れるべき字句の正しい組合せを下の番号から選べ。ただし、デジタル信号のシンボル（パルス）期間長を T〔s〕とし、ロールオフフィルタの帯域制限の傾斜の程度を示す係数（ロールオフ率）を α（$0 \leqq \alpha \leqq 1$）とする。

(1)　遮断周波数 $1/(2T)$〔Hz〕の理想低域フィルタ（LPF）にインパルスを加えたときの出力応答は、中央のピークを除いて　A　〔s〕ごとに零点が現れる波形となる。この間隔でパルス列を伝送すれば、受信パルスの中央でレベルの識別を行うような検出に対して、前後のパルスの影響を受けることなく符号間干渉を避けることができる。

(2)　理想 LPF の実現は困難であり、実際にデジタル信号の帯域制限に用いられるロールオフフィルタに、入力としてシンボル期間長 T〔s〕のデジタル信号を通すと、その出力信号（ベースバンド信号）の周波数帯域幅は、　B　〔Hz〕で表される。また、無線伝送では、ベースバンド信号で搬送波をデジタル変調（線形変調）するので、その周波数帯域幅は、　C　〔Hz〕で表される。

	A	B	C		A	B	C
1	T	$\dfrac{1-\alpha}{2T}$	$\dfrac{1-\alpha}{T}$	2	T	$\dfrac{1+\alpha}{2T}$	$\dfrac{1-\alpha}{T}$
3	T	$\dfrac{1+\alpha}{2T}$	$\dfrac{1+\alpha}{T}$	4	$2T$	$\dfrac{1+\alpha}{2T}$	$\dfrac{1-\alpha}{2T}$
5	$2T$	$\dfrac{1-\alpha}{2T}$	$\dfrac{1+\alpha}{T}$				

次の記述は、2相位相変調（BPSK）の復調器に用いられる基準搬送波再生回路の原理について述べたものである。□□□内に入れるべき字句の正しい組合せを下の番号から選べ。なお、同じ記号の□□□内には、同じ字句が入るものとする。

(1) 図1において、入力のBPSK波e_iは、式①で表され、図2(a)に示すように位相が0又はπ〔rad〕のいずれかの値をとる。ただし、e_iの振幅を1〔V〕、搬送波の周波数をf_c〔Hz〕とする。また、2値符号sは"0"又は"1"の値をとり、搬送波と同期しているものとする。

$$e_i = \boxed{\text{ A }} \text{〔V〕} \qquad \cdots ①$$

(2) e_iを二乗特性を有するダイオードなどを用いた2逓倍器に入力すると、その出力e_oは、式②で表される。ただし、2逓倍器の利得は1とする。

$$e_o = (\boxed{\text{ A }})^2 = \frac{1+\cos 2(2\pi f_c t + \pi s)}{2}$$
$$= \frac{1}{2} + \frac{1}{2}\cos(4\pi f_c t + 2\pi s) \text{〔V〕} \qquad \cdots ②$$

式②の右辺の位相項は、sの値によって0又は$\boxed{\text{ B }}$の値をとるので、式②は、図2(b)に示すような波形を表し、$2f_c$〔Hz〕の成分を含む信号が得られる。

(3) 2逓倍器の出力には、$2f_c$〔Hz〕の成分以外に雑音成分が含まれているので、通過帯域幅が非常に$\boxed{\text{ C }}$フィルタ（BPF）で$2f_c$〔Hz〕の成分のみを取り出し、位相同期ループ（PLL）で位相安定化後、その出力を1/2分周器で分周して図2(c)に示すような周波数f_c〔Hz〕の基準搬送波を再生する。

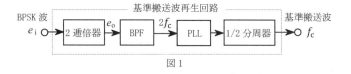

図1

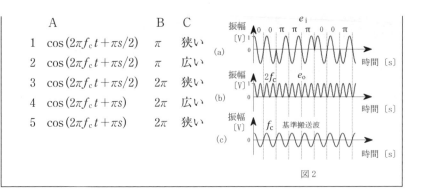

	A	B	C
1	$\cos(2\pi f_c t + \pi s/2)$	π	狭い
2	$\cos(2\pi f_c t + \pi s/2)$	π	広い
3	$\cos(2\pi f_c t + \pi s/2)$	2π	狭い
4	$\cos(2\pi f_c t + \pi s)$	2π	広い
5	$\cos(2\pi f_c t + \pi s)$	2π	狭い

図2

練 習 問 題 Ⅲ　　平成30年1月施行「二陸技」（A－3）

次の記述は、BPSK（2PSK）信号及びQPSK（4PSK）信号の信号空間ダイアグラムについて述べたものである。□□内に入れるべき字句の正しい組合せを下の番号から選べ。ただし、信号空間ダイアグラムとは、信号点配置図である。また、信号点間距離は、雑音などがあるときの信号の復調・識別の余裕度を示すもので、信号空間ダイアグラムにおける信号点の間の距離のうち、最も短いものをいう。

(1) 図1に示すBPSK信号の信号空間ダイアグラムにおいて、信号点間距離は①で表される。また、図2に示すQPSK信号の信号空間ダイアグラムにおいて、信号点間距離は┃ A ┃で表される。

(2) BPSK信号及びQPSK信号の信号点間距離を等しくして妨害に対する余裕度を一定にするためには、QPSK信号の振幅 A_4〔V〕をBPSK信号の振幅 A_2〔V〕の┃ B ┃倍にする必要がある。

	A	B
1	②	2
2	②	$\sqrt{3}$
3	②	$\sqrt{2}$
4	③	2
5	③	$\sqrt{2}$

図1 BPSK信号空間ダイアグラム　　図2 QPSK信号空間ダイアグラム

練習問題・解答	Ⅰ	3	Ⅱ	5	Ⅲ	3

多重通信

　一つの伝送路を使って同時に多くの情報を送受する通信を多重通信という。例えば、都市間の多数の電話回線をまとめて１本のマイクロ波回線や光ファイバー（公衆通信）で結ぶ方法が代表的な多重通信である。この章では、多重通信の種類や構成、特徴などについて学ぶ。

8.1　多重方式の種類

　情報をそのまま電気信号に変えたとき、その信号が持つ周波数範囲をベースバンドといい、その信号をベースバンド信号という。例えば、我々が会話で通常使う周波数範囲は約 $0.3\sim3.4$〔kHz〕であるから、これをそのまま電気信号に変えて電話回線で使ったときの周波数範囲がベースバンドである。ただし、実際の電話回線のベースバンドは余裕を見て 4〔kHz〕としている。昔はベースバンド信号で個々の電話回線を使っていたが回線の使用効率が悪い。回線を効率良く使うためには多数の電話をまとめて一つの回線で送ればよいが、ベースバンド信号のままでは互いに干渉して実用にならない。そこで、図8.1(a)のように、一つの回線を周波数が異なる搬送波 f_1、f_2、…で多数のチャネルに分割し、その搬送波を各ベースバンド信号で変調する方法が採られている。これを**周波数分割多重**（FDM：frequency division multiplex）という。

　図8.1(b)は、一つの回線を時間で分割したチャネルに各信号を割り当てる方式であり、使用時間は制限されるが使用できる周波数範囲は広い。これを**時分割多重**（TDM：time division multiplex）という。

　図8.1(c)は、各チャネルの信号をそれぞれ異なる符号で変調するこ

とで時間と周波数に制限されずに一つの回線を使用できる方式であり、**符号分割多重**（CDM：code division multiplex）と呼ばれる。

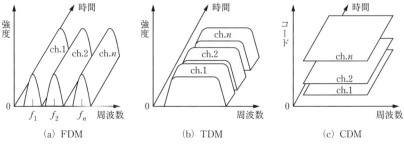

(a) FDM   (b) TDM   (c) CDM

図8.1　多重方式の種類

8.2　周波数分割多重

　周波数の分割方法は種々あるが、ここでは異なる周波数の**副搬送波**★（サブキャリア）を各ベースバンド信号でそれぞれ変調する方法を説明する。例えば、図8.2のように、12〔kHz〕の副搬送波を電話 A の信号で変調して SSB 波（図では USB）を作り、次にこの副搬送波から 4〔kHz〕上に離れた16〔kHz〕の副搬送波で電話 B の SSB 波を作り、さらに 4〔kHz〕離れた20〔kHz〕の副搬送波で電話 C の SSB

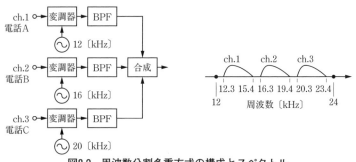

図8.2　周波数分割多重方式の構成とスペクトル

★副搬送波：電波以外の搬送波で、送信機内部で種々の変調に使われる高周波。これに対して、電波の搬送波を主搬送波と言うことがある。

波を作る。このようにすると、同図の周波数分布のように各チャネルの信号が 4〔kHz〕の間隔で並び互いに干渉することはない。実際の回線では、多数のチャネルを一つにまとめるために、上記のような 3 チャネルのグループを多数作り、これらのグループの信号でさらに周波数の高い副搬送波、24〔kHz〕、36〔kHz〕などを SSB 変調する。これを数段繰り返すことにより、例えば、7〔GHz〕帯マイクロ波回線の帯域幅 300〔MHz〕を 4〔kHz〕ごとに周波数分割した多重回線を構成している。ケーブルテレビも周波数分割多重の例である。

8.3 時分割多重

図8.3の原理図のように、送信側と受信側の回転スイッチ S1 と S2 を同期させて回転させると、図8.1(b)のように、時間的に分割された 3 本のチャネルを作ることができる。各チャネルのパルス信号と伝送路信号、同期信号の関係を図8.4に示す。

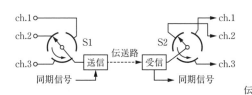

図8.3 時分割多重方式の原理　　**図8.4 各チャネルの信号の時間関係**

実際のシステムでは、回転スイッチの代わりに電子回路で作ったパルスにより各チャネルの切り換えを行っている。チャネル数を多くするには各チャネルのパルス幅を狭くし、繰返し周期を短くすればよいが限度がある。信号の最高周波数 f_m を 4〔kHz〕とすれば、繰返し周期 T は理論的に、

$$T = \frac{1}{2f_m} = \frac{1}{2 \times 4 \times 10^3} = 0.125 \times 10^{-3} \text{〔s〕} \qquad \cdots (8.1)$$

すなわち、125〔μs〕である。

8.3.1　PCM 符号の多重化原理

　図8.5は n 個のチャネルのアナログ信号を PCM 多重化する場合のシステム構成を示す。

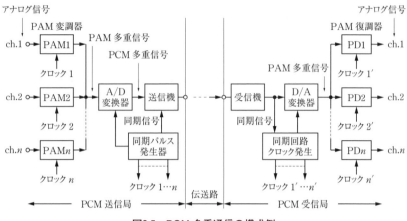

図8.5　PCM 多重通信の構成例

　同図より、送信側では、各チャネルのアナログ信号をそれぞれ一定時間ずらして125〔μs〕（1フレーム）ごとにサンプリング（図8.6参照）し、PAM 変調器で PAM 信号を作る。作られた各チャネルの PAM 信号をまとめて PAM 多重信号にし、これを A/D 変換器で PCM 多重信号に変えてから送信機で高周波パルスに変換して伝送路へ送り出す。このとき、各チャネルの信号が互いに重ならないようにするために、同期パルス発生器で発生したパルス（クロック1、クロック2、…）で PAM 変調器と A/D 変換器を制御するとともに、同期信号を PCM 多重信号に付け加えて送る。図8.6に各信号相互の時間関係を示す。

　受信側では、送られてきた同期信号を使って同期パルスを作り、これにより D/A 変換器を制御し、PCM 多重信号から PAM 多重信号に変換するとともにチャネルごとに振り分けて PAM 復調器で元のアナログ信号に戻す。

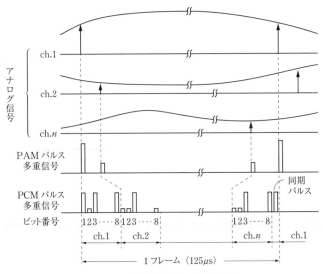

図8.6　各信号間相互の時間的関係

8.3.2　多重信号の同期

　パルスの同期は、送信したときのパルスの時刻と受信した同じパルスの時刻を一致させることである。時間的に多重化されて送られて来たパルス信号は連続しているので、受信側ではその先頭の位置が分からなければ信号を分離することができない。そこで、PCM 通信では必ず同期が必要になる。その方法は種々あるがここではその主なものについて述べる。

⑴　ビット同期

　送信側から送られる PCM パルスは、図8.6の最下部のように、パルスがない時があるのでこのままでは同期信号として使えない。そこで受信側で、図8.7のように、受信した PCM パルスの繰返し周波数 f（$= 1/T$、T：パルス周期）に共振するように作られた同調回路を使って、周波数 f に同期した正弦波を作り出し、これ

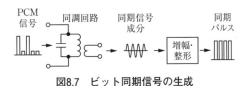

図8.7　ビット同期信号の生成

を増幅、整形して同期パルスを作る。同調回路のコイルの抵抗が小さいと、同調回路に1本のパルスが入っただけで共振振動が長く続くので、パルスがない時でもある程度のあいだ連続した同期信号を作ることができる。この同期信号に、受信したPCMパルス（各ビットのパルス）を合わせて同期をとる方法を**ビット同期**という。

(2) **フレーム同期**

前項で述べたように、一つのフレームの中には n チャネルのPCMパルスが決まった順番で並べられている（図8.6の最下部参照）。したがって、フレームの先頭の位置が分かれば各チャネルを分離することができる。このフレームの先頭の位置を決める方法が**フレーム同期**であり、PCMパルスとは別のパルス（フレーム同期信号）を使う。フレーム同期信号は各フレームの先頭に挿入されている。この同期信号はフレーム同期検出器によって検出され、これによってフレームの先頭の位置が決められる。送信側と受信側は、自分達が使うチャネルがフレームの先頭から何番目であるかを決めて通信を行う。

(3) **スタッフ同期**

電話回線のような回線網に多数の端局が接続されている多重回線では、それぞれの端局のクロック周波数と回線網のクロック周波数は一致していなければならないが、精度良く一致させることは非常に困難である。このような場合には、各端局で別々に作ったクロックパルスによる独立同期を使う方法がある。独立同期には種々の方法があるが、ここではスタッフ同期について説明する。

送信側のクロックパルスの周波数を f_1、回線網のクロック周波数を f_0 とし、f_1 は f_0 より少し遅いクロック周波数とする。送信側では、送るパルス信号を一定量一旦メモリに蓄積し、これを f_0 で読み出して送信する。すると、蓄積したデータを f_1 で読み出すよりも少し早い時間で読み出してしまうので、そこに図8.8のように、信号とは無関係のパルスを一つ挿入し、挿入したことを受信側へ知らせる。この挿入したパルスを**スタッフパルス**という。受信側ではスタッフパルスを取り除き、パルス信号を一旦メモリに蓄積した後 f_1 で読み出して

元の情報を復調する。

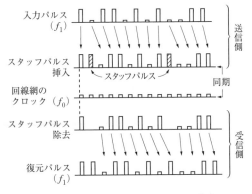

図8.8　スタッフパルスの挿入と削除

8.3.3　伝送速度と誤り率

(1)　伝送速度

　一つの回線を効率良く使うために、単位時間に送る情報（パルス）をできるだけ多くすることが必要である。パルスを送る場合、単位時間に送るパルスの数を**ビットレート**といい、単位を〔bps〕で表す。また、単位時間に送る符号（シンボル）の数を**シンボルレート**といい、単位を〔sps〕で表す。シンボルは、例えば「101」のように意味のある一つの情報であり、この場合3〔bit〕で1シンボルが構成されていることになる。したがって、b〔bit〕で構成されているシンボルのシンボルレートがn〔sps〕であれば、ビットレートに換算すると$b \times n$〔bps〕になる。

(2)　誤り率

　PCM信号は多数の同じ大きさのパルスの有無によって構成されている。これらのパルスが送出され受信された場合、伝送途中で欠落したり、逆に付け加えられたりすることによって誤りを生じる。その誤りの程度を評価するために**ビット誤り率**（**BER**）が使われる。BERは次式によって求められる。

$$BER = \frac{誤ったパルス数}{全送信パルス数} = \frac{測定時間中に誤ったパルス数}{(ビットレート) \times (測定時間)} \cdots (8.2)$$

多くの場合、PCM 信号は一定数のパルスの組み合わせ（符号）によって信号としての意味を持つので、符号の中のどのビットが誤っても、いくつ誤っても一つの符号が誤ったことになる。このような符号の誤りの程度を表すものとして**符号誤り率**がある。

これらの誤り率は、受信機内部の測定点によって異なる。例えば、検波直後と誤り訂正後、または符号に戻した後など。

8.4　符号分割多重

この方式は一般に CDM と呼ばれているが、信号波から変換した PCM 信号を送信波にするとき、周波数帯幅を極端に広げる変調（**スペクトル拡散変調**または周波数拡散変調という）を行うことから**スペクトル拡散多重**と呼ばれることもある。図8.1(c)は CDM の説明図であり、周波数帯幅は非常に広く、また時間も制限がない。この多重法ではスペクトル拡散変調をするときに各チャネルのユーザに異なる符号を割り当てることで回線を分割している。

8.4.1　スペクトル拡散変調

通信を行うとき、信号電力 S と雑音電力 N が一定であれば（S/N が一定）通信容量は信号の帯域幅に比例することがシャノン（アメリカの電子工学者）によって明らかにされている。我々が使う SSB などの通常の通信では、信号強度 S が雑音強度 N より小さければ（$S/N<1$ のとき）信号を検出することは困難とされているが、シャノンの理論によると $S/N<1$ であっても信号の周波数帯幅を広くすれば検出できることになる。この周波数帯幅を極端に広げる技術がスペクトル拡散変調であり、代表的な変調方式として直接拡散方式と周波数ホッピング方式がある。

(1) 直接拡散方式

直接拡散方式は、図8.9のように、最初に、音声などの信号で搬送波をPSKなどの通常の変調（**情報変調**という）を行い、次に非常に高い繰返し周波数の細いパルスでさらに変調（これを**拡散変調**という）を行ってから送信する。細いパルスで変調することにより、送信波の周波数帯幅はパルス幅に反比例して非常に広く拡散（情報変調で得られた周波数帯幅の数百～数千倍に拡散）される。なおこの場合、情報変調を**1次変調**、拡散変調を**2次変調**ということがある。この拡散変調に使うパルス列を**拡散符号**といい、通常 **PN符号**（**擬似雑音符号**）と呼ばれる拡散符号が使われている。送信の時に使った拡散符号は受信のときにも同じ拡散符号を使って復調（**逆拡散**という）される。送信と異なる拡散符号を使って受信しても、送信した情報を再現できないので通信の秘密が守られる。すなわち、各ユーザに異なる拡散符号を割り当てれば周波数や時間に関係なく通信ができることになる。また、図8.9に示すように、伝搬途中で混信や雑音などの狭帯域信号★が入ってきても、受信されて逆拡散されると、信号は狭帯域信号に戻るが混信や雑音は拡散されてしまう。このように、スペクトル拡散変調は混信や雑音に対して強い通信方式である。

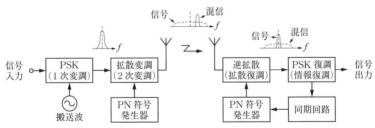

図8.9　直接拡散方式の構成

(2) 周波数ホッピング方式

周波数ホッピング方式は、拡散変調で使う搬送波の周波数を高速で

★狭帯域信号：信号が持つ周波数帯幅が狭い信号。例えば、AM、FM、PSKなどの変調による信号。拡散されて広がった信号に対して使われる。

ランダムに広範囲にわたって変化（ホッピング）させる。ホッピングには規則はないが、各局固有の変化パターン（**ホッピングパターン**）であり、受信には同じホッピングパターンを使わなければ正しく復調できない。図8.10(a)にホッピングパターンの例と同図(b)にその動作を示す。したがって、異なるホッピングパターンを各ユーザが使えば多元接続ができることになる。この方式の多元接続では、他のユーザと瞬間的に同じ周波数になること（衝突）が起こる場合があるので、符号誤りが発生することがある。このため、誤り訂正が必ず必要になるが、直接拡散方式と同様に混信や雑音などの障害に強く、また通信の秘密も守られる。

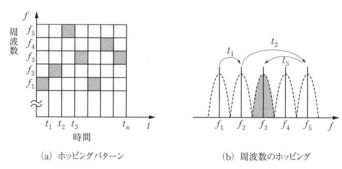

(a) ホッピングパターン　　　(b) 周波数のホッピング

図8.10　周波数ホッピング方式の原理

8.5　直交周波数分割多重

直交周波数分割多重は OFDM とも呼ばれ、通常の QPSK 変調を行った後、さらに、直交性を利用したきわめて密度の高い FDM（周波数分割多重）信号にする方式である。

8.5.1　OFDM で使用されている技術

OFDM 波の生成について説明する前に、OFDM を理解するのに必要な知識と使用されている技術について解説する。

⑴　直交性

　パルス波形は非常に多くの周波数の正弦波が合成されてできていて、それらの正弦波の間には一定の規則がある。その規則はパルス列をフーリエ級数展開してみれば分かる。例えば、周期が T で幅が τ、$\tau/T = 1/3$ のパルス列をフーリエ級数展開して、それを図にすると図8.11のようになる。この図の縦線がそれぞれの周波数における正弦波を表していて、その大きさは周波数に対して破線（包絡線）のように変化する。負の値は正弦波の位相が180°変わったことを意味する。周波数間隔 f_0 は一定であり、$f_0 = 1/T$ で与えられる。また、正弦波が 0 になる周波数も等間隔 $f_B (= 1/\tau)$ で並んでいる。ここで、f_B の整数倍の周波数 nf_B（n は整数）で正弦波が 0 になることが重要である。

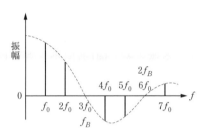

図8.11　パルスのフーリエ級数展開

　すなわち、パルス幅 τ のパルスで周波数 f_C の搬送波を変調すれば、$f_C \pm nf_B$ の周波数で正弦波が 0 になる。一方、同じパルス幅 τ の別のパルスで周波数 $f_C - f_B$ の搬送波を変調すれば、$f_C - f_B \pm nf_B$ の周波数で正弦波が 0 になるので、$n = 1$ とすれば f_C でも 0 になることが分かる。すなわち、この二つの搬送波（f_C と $f_C - f_B$）の信号を合成しても二つのパルスは互いに影響しないことになる。このことは、パルス幅 τ で変調した複数の搬送波を f_B 間隔で合成しても互いのパルスは干渉しないことを意味する。

　搬送波の周波数相互の間にこのような関係があることを**直交性**がある、または直交しているという。直交性は複数の高周波パルスの間で成立するので、直交関係にある複数の高周波パルスをいくら多く合成しても互いに干渉することはない。

⑵　信号の直交性を利用した多重化

　通常のパルス伝送（FDM）では、となりの周波数の信号と干渉し

ないように、となりの側波帯との間に使用禁止周波数帯（ガードバンド）が設けられている。しかし、周波数の直交性を使えば、側波帯が互いに重なり合っていても相互の信号が影響することはない。OFDM では、この直交性を使って、非常に高密度の周波数多重化を行っている。また、搬送波の変調には位相を変える方法（PSK）を使っている。

⑶ IFFT

ある一つの信号を表現する方法には、波形による表現と周波数による表現がある。例えば、振幅が A で周波数が f の正弦波を表現する方法は、通常は図8.12(a)のように縦軸を振幅、横軸を時間にとって波形を描くが、同図(b)のように横軸を周波数にして描いても全く同じ正弦波を表していることになる。図(a)を時間的な表現または時間領域による表現、図(b)を周波数的な表現または周波数領域での表現と言っている。この二つの表現法の変換には数学的手法が使われる。すなわち、時間領域の波形を周波数領域の信号に変換する計算処理法をフーリエ変換（FT）、この逆の周波数領域の信号から時間領域の波形に変換する計算処理法を逆フーリエ変換という。これらのフーリエ変換をデジタル処理によって高速に行う方法を高速フーリエ変換（FFT）、その逆変換を高速逆フーリエ変換（IFFT）という。スペクトルアナライザ（スペアナ、14.6.2項参照）は時間領域の信号をFFTによって周波数領域の信号に変換してディスプレイに描く測定器であり、図8.12(b)と同様の映像が得られる。

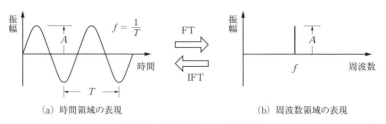

(a) 時間領域の表現　　　　　　　　(b) 周波数領域の表現

図8.12　正弦波の二つの表現法

8.5.2 OFDM 波の生成

OFDM 波は直交関係にある多数の高周波パルスを合成したものであり、その生成法を、ここでは簡単のため、2〔bit〕の入力信号を例にして説明する。図8.13は OFDM 波を作る方法の概略を描いたものであり、図中の IFFT により周波数領域の多数の信号を合成して一つの時間領域の信号 OFDM 波が作られる。IFFT は多数の信号を同時に入力（並列入力）して処理しなければならないので、図のように「01」、「00」のようなデジタル信号が順番に（直列に）入力される場合には直並列変換をする必要がある。直並列変換回路で並列になった各デジタル信号は、デジタル変調器 $M_1 \sim M_m$ に同時に入れられて、異なる周波数の副搬送波をそれぞれデジタル信号によって位相変調（QPSK など）する。ただし、副搬送波の各周波数は nf_0（$n = 1, 2, 3 \cdots m$、$f_0 = 1/T$〔Hz〕、T：シンボル長、例えば $T = 1$〔ms〕のとき $f_0 = 1$〔kHz〕）である。位相変調された m 個の副搬送波（周波数領域の信号）は IFFT 回路に入れられ時間領域のデジタル信号 $H(t)$ となって出力される。このデジタル信号は D/A 変換回路によって長さが T〔s〕のアナログ波（OFDM 波）となって出力される。

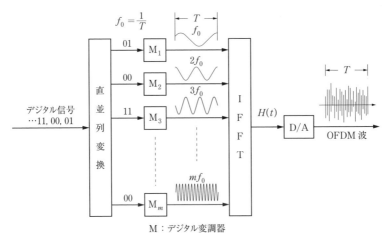

図8.13　OFDM 波の生成

第8章

多重通信

175

8.5.3 OFDM 波の特徴

　図8.14は、位相変調された各副搬送波と、それらを合成して作られた OFDM 波を時間領域と周波数領域で描いたものである。図8.13において、左から入ってきたデジタル信号「01」、「00」…（合計 m 個）によって変調された m 個の副搬送波が IFFT によって合成されると、図8.14(a)最下段に示すように、雑音のような形をした長さが T の一つの OFDM 波になる。次に続くデジタル信号は再度 M_1〜M_m に入れられて、同様に長さが T の一つの OFDM 波になり、先の OFDM 波につなげられる。以下同様にして、シンボル長 T の多数の OFDM 波が次々に接続されて送信機から送出される。

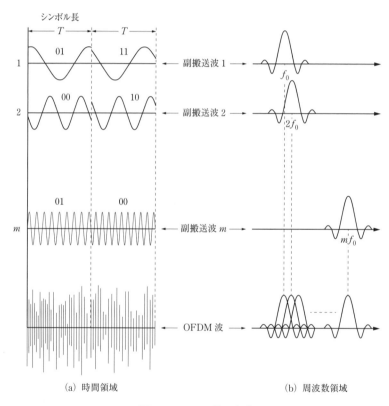

(a) 時間領域　　　　　　　　(b) 周波数領域

図8.14　OFDM 波の合成

第8章 多重通信

176

このように、OFDM 信号は m 個のデジタル信号を多数の副搬送波に振り分けることにより T〔s〕（例えば 1〔ms〕）の間に同時に送ることができる。もし、同じ m 個のデジタル信号を TDM で送ろうとすれば、一つのデジタル信号を T/m〔s〕の間に送らなければならないから TDM 信号の帯域幅が広くなるばかりでなく、瞬間的な雑音にも大きく影響される。これに比べて OFDM 信号は同じ量のデジタル信号を T〔s〕で送るので、伝搬路中で生ずる色々な障害に対して強い抵抗力を持つという特徴がある。また、周波数分布は図8.14(b)最下段に示すように、振幅の等しい多数の副搬送波を等間隔に並べたものであるので、OFDM 波の全帯域幅は最も低い副搬送波から最も高い副搬送波までの周波数範囲よりわずかに広いだけである。したがって、周波数分布のすそが広がらないため周波数の利用率がよい特徴がある。

OFDM の特徴をまとめると、

① 周波数の利用効率が高い

　　副搬送波相互に直交性があるため、各副搬送波の周波数間隔を狭くして高密度の周波数分布にでき、割り当てられた周波数範囲いっぱいまで使える。

② 符号誤り率を少なくできる

　　シンボル長を長くできるので、伝搬路中で生じる雑音や反射波の影響を取り除くことが可能である。

③ 通常の FDM 受信機に比べて回路を簡略にできる

　　通常の FDM 受信機で必要な、伝送路で生じる波形ひずみを補正する等価器と、搬送波を分離するフィルタを省略できる。

④ 送信機の性能に対する要求がきびしくなる

　　OFDM 波は位相の異なる多数の副搬送波を合成したものであるから、位相がばらばらの場合は平均的な送信電力になるが、位相が一致したときには非常に大きな電力が必要になる。この電力比を**ピーク対平均電力比**（**PAPR**：peak to average power ratio）という。このため送信機は、ときどき生じる大きな電力もひずみなく増

幅することのできる直線電力増幅器が必要になる。

⑤　高速に移動する送受信機には使えない

　　高速に移動する送信機または受信機では電波にドップラー偏移が
生じて周波数が変化するので、副搬送波間の直交性がくずれてしま
い OFDM 信号ではなくなる。

練　習　問　題　I	平成28年1月施行「二陸技」（A‑3）

OFDM（直交周波数分割多重）において原理的に伝送可能な情報の
伝送速度（ビットレート）の最大値として、正しいものを下の番号から
選べ。ただし、情報を伝送するサブキャリアの変調方式を64QAM、サ
ブキャリアの個数を1,000個及びシンボル期間長を 1〔ms〕とする。また、
ガードインターバル及び情報の誤り訂正などの冗長な信号は付加されて
いないものとする。

　　1　4〔Mbps〕　　　2　6〔Mbps〕　　　3　8〔Mbps〕
　　4　10〔Mbps〕　　 5　12〔Mbps〕

次の記述は、スペクトル拡散（SS）通信方式について述べたものである。このうち誤っているものを下の番号から選べ。

1　直接拡散方式は、一例として、デジタル信号を擬似雑音符号により広帯域信号に変換した信号で搬送波を変調する。受信時における狭帯域の妨害波は、受信側で拡散されるので混信妨害を受けにくい。

2　周波数ホッピング方式は、搬送波周波数を擬似雑音符号によって定められた順序で時間的に切り換えることにより、スペクトラムを拡散する。

3　周波数ホッピング方式は、狭帯域の妨害波により搬送波が妨害を受けても、搬送波がすぐに他の周波数に切り換わるため、混信妨害を受けにくい。

4　直接拡散方式は、送信側で用いた擬似雑音符号と異なる符号でしか復調（逆拡散）できないため秘話性が高い。

5　通信チャネルごとに異なる擬似雑音符号を用いる多元接続方式は、CDMA方式と呼ばれる。

最高周波数が3〔kHz〕の音声信号を標本化及び量子化し、16ビットで符号化してパルス符号変調（PCM）方式により伝送するときの通信速度の最小値として、正しいものを下の番号から選べ。ただし、標本化は、標本化定理に基づいて行う。また、同期符号等は無く、音声信号のみを伝送するものとする。

1　48〔kbps〕　　2　96〔kbps〕　　3　192〔kbps〕
4　288〔kbps〕　　5　384〔kbps〕

第8章
多重通信

179

次の記述は、直交周波数分割多重（OFDM）方式について述べたものである。　　内に入れるべき字句の正しい組合せを下の番号から選べ。

(1) 各サブキャリアを直交させてお互いに干渉させずに最小の周波数間隔で配置している。サブキャリアの間隔を ΔF〔Hz〕とし、シンボル長を T〔s〕とすると直交条件は、　A　である。

(2) サブキャリア信号のそれぞれの変調波がランダムにいろいろな振幅や位相をとり、これらが合成された送信波形は、各サブキャリアの振幅や位相の関係によってその振幅変動が大きくなるため、送信増幅では、　B　で増幅を行う必要がある。

(3) シングルキャリアをデジタル変調した場合と比較して、伝送速度はそのままでシンボル長を　C　できる。シンボル長が　D　ほどマルチパス遅延波の干渉を受ける時間が相対的に短くなり、マルチパス遅延波の干渉を受けにくくなる。

	A	B	C	D
1	$\Delta F/T = 1$	非線形領域	長く	長い
2	$\Delta F/T = 1$	線形領域	長く	長い
3	$T = 1/\Delta F$	非線形領域	短く	短い
4	$T = 1/\Delta F$	線形領域	長く	長い
5	$T = 1/\Delta F$	線形領域	短く	短い

練習問題・解答	Ⅰ	2	Ⅱ	4	Ⅲ	2	Ⅳ	4

デジタル無線伝送

空気中などの自然界を伝送路として使う無線伝送では、自然界で
発生する雑音などの多くの障害を受ける。デジタル信号では、パル
スが一本誤って受信されても誤った情報になってしまうので、障害
によって発生する受信信号の劣化は非常に問題になる。しかし幸い
なことに、デジタル信号はアナログ信号と異なり、伝送中に発生し
た誤りを訂正できる。これによりデジタル無線伝送が可能になった
といえる。

9.1　誤り検出と誤り訂正

受信された信号が誤っているかどうかを判定するのが誤り検出であ
り、それを正しく訂正するのが誤り訂正である。受信側で誤りが検出
されたとき、それを訂正する方法には、同じデータの再送を送信側に
要求する ARQ と、再送を要求しないで受信側だけで訂正する FEC
がある。

9.1.1　自動再送要求

自動再送要求は **ARQ**（automatic repeat request）とも呼ばれ、受
信側で誤りが検出されたとき自動的に送信側へ再送要求をする方式で
ある。この方式では、受信側から送信側へ再送の要求を送るための回
線（制御回線またはフィードバック回線）が必要になる。

⑴　STOP and WAIT 方式

通常、データを送る場合一つひとつ送るのでは効率が悪いので、あ
る程度まとめたブロックにして送る。誤り検出はこのブロック毎に行
う。図9.1は送受信間の情報のやりとりを横軸を時間軸にして描いた
ものである。同図では、最初、送信側からブロック１のデータが送ら

れて、受信側で誤り無しと判定されたので ACK という肯定応答が送信側へ送り返された。そこで、ブロック2が送られ、今度は誤り有りと判定されたので NACK という否定応答が返送された。送信側では、NACK を受け取るか、または一定時間経過しても ACK が届かない場合にはタイムアウトと判断して何度でも同じデータを再送する。この方式は簡単で確実であるが効率が悪い。

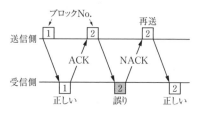

図9.1 STOP and WAIT 方式

(2) GO back N 方式

この方式は、前述の STOP and WAIT 方式の効率を改善するために、数個のブロックをまとめて送るようにしたものである。送信側では受信側からの応答にかかわらず数個のブロックを続けて送る。受信側では ACK/NACK とそのブロック番号を返送する。送信側では数ブロックを送り終わった後で受け取った NACK を調べ、最初のNACK のブロック以後のデータを再送する。例えば、1〜5ブロックをまとめて送ったとき4ブロック目に誤りがあったとすると、4ブロック以後のデータを再送する。この場合、前に送った5ブロック以後に誤りが無くてもすべて捨てられる。この方式は、回線品質が悪いと効率が悪くなるので、一定以上の品質がある回線に使われる。

(3) Selective Repeat 方式

この方式は、GO back N 方式の効率をさらに良くしようとするものであり、GO back N 方式で NACK の付けられているブロックのみ再送する方式である。このようにするには、NACK の付いたブロックが誤りなく受信されるまでの間、誤りのないブロックのデータを保管しておくための大きなメモリが受信側に必要になる。

9.1.2 パルス数による誤り検出法

送られてきた符号が誤っているかどうかを受信側で判定するには、判定に必要な信号が必要になる。この信号を**検査記号**または**検査ビッ**

トという。通常、正誤の判定は一定の長さに区切られたデータブロック毎に行うので、検査ビットはデータブロック毎に付けて送られる。このため、データブロックは情報以外の冗長（じょうちょう）な（余分な）ビットを持つことになり、情報を伝送する効率が悪くなるがやむを得ない。

(1)　パリティチェック

　検査ビットの一種である**パリティビット**はデータブロックの最後に付け加えられるパルス（2進数）である。例えば、データブロックが8〔bit〕の場合、図9.2(a)のように、aデータブロック「10100101」では最後の「1」がパリティビットである。同様に、bブロックでは「0」、cブロックでは「1」、すなわち、T_7列のビットがすべてパリティビットである。このパリティビットは次のように決められる。aブロックの場合、情報データは最初から7個目までの「1010010」であるので、この数値をすべて10進法で足し合わせると3になる。これは奇数であるので、パリティビットとして「1」を付け加えてデータブロック全体の合計の数値が偶数になるようにする。同様にして、bブロックでは偶数であるので「0」を、cブロックでは「1」をそれぞれ付け加える。このように、各データブロックの数値の合計を偶数にして送る。受信側では、受信したデータブロック毎に合計して、その値が奇数であればそのブロック内のどこかに誤りがあることが分かるから再送要求を行う。ただし、一つのデータブロック内に二つ以上の誤りがあるときには正しい判定はできない。

	T_0	T_1	T_2	T_3	T_4	T_5	T_6	T_7
a	1	0	1	0	0	1	0	1
b	0	0	1	1	1	0	1	0
c	1	1	0	0	0	1	0	1

$T_0 \sim T_6$：情報ビット、T_7：パリティビット
a、b、c：ブロック名

(a)　水平パリティ

	T_0	T_1	T_2	T_3	T_4	T_5	T_6	T_7
a	1	0	1	0	0	1	0	1
b	0	0	1	1	1	0	1	0
c	1	1	0	0	0	1	0	1
d	0	1	1	0	1	0	0	1
e	0	1	0	1	0	0	1	1
f	1	1	0	0	1	0	1	0
g	0	0	1	0	0	1	1	1
h	1	0	0	0	1	1	1	0

$T_0 \sim T_6$：情報ビット、a〜g：ブロック名
T_7、h：パリティビット（偶数パリティ）

(b)　水平垂直パリティ

図9.2　パリティチェック

以上のように、データブロック全体の合計の数値を偶数にする方法を**偶数パリティ**、また奇数にする方法を**奇数パリティ**という。このような検査方法を**パリティチェック**という。

　次に、図9.2(a)のデータブロックを a～h に広げた新しい図、同図(b)を考える。この図では、列方向（縦方向）についても上記同様にパリティチェックを行うことができる。図9.2(a)を使って説明した検査方法は行方向（横方向）パリティチェックであるので、これを**水平パリティ**と呼ぶ。これに対して列方向のパリティチェックを**垂直パリティ**と呼ぶ。垂直パリティでは h 行のすべてがパリティビットである。

　さらに、水平パリティと垂直パリティを同時に行う**水平垂直パリティ**がある。水平または垂直パリティ単独ではデータブロック内のどのビットが誤っているか特定できないが、水平垂直パリティではそれができる。例えば、b 行の水平パリティと T_n 列（$n = 0 \sim 6$）の垂直パリティが誤りを検出したとすれば、両者の交点のビットが誤っていることが分かる。このときの受信データが「0」であれば「1」に、「1」であれば「0」にそれぞれ変えれば正しいデータになる。このため再送してもらう必要はなくなるが、パリティチェック表と同じ量のデータを格納しておくメモリが受信側にも必要になる。

9.1.3　前方誤り訂正

　前方誤り訂正は **FEC**（forward error correction）とも呼ばれ、情報データに付けて送られる誤り検出に必要な符号（**誤り訂正符号**）を使って受信側だけで誤り検出と訂正を行う方式である。この方式では再送が無いので処理は速いが完全な訂正を行うことは困難な場合もある。しかし、多少の誤りがあっても訂正処理を速くすることを優先する場合、例えば動画や音楽のように、瞬間的な誤りがあっても全体の流れを重視する場合に使われる方式である。実用的には、録画された動画や録音などの再生、また無線通信では GPS やデジタル放送のような単向通信に使われている。

(1)　多数決判定

　同じ情報を 3 回以上繰り返して送り、受信側で同じものが多く受信された方を正しいとする判定方法である。例えば、「1」を送る場合、「1」を 3 回「111」のように送ったとき、受信側で「110」または「101」あるいは「011」が受信されたとすれば、いずれも「1」の方が「0」より多いので「1」が正しいと判定する。ただし、2 回以上誤ると、例えば「001」のようになれば判定が誤ってしまう。このような誤判定を少なくするには、送る回数を増やせばよいが、伝送する情報量の効率は悪くなる。この効率を表すものに符号化率がある。**符号化率**は一つの符号全体のビット数 n に対する情報ビット数 k の割合（k/n）である。例えば、上記の「111」を相手に送る一つの符号とすると、n は 3〔bit〕であり、k は 1〔bit〕であるから符号化率は1/3である。

(2)　ブロック符号

　情報データを一定の長さのブロックに区切り、その後に誤り訂正符号を付け加えた符号を**ブロック符号**という。誤り訂正符号は情報データを数学的に処理して作り出される。ブロック符号の代表的なものに**リード・ソロモン符号（RS 符号）**があり、誤り訂正能力が高いためデジタルテレビ放送や VTR、CD、DVD など多くの装置で使われている。図9.3は地上デジタル放送で使われている RS 符号の 1 ブロックの構成であり、RS（204,188）のように表す。かっこ内の数値は、1 ブロックの長さが204バイト★で、そのうち188バイトが情報データであることを意味している。したがって、その差16バイトが誤り訂正符号であり情報データの後に付け加えて送られる。RS 符号では、誤ったデータの位置を特定しそれを訂正することができ、また、バースト誤り（連続した誤り）に強い方式である。

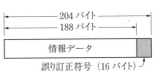

図9.3　RS 符号 1 ブロックの例

- -

★バイト：8 ビットを 1 バイトという。

185

第9章　デジタル無線伝送

(3)　畳み込み符号

畳み込み符号器はシフトレジスタと排他的論理和で構成されていて、入力された信号はその前後の信号と規則にしたがって混合され、複数の信号となって出力される。したがって、符号器を通った後の出力ビット数は入力数より増加するので、符号化率は小さくなる。この畳み込み符号を復号する方法は多数あるが、一般に多く使われている方法はビタビ復号法であり、受信された信号だけを使って規則にしたがって最も確からしい元の信号を推定する方法である。

9.1.4　インタリーブとデインタリーブ

符号の誤り方には、飛び飛びに発生する**ランダム誤り**と連続的に発生する**バースト誤り**がある。ランダム誤りは機器類の内部などで発生する熱雑音が主な原因であり、またバースト誤りは混信やフェージングなどが主な原因である。誤り訂正の手法には、前項で説明した方法のほかに多くの方法があり、ランダム誤りの訂正に適したもの、バースト誤りに適したもの、または両方が可能なものもある。しかし、一般にいえることは、バースト誤りの方が訂正はむずかしい。このため、バースト誤りを分散してランダム誤りに変換することが行われる。例

原信号書き込み方向 →　読み出し方向 ↓

a_0	a_1	a_2	a_3	a_4	a_5	a_6	a_7
b_0	b_1	b_2	b_3	b_4	b_5	b_6	b_7
c_0	c_1	c_2	c_3	c_4	c_5	c_6	c_7
d_0	d_1	d_2	d_3	d_4	d_5	d_6	d_7
e_0	e_1	e_2	e_3	e_4	e_5	e_6	e_7
f_0	f_1	f_2	f_3	f_4	f_5	f_6	f_7
g_0	g_1	g_2	g_3	g_4	g_5	g_6	g_7
h_0	h_1	h_2	h_3	h_4	h_5	h_6	h_7

(a) インタリーブ

読み出し方向 →　書き込み方向 ↓

a_0	a_1	a_2	a_3	a_4	a_5	a_6	a_7
b_0	$\boldsymbol{B}_1$	b_2	b_3	b_4	b_5	b_6	b_7
c_0	$\boldsymbol{C}_1$	c_2	c_3	c_4	c_5	c_6	c_7
d_0	$\boldsymbol{D}_1$	d_2	d_3	d_4	d_5	d_6	d_7
e_0	$\boldsymbol{E}_1$	e_2	e_3	e_4	e_5	e_6	e_7
f_0	f_1	f_2	f_3	f_4	f_5	f_6	f_7
g_0	g_1	g_2	g_3	g_4	g_5	g_6	g_7
h_0	h_1	h_2	h_3	h_4	h_5	h_6	h_7

(b) デインタリーブ

図9.4　インタリーブとデインタリーブのメモリの内容

えば、送ろうとしている 8〔bit〕の記号 $a \sim h$ があるとき、これを図9.4 (a)のようなメモリに横方向に書き込み、これを縦方向に読み出して送信する。このようにすることで、送信信号は元の記号を規則的に分散したものとなる。これを**インタリーブ**という。この信号を受信するときには、送信側と同じ大きさのメモリに、今度は縦方向に順番に書き込んで横方向に読み出す。これを**デインタリーブ**といい、このようにして元の記号に復元する。

ここで、インタリーブの効果について検証してみる。図9.4(a)において、インタリーブされて送り出される信号は「a_0、b_0、c_0、…、h_0、a_1、b_1、c_1、…」のようになる。もし、これを伝送しているときにバースト誤りが発生して、2列目の「b_1、c_1、d_1、e_1」がすべて誤り「B_1、C_1、D_1、E_1」のようになったとする。受信側では、これを受信してメモリの縦方向に書き込むから図9.4(b)のようになり、これをさらに横方向に読み出すと、「a_0、a_1、a_2、a_3、a_4、a_5、a_6、a_7、b_0、B_1、b_2、…、b_7、c_0、C_1、c_2、…、c_7、d_0、D_1、d_2、…、d_7、e_0、E_1、e_2、…」のようになる。すなわち、連続していた誤り「B_1、C_1、D_1、E_1」が分散されてランダム誤りに変換されたことになり、訂正が容易になる。

インタリーブを行うには送受信の両側に、図9.4に相当するメモリが必要になる。また、メモリに規定量（図9.4では 8×8）のデータを書き込まないと読み出しを開始できないので、伝送遅延が発生する。

インタリーブには、この他に時間的に分散する時間インタリーブ、周波数を一定帯域幅に区切って分散する周波数インタリーブなどがある。

9.2　多元接続

一つの中継器（**トランスポンダ**）を多数のユーザ（無線局）が同時に使用しなければならないような場合、時間や周波数を分割して各ユーザに割り当てる方法が採られる。これを**多元接続**という。多元接

続の主なものに周波数分割多元接続、時分割多元接続、符号分割多元接続がある。

9.2.1　周波数分割多元接続

周波数分割多元接続は FDMA（frequency division multiple access）とも呼ばれ、FDM と同様にして、中継器が持つ広い周波数帯域幅を必要最小限の帯域幅に区切って各ユーザに割り当てて使用させる方式である。この場合、各ユーザが決められた帯域幅を守れば問題ないが、過変調や機器の故障などによって帯域幅が規定値より広がり、となりのチャネルに妨害を与える可能性がある。これを防ぐために、図9.5のように、となりのチャネルとの間に使用禁止の周波数帯を設けている。この帯域を**ガードバンド**という。

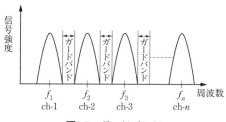

図9.5　ガードバンド

　この方式では、一つの増幅器（中継器）で多数の搬送波周波数（チャネル）を同時に増幅することになり、相互変調ひずみの発生原因になる。相互変調ひずみは増幅器の非直線特性によって発生するものであるから、これを防ぐには直線性の良い高価な増幅器を使うか、増幅器の特性曲線の直線部分（中央部分）だけを使わなければならない（図9.6参照）。特性曲線の直線部分だけを使うには、入力信号の振幅を通常より小さくする（これを**バックオフ**という）ことが必要である。このため、中継器で使う電力増幅器の電力効率が悪くなる。また、中継器に接続する局数（**アクセス数**）が増加するにつれて中継器の伝送容量が減少するので、中継器を同時に使用するユーザ数が少ないネットワークに向いている。

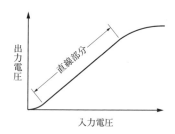

図9.6　増幅器の特性曲線

9.2.2 時分割多元接続

時分割多元接続は **TDMA**（time division multiple access）とも呼ばれ、TDM と同様に、一定間隔で小さく区切った時間を各ユーザに周期的に割り当てる方式である。全ユーザ（局）は同じ広い周波数帯を使い、各ユーザ局には図9.7のように、フレームと呼ばれる一定周期で繰り返す時間を、さらに**タイムスロット**と呼ばれるいくつかの時間に分割して割り当てられる。各ユーザ局は、送る情報を乗せた信号列（**バースト**）を割り当てられたタイムスロット内で中継器へ送信する。中継器では各ユーザからのバーストを順次受信して増幅し、全ユーザへ再送信する。ユーザが長い情報を送る場合には、データを区切って、後続のフレームで順次送る。したがって、一つの情報が時間的に飛び飛びに送られることになるので、これを受信するには同期が必要になる。このため同期バーストがフレーム間に挿入されている。この方式でも、各ユーザの送信信号が互いに同期が取れていれば問題ないが、同期がずれていると干渉妨害を起こす。これを防ぐために、となりのチャネルとの間に**ガードタイム**が設けられている。

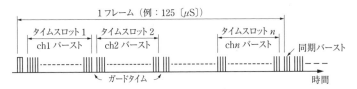

図9.7 TDMA の各局（チャネル）信号配分

この方式の特長は、中継器を一つのユーザ局が占有して使うため、FDMA で問題になった相互変調の心配はなく、増幅特性の直線部分だけを使う必要もないので、非直線部分を含めた最大効率で電力増幅器を使うことができる。これらの特徴は、少ない電力を効率良く使うことが要求される衛星通信において有利である。

9.2.3 符号分割多元接続

この方式は一般に **CDMA**（code division multiple access）と呼ば

れているが、送信波をスペクトル拡散変調することから**スペクトル拡散多元接続**と呼ばれることもある。CDMA は CDM と同様の方法により、各ユーザに異なる拡散符号を割り当てることでチャネルを分けている。この多元接続は、FDMA や TDMA のように周波数や時間を制御することなく、多くの送受信機を同時に運用することができるので衛星通信に向いた方式であるといえる。ただし、他のユーザの回線の信号は自分の回線にとっては雑音になるので、アクセス数が増加するほど SN 比が悪くなる。このため、一つの中継器を同時に使用できるアクセス数には限度がある。

　また、地上における移動体通信では**マルチパス★**による多くの**遅延波★★**が受信されて BER を悪くする。しかし、CDMA を使えば**レイク受信★★★**ができるので遅延波の影響を少なくできる。

9.3　中継方式

　遠距離を結ぶ回線の場合、電波の強度が距離に反比例して弱くなるだけでなく、雑音やフェージングの影響で波形が乱れてしまう。このため、長距離の地上回線ではほぼ一定距離ごとに中継設備を設けて、電波の増幅や波形の修復などを行う必要がある。

9.3.1　直接中継方式
　これは、送られて来た電波を受信し、その電波の搬送波の周波数を

　★ マルチパス（多重通路）：一つのアンテナから送信された電波が建物や山などで反射してできる複数の電波通路
　★★ 遅延波：マルチパスを通ってきた電波は直接波（送信アンテナから受信アンテナへ直接届く波）より遅れて到達するので、これを遅延波または多重波という。
★★★ レイク受信：複数の遅延波を別々に受信し、これらの位相を合わせて合成することにより、フェージングの影響や S/N を改善する受信法

少し変えるだけでそのまま電力増幅して再送信する方法である。直接中継方式の特徴は、装置が簡単であるため、装置内で発生するひずみは少ないが、中継数が多くなるとひずみが増加して波形の修復が困難になる。また、回線の切り換えや分岐ができない。したがって、この中継方式は回線の切り換えなどの必要がなく、中継数の少ない（通常１回）衛星通信などで使われている。

9.3.2　ヘテロダイン中継方式

図9.8に示すように、受信したマイクロ波の周波数f_1を、スーパヘテロダイン受信機と同様に、一旦中間周波数f_iに下げて増幅し、それをf_1と異なるマイクロ波の周波数f_2に戻して再び送信する方式である。この方式の特徴は、直接中継方式と同様に変調と復調を行わないためひずみが少ないが、中継する毎にひずみが加算されるので、中継数を多くするとひずみが増加する。しかし、低い中間周波数（VHF帯）で増幅するため、安定で大きな増幅度が得られる。また、回線の切り換えや分岐を中間周波数で行うことができる。

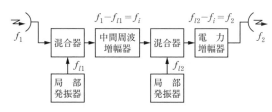

図9.8　ヘテロダイン中継方式の構成

9.3.3　再生中継方式

図9.9(a)に示すように、マイクロ波を普通のスーパヘテロダイン受信機で受信して復調しベースバンド信号にする。このとき得られたベースバンド信号の波形は、雑音や復調回路などの影響で送信したときの元の波形から崩れた形になっている。再生中継方式では、この崩れた波形を元の波形に戻して（再生して）から送信機に入れて変調し、受信した周波数とは異なる周波数のマイクロ波で再送信する。送信機と受信機の間には再生中継器があり、波形の再生を行うので中継を繰り返してもひずみが蓄積されない。また、別回線からの信号の挿入や

別回線への分離を行うことができる。波形再生の方法は、図9.9(b)の
ように、あらかじめ識別レベルを決めておき、タイミングパルスが正
のとき復調波の振幅がこのレベルを越えていれば送信元のパルスと同
じ幅のパルスを発生するようにしている。

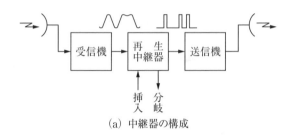

(a) 中継器の構成

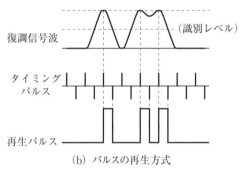

(b) パルスの再生方式

図9.9 再生中継方式

9.3.4 地上マイクロ波回線の中継

　中継局では、送信と受信を同じ場所で同時に行わなければならない
ので、送信と受信に異なる周波数を使っている。もし同じ周波数を使
うと、自局の送信アンテナから出た電波が自局の受信アンテナに回り
込んで受信され、これが増幅されて再び送信されるというループがで
きてしまう。このループは一種の発振回路となって、不安定な周波数
の電波を発振するので、目的の周波数の信号を正常に増幅できなくな
る。このループができる原因は送受二つのアンテナに結合（カップリ

ング）があるためである。しかし、送信と受信に異なる周波数を使え
ば、両周波数の間に特別の関係がある場合を除き、この結合はほとん
どなくなる。

　上で述べたように、送信と受信に使う周波数を異なる周波数に選ん
で中継回線を作ることを考えてみる。例えば図9.10のように、中継所
AからBへの送信周波数をf_1に、受信周波数をf_2に選ぶとする。す
ると中継所Bでは、受信周波数はf_1になり、送信周波数は受信周波
数f_1と異なる周波数であればよいから中継所Aの受信周波数f_2を使
うことにする。このように、二つだけの周波数を使って中継所が変わ
るたびに受信周波数と送信周波数を入れ替える中継方式を**2周波中継
方式**という。

　この方式では二つの周波数だけでよいので各中継所の設備を同じに
でき、また周波数の節約にもなる。しかし問題になるのは、中継所
Aへ左から来る受信周波数f_2の電波の一部が中継所Bを飛び越えて
中継所Cで受信されることである。このような電波を**オーバーリー
チ**という。このオーバーリーチは、中継所Aへ到来する電波の直線
上に中継所B、C、…が並んでいるためである。これを解決するには、
中継所を直線状に並べないでジグザグに配置し、オーバーリーチを生
じる可能性のある二つのアンテナが向かい合わないようにすればよ
い。

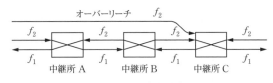

図9.10　2周波中継方式

練　習　問　題　I	平成29年7月施行「二陸技」（B-3）

　次の記述は、無線伝送路の雑音やひずみ、マルチパス・混信などによ
り発生するデジタル伝送符号の誤り訂正等について述べたものである。
このうち正しいものを1、誤っているものを2として解答せよ。

ア　誤りが発生した場合の誤り制御方式には、受信側からデータの再送を要求するFEC方式がある。

イ　FEC方式に用いられる誤り訂正符号を大別すると、ブロック符号と畳み込み符号に分けられる。

ウ　ARQ方式は、送信側で冗長符号を付加することにより受信側で誤り訂正が可能となる誤り制御方式である。

エ　一般に、リードソロモン符号はデータ伝送中のビット列における集中的な誤り（バースト性の誤り）に強い方式であり、バースト誤り訂正符号に分類される。また、ビタビ復号法を用いる畳み込み符号はランダム誤り訂正符号に分類される。

オ　ブロック符号と畳み込み符号を組み合わせた誤り訂正符号は、雑音やマルチパスの影響を受け易い伝送路で用いられる。

練 習 問 題 II 　平成27年1月施行「二陸技」（B-2）

次の記述は、図に示すマイクロ波通信における2周波中継方式の送信及び受信周波数配置について述べたものである。このうち正しいものを1、誤っているものを2として解答せよ。

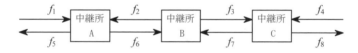

ア　中継所Bの送信周波数f_3と、受信周波数f_7は同じ周波数である。

イ　中継所Bの送信周波数f_3と、受信周波数f_6は同じ周波数である。

ウ　中継所Bの送信周波数f_2と、送信周波数f_3は同じ周波数である。

エ　中継所Aの送信周波数f_5、f_6と、中継所Cの送信周波数f_7、f_8は同じ周波数である。

オ　中継所Aの送信周波数f_5と、中継所Cの受信周波数f_3は同じ周波数である。

練習問題・解答

I	ア-2　イ-1　ウ-2　エ-1　オ-1
II	ア-2　イ-2　ウ-1　エ-1　オ-2

第10章

衛星通信

衛星通信は人工衛星を経由した回線を使う通信であり、衛星回線には地上－衛星－地上回線、衛星－衛星間回線、衛星－地上回線などがある。通信専用の人工衛星を通信衛星と呼んでいて、中継器を搭載している。その代表的なものにインマルサット衛星がある。

10.1　衛星通信の特徴

　人工衛星は高度によって地球を1周する時間（周期）が変わり、高度が高くなるほど周期は長くなる。高度が最も低い約100〔km〕の衛星の周期は約90分であり、高度を上げて約36 000〔km〕にすると地球の自転周期の24時間と同じになる。この衛星が赤道上空を回っていれば、地上から見ると静止しているように見えるのでこれを**静止衛星**という。しかし、24時間周期で赤道上空以外の軌道を回っていると静止衛星にはならないで、一つの経度に沿って北半球と南半球を往復する**準天頂衛星**となる。また、静止衛星以外の衛星を**移動衛星**という。

衛星通信の特徴

① 衛星が見える地球上の点であればいつでも通信ができる

② 地上や海上で発生する災害の影響を受けない

③ 衛星に積載する燃料の量によって衛星の寿命が決まる

④ 太陽からの強い放射線などによって故障しても修理できない

⑤ 高い周波数の電波を使うので雨や雪による減衰が発生する

　静止衛星では上記の他に次のような特徴がある。

① 最低3個の衛星で極地方を除く地球全体が通信可能範囲になる

② アンテナを衛星と地上でほぼ固定して置くことができる

③ 衛星迄の距離が遠いため大型の高利得アンテナを使う必要がある

④ 電波が衛星との間を往復するのに時間がかかる（約0.5秒）ので
会話が滑らかにできない
⑤ 「食」が発生する。月食と同様に、太陽−地球−衛星の順に一直
線に並んだとき衛星が地球の影になる現象を「食」という。春分と
秋分の日を中心に約1か月半の間、夜の0時を中心にして食が発生
する。食の時間は春分と秋分の日が最大で約70分間、この日から前
後に離れるにしたがって徐々に短くなる。食の間は太陽電池による
発電ができないので蓄電池に充電した電気を使う。なお、低高度の
移動衛星でも1日数回地球の影に入ることがあるが、通常これを食
とは呼ばない。

10.2 インマルサット衛星

インマルサット衛星は**国際海事衛星機構**（INMARSAT）から業務
を引き継いだインマルサット会社が運用する静止通信衛星である。現
在複数の衛星が軌道上にあり、3〜4個を一つのグループにして三つ
のグループで運用されている。

10.2.1 インマルサットネットワーク

図10.1はインマルサットネットワークの構成であり、陸上の回線網
からの電話、FAX、データなどの信号を送受するフィーダリンク（陸
上地球局と衛星間回線）と、船舶や航空機などの移動体からの信号を
送受するサービスリンク（移動体地球局と衛星間回線）がある。衛星
回線は、地上から衛星へ送る上り回線を**アップリンク**、衛星から地上
への下り回線を**ダウンリンク**といい、それぞれ異なった周波数の電波
が使われている。一般に、低い周波数の方が減衰が少ないので、大き
な電力を出せない衛星からの電波（ダウンリンク）に低い方の周波数
を割り当て、大電力が出せる地上からの電波（アップリンク）に高い
方の周波数を割り当てている。インマルサット通信ではフィーダリン
ク用としてアップリンクに6〔GHz〕、ダウンリンクに4〔GHz〕を

使い（6/4GHz と表す）、サービスリンク用として降雨減衰の影響が少ない 1.6/1.5GHz を使っている。

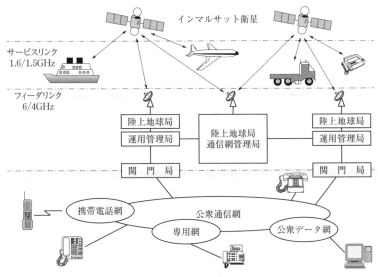

図10.1　インマルサットネットワーク

10.2.2　インマルサットシステム

　インマルサット衛星を介して船舶、航空機、車両などの移動体と陸上にある会社等の間で種々の通信ができるように構築されたシステムがインマルサットシステムである。発足当初はアナログの装置であり船舶との間で通信することを目的としたインマルサット A 型と呼ばれるシステムであった。その後、技術の進歩に伴って改良が重ねられ、そのたびに新しいシステム名、インマルサット B 型 / C 型 / D 型 / M 型 / ミニ M 型 / F 型 / Aero 型 / BGAN 型 / F 型などの名が付けられた。B 型以降のシステムはデジタル化されており、また Aero 型は航空用である。なお、インマルサット A 型と B 型のシステムの運用は終了した。

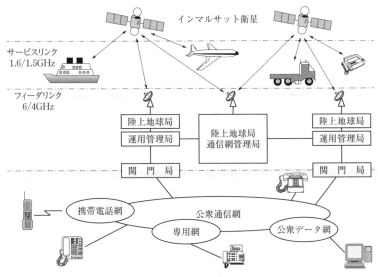

第10章　衛星通信

⑴ インマルサット C 型システム

　B 型システムの機能を少なくして、端末装置を小型にしたものが C 型システムであり、ユーザ間を直接結んだ回線で通信を行うのではなく、ユーザからのデータを一旦システムに溜めて（蓄積して）から転送する方式（**蓄積転送**）を採用している。このため、データが相手に届くまでに時間がかかっても問題ないような FAX、テレックス、E メールなどの低速（600〔bps〕）の BPSK によるデータ通信サービスのみであり、電話サービスはない。また、端末のアンテナが超小型で無指向性のためアンテナ追尾装置を必要としないので小型船舶、小型航空機、車両などに搭載できる特徴がある。C 型システムは GMDSS（12.4節参照）の一つの無線設備として認められていることから、多くの小型船舶で使われている。

⑵ F 型、FB 型、BGAN 型システム

　F 型システムはデータ通信が高速化（64kbps）されたシステムとして2006年に、また FB 型システムは音声通話とさらに高速化（最大432 kbps 以上）されたデータ通信を同時にできる広帯域システムとして2008年に、共に船舶用にサービスが開始された。BGAN 型システムは同時期に端末装置を小型化して陸上用としてサービスが開始された。

10.3　衛星通信の多元接続

　通信衛星には複数個の中継器（トランスポンダ）が搭載されていて、広い周波数帯の電波を中継できるようになっている。ユーザはこのトランスポンダを有効に使うために多元接続によって分割して使っている。多元接続の方法には、前章で述べた方法（FDMA、TDMA、CDMA）の他に SDMA（空間分割多元接続★）などがある。

★空間分割多元接続：衛星に搭載しているアンテナのビームを分割して地上のいくつかの狭い地域を照射することにより同じ周波数を使っても干渉することなく通信できる方法である。

大きくなる。アンテナから放射された電波は衛星までの距離約36 000〔km〕（静止衛星の場合）を通って衛星のアンテナで受信される。この電波の伝搬路には地上約 15〔km〕までの大気圏があるだけで、大部分は真空である。大気圏は、雨や雪などが無ければ、電波に対してはほぼ真空と同じに考えてよいから、この衛星までの伝搬路には障害物などによる減衰がないと考えてよいことになる。ただし、10〔GHz〕以上では大気分子による**共鳴吸収**★が無視できなくなる。しかし、アンテナを出た電波は遠方にいくほど広がるために弱くなる。これを電波が空間の広がりによって損失を受けたものと考えて、これを**自由空間伝搬損**★★と呼ぶ（図の L_{bs}〔dB〕）。

一方、衛星のアンテナで受信された電波は衛星内の給電路を通って受信機に入れられる。受信電力は、この場合もアンテナの利得 G_R〔dB〕だけ増加し、給電路で L_R〔dB〕だけ減衰して p_R〔W〕になって受信機に入力されることになる。

衛星から地上への回線は上記と反対の順番になるが、それぞれの損失やアンテナ利得はほぼ同じと考えてよい。

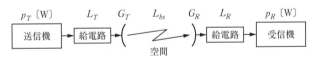

p_T〔W〕　L_T　G_T　L_{bs}　G_R　L_R　p_R〔W〕

送信機 → 給電路 → (空間) → 給電路 → 受信機

図10.2　衛星回線の構成

- -

★共鳴吸収：10〔GHz〕以上の高い周波数の電波では空気中の分子の固有振動数と電波の周波数が一致することで電波の電力の一部が吸収されることが起こる。これを共鳴吸収と呼び、このような周波数帯ではこの共鳴吸収による損失も考慮しなければならない。

★★自由空間伝搬損：これを真数 u で表すと次式のようになる。

$$u = \left(\frac{4\pi r}{\lambda} \right)^2$$

ただし、r は伝搬距離、λ は電波の波長である。

これをデシベルに直すと次式のようになる。

$$D = 10 \log \left(\frac{4\pi r}{\lambda} \right)^2 = 20 \log (4\pi) + 20 \log r - 20 \log \lambda \ \text{〔dB〕}$$

10.4.3　衛星の受信電力

図10.2を基にして衛星における受信電力を求める。それぞれの値の単位をデシベルに揃えるために、送信機からの電力 p_T 〔W〕と受信機に入力される電力 p_R 〔W〕をデシベルに変える。1〔W〕を基準にしてデシベルで表した送信電力と受信電力をそれぞれ P_T、P_R とすれば、

$$P_T = 10 \log_{10}(p_T) \text{〔dB〕} \qquad \cdots (10.1)$$

$$P_R = 10 \log_{10}(p_R) \text{〔dB〕} \qquad \cdots (10.2)$$

となる。したがって、地上からの送信電力が P_T 〔dB〕のとき衛星での受信電力 P_R 〔dB〕は次のようになる。

$$P_R = P_T - L_T + G_T - L_{bs} + G_R - L_R \text{〔dB〕} \qquad \cdots (10.3)$$

受信電力をワットで表すには、求められた P_R 〔dB〕を真数に直さなければならない。

例題

衛星における受信電力を 0.001〔μW〕にするために必要な地上局の送信電力を求めよ。ただし、地上局の送信アンテナの利得を 45〔dB〕、送信機とアンテナ間の給電路の損失を 3〔dB〕、衛星のアンテナの利得を 30〔dB〕、受信機とアンテナ間の給電路の損失を 2〔dB〕、地上局と衛星間の自由空間伝搬損を 200〔dB〕とし、共鳴吸収による損失はないものとする。

解答

まず、単位を統一しなければならないが、デシベルで計算した方が簡単であるので、式（10.2）を使って受信電力をデシベルに直す。

$$P_R = 10 \log_{10}(0.001 \times 10^{-6}) = 10 \log_{10}(10^{-9}) = -90 \text{ (dBW)}$$

式（10.3）より、

$$P_T = P_R + L_T - G_T + L_{bs} - G_R + L_R \text{ (dBW)}$$

上式に題意の数値を代入すると、

$$P_T = -90 + 3 - 45 + 200 - 30 + 2 = 40 \text{ (dBW)}$$

求めた 40 〔dBW〕を真数 p_T〔W〕に直す。

$$10 \log_{10} p_T = 40$$

$$\therefore \quad \log_{10} p_T = 4$$

対数の公式　$\log_{10}(10^a) = a$　より、

$$\log_{10}(10^4) = 4$$

であるから、

$$p_T = 10^4 \text{ (W)} = 10 \text{ (kW)}$$

となる。

10.4.4　衛星通信の雑音

　一般に、雑音は受信機の内部で発生する内部雑音とアンテナの外から来る外来雑音に分けられる。内部雑音は受信機の IC 等の素子が出す雑音や回路抵抗などの出す熱雑音であり、できるだけ小さくなるよ

うに作られている。外来雑音の主なものは、太陽から来る雑音と大地や大気が発する熱雑音及びアンテナ自体が発する熱雑音である。このうち太陽雑音と大地が出す熱雑音はアンテナの向きによって異なり、図10.3のように、アンテナが太陽を向いたとき太陽雑音の影響を受け、アンテナの仰角が低いとき大地が出す熱雑音の影響を受ける。これに対してアンテナ自体が発する熱雑音はアンテナの向きには関係なく、温度が高いほど大きくなる。

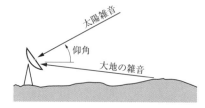

図10.3　アンテナの仰角と雑音

10.4.5　搬送波電力対雑音電力比

　SN 比（S/N）は、4.1.1項で述べたように信号電力と雑音電力の比である。したがって、無線回線の S/N を求めるには、電波の電力を信号電力 S として S/N を計算することになるが、電波の電力は変調の大小によって変わるので、無線回線の本来の S/N が分かりにくい。そこで、変調に左右されない搬送波電力を信号電力 S の代わりに使う。このようにすれば無線回線の本来の良否を求めることができる。この場合には、搬送波（Carrier）電力対雑音（Noise）電力比となるので、これを **CN 比**（C/N）と呼ぶ。

　無線回線では回線区間によって雑音の強度が違うので C/N も異なる。例えば、衛星回線では、アップリンク、ダウンリンク、衛星本体でそれぞれ C/N が異なる。このように二つ以上の異なる C/N が測定などで得られたときの全体の C/N は次式によって与えられる。

$$\frac{C}{N} = \frac{1}{(C/N)_1 + (C/N)_2 + \cdots + (C/N)_n} \qquad \cdots (10.4)$$

　ただし、$(C/N)_n$ は回線の各部分の C/N である。

10.4.6 地球局の構成

　地球局は大きく分けてサービスリンク（衛星－移動局回線）用と
フィーダリンク（衛星－陸上地球局回線）用があるが、違いは規模の
大きさだけで構成はほぼ同じである。その構成は図10.4に示すよう
に、送信系と受信系に分かれている。ユーザからの音声などの信号は
端局装置を通って送信系に入り、増幅され変調器で局部発振器１から
の高周波を変調して高周波信号を作る。これを局部発振器２からの高
周波と混合して送信電波の周波数に変換した後、電力増幅器で大電力
に増幅してアンテナから衛星に送信する。衛星からの電波は、同じア
ンテナで受けて給電系を通って受信系に入る。受信系では、衛星から
の微弱な電波を低雑音増幅器で増幅し、周波数混合器３によって中間
周波数に下げてから増幅した後、復調と増幅をしてから端局装置を通
してユーザへ送り出す。なお、図では主要な部分だけを描いてあり、
変調器の前の増幅器と復調器の前の中間周波増幅器などは省略してあ
る。

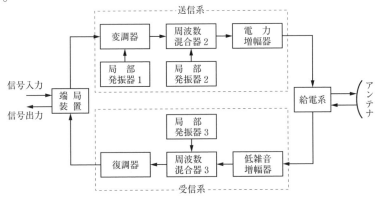

図10.4　地球局の構成

10.4.7 衛星局の構成

　通信（放送）衛星には複数のトランスポンダが搭載されていて、故
障や回線の切り換えなどに柔軟に対応できるようになっている。中継
器は受信機と送信機が接続されて一体になって動作する装置であり、

図10.5は中継器一つの系統についてその構成を示したものである。各部の働きは次のようになっている。

1. 地上からの微弱な電波をアンテナで受け低雑音増幅器で増幅、2. 周波数変換器でアップリンクの周波数と異なる周波数に変換、3. フィルタによって不要な電波が出ないように帯域を制限、4. 電力増幅器で地上まで届く電力にまで増幅、5. 受信に使ったアンテナと同じアンテナから電波として地上へ送信する。

このうち低雑音増幅器は受信機の感度を上げるために必要である。また、電力増幅器には、ひずみが少なく大きい利得で大電力が得られる**進行波管★**が使われることが多い。

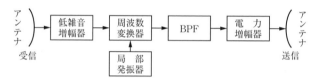

図10.5　衛星中継器の基本構成

第10章 衛星通信

★進行波管：円筒状の真空管の中にらせん状のコイルを置き、その中心に電子を走らせて、コイルに沿って進む高周波を増幅する電力増幅管

練 習 問 題 Ⅰ　　平成30年1月施行「二陸技」（B-2）

次の記述は、通信衛星（静止衛星）について述べたものである。　　　　内に入れるべき字句を下の番号から選べ。

(1) 通信衛星は、通信を行うための機器（ミッション機器）及びこれをサポートする共通機器（バス機器）から構成される。

ミッション機器は、　ア　及び中継器（トランスポンダ）などである。

(2) トランスポンダは、地球局から通信衛星向けのアップリンクの周波数を通信衛星から地球局向けのダウンリンクの周波数に変換するとともに、　イ　で減衰した信号を必要なレベルに増幅して送信する。また、トランスポンダを構成する受信機は、地球局からの微弱な信号の増幅を行うので、その初段には低雑音増幅器が必要であり、　ウ　や HEMT などが用いられている。

(3) バス機器を構成する電源機器において、主電力を供給する　エ　のセルは、一般に、三軸衛星では展開式の　オ　状のパネルに実装される。

1	通信用アンテナ	2	アップリンク	3	マグネトロン
4	GaAsFET	5	球	6	姿勢制御機器
7	ダウンリンク	8	太陽電池	9	鉛蓄電池
10	平板				

練 習 問 題 Ⅱ　　平成29年1月施行「二陸技」（A-14）

図は、衛星通信に用いる地球局の構成例を示したものである。　　　　内に入れるべき字句の正しい組合せを下の番号から選べ。なお、同じ記号の　　　　内には、同じ字句が入るものとする。

	A	B	C
1	変調器	A-D 変換器	低周波増幅器
2	変調器	周波数混合器	低雑音増幅器
3	低周波発振器	A-D 変換器	低雑音増幅器
4	低周波発振器	周波数混合器	低周波増幅器
5	周波数混合器	変調器	低周波発振器

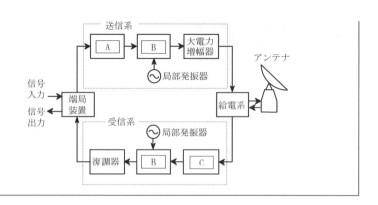

次の記述は、衛星通信に用いられる多元接続方式について述べたものである。 内に入れるべき字句を下の番号から選べ。

(1) FDMA方式は、複数の搬送波をその周波数帯域が互いに重ならないように ア 軸上に配置する方式である。

(2) FDMA方式において、個々の通信路がそれぞれ単一の回線で構成されるとき、これを イ という。

(3) TDMA方式は、 ウ を分割して各地球局に割り当てる方式である。

(4) TDMA方式は、隣接する通信路間の衝突が生じないように エ を設ける。

(5) CDMA方式は、多数の地球局が中継器の同一の周波数帯域を オ に共用し、それぞれ独立に通信を行う。

| 1 | 周波数 | 2 | MCPC | 3 | 位相 | 4 | ガードタイム | 5 | 交互 |
| 6 | 振幅 | 7 | SCPC | 8 | 時間 | 9 | ガードバンド | 10 | 同時 |

第11章

放送用送受信機

放送システムが一般通信用システムと異なる点は、忠実度が非常に高く、また送信電力が大きいことである。例えば、FM ステレオ放送は演奏会場の雰囲気をそのまま忠実に伝えようとするものであり、また、ハイビジョン放送は画面を繊細にすることで見ている人を現場に居るかのように感じさせる。ステレオ放送やハイビジョン放送は一般通信にはない通信方式であり、放送の特徴であるともいえる。この章では、これらの特徴を作り出すためのシステムと送受信機について学ぶ。

11.1 音声放送

音声放送はいわゆるラジオ放送のことで、我が国の音声放送には中波と短波の AM 放送と超短波 FM 放送があり、FM 放送はすべての局でステレオ放送ができる。このうちここでは FM ステレオ放送について解説する。

11.1.1 FM ステレオ放送の原理

一点から発せられた音が左と右の耳に到達するまでの時間差を聞き分けることで音源の位置が分かり、これによって我々は音の広がりを感じることができるのである。**ステレオ放送**を実現するには、送信側の音源の位置を受信側のスピーカの前に再現しなければならない。このためには、左と右の耳に入る音を別々に運ぶ二系統以上の伝送路が必要であり、しかもこれらの伝送路は音の入り口であるマイクから出口のスピーカまで特性が完全に同じでなければならない。しかし、このような特性の等しい伝送路はありえないので、一つの伝送路を使って左右の音を同時に運ぶ方法が採用されている。その方法はいくつか

あるが、ここでは和差方式について説明する。

　ステレオ放送をするには、我々の二つの耳の代わりをする左右二つのマイクが必要になる。ここでは、右のマイクで拾った音の信号を R、左マイクの音を L とする。受信側でステレオ放送を聞く場合には当然 R、L 両方の信号を使うが、これをモノラルで聞く場合にも両方の信号が必要になる。すなわち、R または L どちらか一方だけを使ったのでは全体の音のバランスがくずれてしまうので、二つの和の信号 $M\,(=L+R)$ を使わなければならない。そこで、この和信号 M をFM放送の主信号（主チャネル）として送れば、ステレオ機能のない受信機でステレオ放送を受信しても、何も手を加えることなく自然な音で受信が可能になる。一方、ステレオにするには M から R と L を分離しなければならないので、二つの差の信号 $S\,(=L-R)$ を作って、これを FM 放送の副信号（副チャネル）として送る。受信側では、主信号 M と副信号 S を分離して復調し、次式の演算をする回路によって R と L を分離する。

$$M+S=(L+R)+(L-R)=2L$$
$$M-S=(L+R)-(L-R)=2R$$

　これを増幅して、R は右側のスピーカへ、L は左側のスピーカへそれぞれ出力すれば元の音を立体的に再現できることになる。このような方式を和差方式といい、ステレオとモノラルの両立性が得られる。

11.1.2　FM ステレオ放送送信機

　我が国で採用している**和差方式**による搬送波抑圧 AM-FM ステレオ方式について解説する。

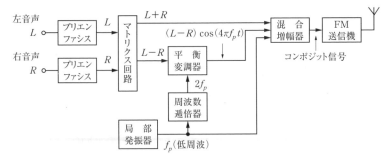

図11.1　搬送波抑圧 AM-FM ステレオ方式送信機の構成例

　図11.1は、この送信機の構成例である。R と L の信号はそれぞれプリエンファシス回路を通ってマトリクス回路に入れられ $L+R$ と $L-R$ の信号が作られる。この内 $L+R$ 信号はこのまま混合増幅器に入れられる。$L-R$ 信号は、周波数 f_p のパイロット信号を2倍した周波数 $2f_p$ の搬送波（副搬送波という）とともに平衡変調器に入れて搬送波抑圧 AM 信号に変えてから混合増幅器に入れられる。パイロット信号は局部発振器で作られた 19〔kHz〕の正弦波であり、受信側でステレオ放送であるかどうかを検知するのに使われるとともに $L-R$ 信号を取り出すときに必要であるので、このまま混合増幅器に入れられる。これら三つのベースバンド信号を混合増幅器でまとめて一つの信号（コンポジット信号という）にしてから FM 送信機で放送周波数 f_c（VHF 帯の搬送波周波数）を周波数変調（FM）して放送される。図11.2は各ベースバンド信号の周波数分布であり、$L+R$ 信号の帯域幅は音声の範囲 0〜15〔kHz〕であり、$L-R$ 信号はパイロット信号を2倍した 38〔kHz〕の副搬送波を音声で振幅変調した搬送波抑圧 AM 波であるので帯域幅は音声範囲の倍の 30〔kHz〕である。

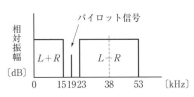

図11.2　コンポジット信号の周波数分布

11.1.3　FM ステレオ放送受信機

　図11.3は搬送波抑圧 AM-FM 方式ステレオ受信機の構成例である。FM 放送波を通常の方法で受信し、増幅して周波数弁別器でベースバンド信号にする。これを三つに分け、その一つをそのまま低域フィルタに通せば $L+R$ 信号が得られる。また、23～53〔kHz〕の帯域フィルタを通せば搬送波抑圧 AM 波が得られるから、これを AM 復調器によって $L-R$ 信号を取り出す。このとき、搬送波抑圧 AM 波には搬送波がないのでパイロット信号の周波数を同期発振器で2倍した 38〔kHz〕の信号を搬送波（副搬送波）として使う。このようにして得られた $L+R$ 信号と $L-R$ 信号をマトリクス回路に入れて R と L に分け、これをそれぞれデエンファシス回路に通せば左右の音声信号が得られる。

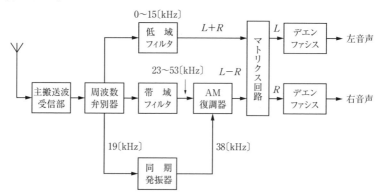

図11.3　搬送波抑圧 AM-FM 方式ステレオ受信機の構成例

11.2　地上デジタルテレビ放送

　現在、世界で実用されている地上デジタルテレビ放送の方式は、ヨーロッパ方式、アメリカ方式、日本方式の他に中国独自の方式がある。日本方式は ISDB-T と呼ばれ、日本の他に南米の各国で採用されている。しかし、放送開始が他の方式より遅かったため、アジアで採用している国は少ない。日本方式は数々の長所を持っているが、その

ためにシステムが複雑になっている。

　図11.4はISDB-Tシステムの送信側のデータの流れであり、映像と音声を符号化して文字などのデータとともに多重化し、デジタル変調や誤り訂正、IFFTなどの伝送路符号化の後、アナログ信号にして送り出す。各部の働きをこの図に従って解説する。

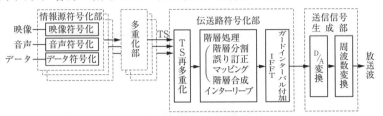

図11.4　送信側データ処理の構成

11.2.1　情報データ圧縮処理

(1)　映像データ

(a)　映像符号化

　デジタルテレビの画面は非常に細かな3原色の発光素子の点で構成されていて、その各点はそれぞれ一つのデジタルデータに対応している。したがって、一つの画面だけでも膨大なデータが必要であり、さらに画面が毎秒30回変化するので1秒間画面を表示するのに必要な情報量はさらに多くなる。送信側で、このデータをこのままデジタル変調して電波で送ろうとすれば非常に広い周波数帯域が必要になり、テレビに割り当てられている6〔MHz〕の帯域幅に収まらない。このため、テレビ画面の画質を落とさずに大幅な情報量の圧縮が必要になる。映像の情報量圧縮手法として、ISDB-Tでは **MPEG-2**★と呼ばれ

★MPEG-2：MPEG（エムペグと読む）には、MPEG-1〜MPEG-4があるが、MPEG-1は主に音声圧縮用であり、MPEG-3は欠番になっている。映像圧縮処理用として現在最も多く使われているのがMPEG-2である。MPEG-4はMPEG-2を進化させて多様な機能を持たせ、より繊細な映像を処理できるようにしたものである。MPEGはCDやデジタルカメラなどのデータ圧縮にも採用されている。

る世界的に認められた手法が使われている。

図11.5はMPEG-2による映像符号化の手順である。

入力映像 → 時間方向処理 → 空間方向処理 → 量子化処理 → 符号割当 → 圧縮データ

図11.5　映像符号化の手順

（i）　時間方向処理

　今、図11.6のような、田園風景の中を列車が走る映像を考えてみる。カメラを固定して置くと、時間とともに変化するのは列車の位置だけであり、田園風景は変わらない。したがって、映像の1枚目（同図(a)）（これをフレームという）と2枚目（同図(b)）の違いはわずかであり、大部分は変わらないことになる。これを、映像のフレーム間に相関がある、または**冗長性**を持つという。このように相関のある映像を送る場合には、最初のフレームは田園風景を含めたすべての情報を送らなければならないが、以後のフレームは変化した部分だけの情報を送り受信側で再構成すればよいことになる。時間方向処理では、映像が持っている時間的な相関（冗長性）を取り除いて大幅な情報量の圧縮をする。

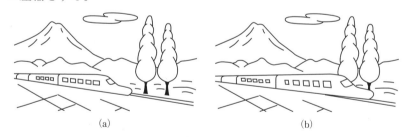

(a)　　　　　　　　　　　　　　(b)

図11.6　相関の大きい映像

（ii）　空間方向処理

　カメラのレンズを通った光は規則的に配置された**CCD**（電荷結合素子）平面に像を結ぶ。CCDの一つひとつが映像の画素となり、受け取った光の強さに応じた電圧を出す。この電圧をCCD面の左から右へ、上から下へ順番に取り出すことで1フレームの映像が得られ

214

る。ここで簡単のため、1回だけ左から右へ取り出した場合を考えると、取り出された電圧は光の強い所では大きく、また弱い所では小さくなるように変化する。これは図11.7のような PAM 信号である。この PAM 信号の最大値を連ねた包絡線は一つの波形になる。この波形の周波数成分は、直流成分が最も大きく、高い周波数成分ほど小さくなっている。これはとなりの画素が互いに良く似ているということ、すなわち空間的な相関が大きいことを意味している。空間方向処理では、**DCT**★という数学的処理を使う。図11.7のような時間領域の信号（波形 v_1〜v_n）をデジタルデータ（a_1〜a_n）に変え、これを周波数領域の信号（DCT 係数という）に変換する。この DCT 係数は高い周波数では 0 になるので、これを無視することでデータ量を圧縮できる。

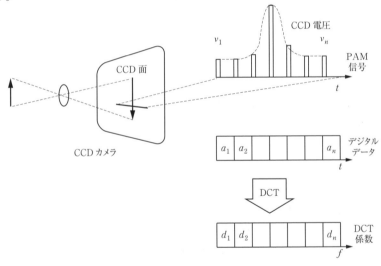

図11.7 CCD 電圧と DCT 係数

★DCT：離散コサイン変換といい、フーリエ変換と同様に時間領域の信号を周波数領域の信号に変換する。離散は、アナログ信号をサンプリングして得られた飛び飛びの値を扱うことを意味している。

(b)　量子化処理

　前述した列車が走る映像の一つのフレームだけを考えてみる。写された映像の中には、列車とともに山や田畑などの他に立木や草花などの細かな物も映っているはずであるが、我々の目にはこのような細かな物体には反応が鈍い。すなわち、高い周波数の DCT 係数は人の目にはあまり影響しないことになる。都合が良いことに、実際の映像から得られた波形の DCT 係数を求めてみると、低い周波数の係数が最も大きく、高い周波数では急激に小さくなるので、人の目と同じ特性を持っていることが分かる。そこで量子化するときに、人の目に敏感な低い周波数の DCT 係数を細かく（精度良く）量子化し、高い周波数の DCT 係数ほど粗く量子化することで、画質を落とさずに情報量を圧縮している。

(c)　符号割り当て

　最も簡単な符号割り当ては、例えば1〜16〔V〕の間を変化する信号を 2 進数にする場合、1〔V〕→「1」、2〔V〕→「10」、3〔V〕→「11」、4〔V〕→「100」、…、8〔V〕→「1000」、…、16〔V〕→「10000」のように割り当てる方法である。この方法では電圧が高くなるに従って符号が長くなる。もし、この電圧の平均値が 8〔V〕であったとすると 8〔V〕が現れる確率が最も高いから「1000」という符号が他の符号に比べて多くなる。この「1000」符号を伝送するのには「1」を送るに必要な時間の 4 倍必要になる。そこで、符号割り当ての方法を変えて、8〔V〕→「1」、7〔V〕→「10」、9〔V〕→「11」、…のように発生確率の高い電圧に短い符号を割り当てる。これを**可変長符号化**方式といい、信号全体の平均の符号長を短くできるので情報量の圧縮や伝送時間の短縮などの効果が得られる。DCT 係数も可変長符号化方式を採用して情報量の圧縮をしている。

(2)　**音声データ**

　デジタルテレビを含めた日本のデジタル音声放送は MPEG-2 **AAC**（advanced audio coding）という方式であり、人の聴覚の特性を利用した情報量の圧縮方式である。人の聴覚は、例えばサイレンのような

大きな音の近くでは他の音を聞き取ることはできない。これを**マスキング効果**という。マスキング効果は大きな音の周波数に近い周波数の音ほど影響が大きいので、この特性を利用して大きな音の周波数の近くの音は送らないようにする。また、人の耳は周波数によって感度が異なる。すなわち、スピーカから出す音量を一定にしておいて、周波数を変えると 100〔Hz〕以下または 10 000〔Hz〕以上では音が小さく感ずる。さらにこの状態のまま、スピーカから離れていくと音は徐々に小さくなり、特に高い周波数の音は聞こえなくなる。このように、聞こえなくなる限界以下の音は、マイクでは拾われているが送らないことにする。**ステレオ★**の場合には、各チャネルの信号間の相関が大きいので3チャネル以上の信号を2チャネルに統合して送る方法も行われる。また、映像の符号化と同様に可変長符号化も行っている。これらの処理によって音声情報量の圧縮を行っている。

(3) **文字データ**

デジタル TV では、字幕サービス、天気予報、文字放送、番組表などのデータ放送が可能である。放送に必要なデータは放送局で放送用マルチメディア記述言語 BML（XML を基にして放送用に作られた言語）を使って、開始時刻、画面上の表示位置、大きさ、色などを指定する。表示する文字はそのまま文字符号によって符号化されている。

11.2.2 多重化

アナログテレビでは映像（AM）と音声（FM）は別のチャネル（異なる周波数）で送っていたが、デジタルテレビではデジタル信号の特性を生かして映像、音声、データ情報などすべてを多重化し、一つの

★ステレオ：チャネル数が 2、3、4（前3、後1）、5（前3、後2）、5.1（前3、後2、低音）のものがあり、この中から選んで使う。5.1チャネルは前3、後2チャネルの他に 100〔Hz〕以下の超低音を送るチャネルがあり、これを0.1と数える。

チャネルで送っている。映像と音声は二つのチャネルで同時に得られたものであるが、これを一つのチャネルに収めるには時間的に互いにずらせて並べなければならない。そこで、映像や音声などを符号化したデータ列を都合のよい長さに区切って、それぞれがどの時刻に得られたものかを記録し、この記録をヘッダとしてデータの先頭に付けてパケット（小包）を作る。これを PES と呼ぶ。受信側では、PES のヘッダを読み出してヘッダに続くデータがどの場所であるかを判別し並び替えて元の状態に復元する。図11.8に示すように、映像や音声などの PES は必要に応じてさらに分割されて別のヘッダが付けられ188バイトの **TS★** パケットにしてから1列に並べられて（多重化して）1本の TS にする。

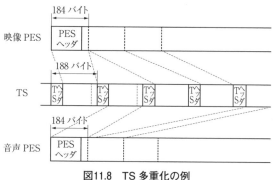

図11.8　TS 多重化の例

11.2.3　TS 再多重化部と誤り訂正符号

　アナログテレビでは割り当てられた一つの帯域幅（6MHz）で一つの番組だけしか送れなかったが、デジタルテレビでは最大三つの番組を送ることができる。したがって、二つまたは三つの番組を送るときには、上で述べた TS が2または3本作られることになる。地上デジタルテレビ放送では、一つの電波に乗せることのできる TS の数は一つと決められているので、複数の TS がある場合にはこれらを再多重

★TS（transport stream）：デジタル放送信号

化して１本の TS にしなければならない。

　デジタル放送の誤り訂正は FEC（前方誤り訂正）でなければならない。ISDB-T では、図11.9のように、誤り訂正が２回行われる。誤り訂正の符号化と復号化は伝送路に対して対称になるので、伝送路を中心にして内側にある誤り訂正符号を**内符号**、外側にある訂正符号を**外符号**という。

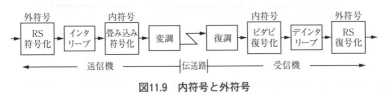

図11.9　内符号と外符号

　TS は TS パケットが連続的に接続されたものである。これらのパケットそれぞれに誤り訂正符号16バイトが付け加えられて、一つのパケット全体の長さは204バイトになる。この TS パケットはリード・ソロモン符号 RS（204、188）である。送信側の最初の誤り訂正処理は、TS 再多重化に続いて処理される外符号 RS（204、188）の付加である。

11.2.4　階層処理

　デジタルテレビでは、映像の雑音に対する強さによって強階層または A 階層（雑音に対して最も強いが画面が粗い）、弱階層または C 階層（雑音に最も弱いが画面が繊細できれい）、中階層または B 階層（両者の中間）の三つの階層が用意されている。階層の強弱は主に変調方法によって決まり、例えば強階層は QPSK、中階層は 16QAM、弱階層は 64QAM など。階層処理では、これらの階層の要求に応じた処理を同時（並列）に行う。

(1)　階層分割

　このように異なる階層に異なった変調や誤り訂正処理などを同時に行うために階層分割を行う。

(2)　誤り訂正

　一般にランダム誤りはバースト誤りより訂正がやさしいので、バー

スト誤りをランダム誤りに変換するインタリーブを行う。ここでは、階層ごとにバイト単位でインタリーブを行った後、第二の誤り訂正である**畳み込み符号**（誤り訂正内符号）を付加する。

⑶　マッピング

例えば、16QAM の場合の信号点配置は図11.10のようになる。一つひとつのデジタル符号が、異なる周波数の副搬送波（サブキャリア）をそれぞれ変調（**キャリア変調**）することによって、この信号点配置図のどこかに割り付けられることになるので、これを**マッピング**という。マッピングも各階層それぞれ別に行う。

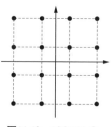

図11.10　16QAM の信号点配置

⑷　階層合成

ISDB-T では、テレビ放送の帯域幅 6〔MHz〕を14等分し、その内の13個の帯域を使っている。残りの 1 帯域はとなりのチャネルとの干渉を避けるためのガードバンドにしている。なお、1/14 の帯域（429〔KHz〕）を**セグメント**と呼び、図11.11に示すように、0 を中心にして左右に振り分けられてセグメント番号が付けられている。

階層別に行った誤り訂正とマッピングが済んだ後、再度 1 本の信号に合成（階層合成）される。このとき、階層別に若い番号順にセグメントが割り付けられる。例えば、強階層を 0 セグメント、中階層を 1、2、3、4セグメント、…など。**ワンセグ**（携帯受信用）は 0 セグメントの一つだけを使った放送であり、ハイビジョンは他の12セグメントを、また、我々が通常視聴している標準テレビ（固定受信用）は 5

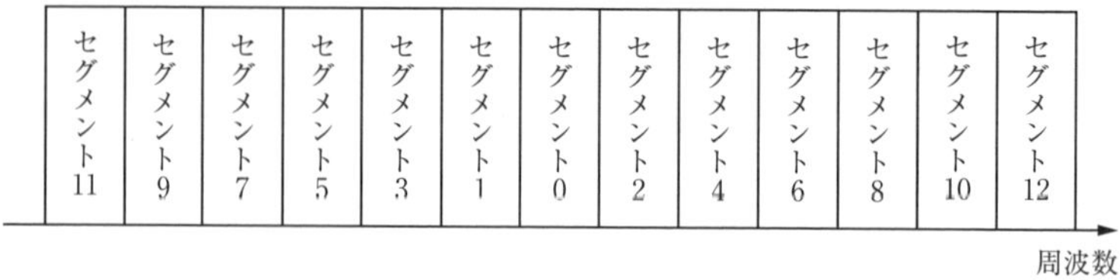

セグメント11	セグメント9	セグメント7	セグメント5	セグメント3	セグメント1	セグメント0	セグメント2	セグメント4	セグメント6	セグメント8	セグメント10	セグメント12

周波数

図11.11　セグメントの配列

セグメントを使用している。したがって、ワンセグとハイビジョンを同時に放送でき、また標準テレビならワンセグの他に二つの番組を同時に放送できる。

⑸　**インタリーブ**

　階層合成された信号に時間インタリーブと周波数インタリーブを行う。時間インタリーブでは、シンボル単位で並び替えてフェージングのように時間的に連続して発生するバースト誤りを分散する。周波数インタリーブでは、混信のように一つの周波数の周りの信号が同時に誤ることのないように搬送波の周波数を分散する。例えば、図11.11がその例である。

11.2.5　IFFT、ガードインターバル付加とD/A変換

　IFFT を行う前に、階層合成された信号にパイロット信号と **TMCC**（transmission and multiplexing configuration control）信号★を付け加えて、IFFT によって周波数領域の信号から時間領域の信号に変換する。この信号は複素信号であるので、実数（I軸）信号と虚数（Q軸）信号に分かれている。これらを D/A 変換した後、**直交変調★★**によって一つの OFDM 信号にして、これを周波数変換により UHF 帯の放送周波数まで高くし電力増幅してから送信する。

　OFDM 信号は1回の IFFT で得られる長さ T〔s〕の OFDM 信号波形を連続的に連ねた波形になっている。この長さ T〔s〕は、一つのシンボル（符号語）の長さ、すなわち**シンボル長**である。実際の OFDM 送信波は、図11.12のように、一つひとつのシンボルについて波形後部の一部をシンボルの前にコピーしている。この部分を**ガード**

　★TMCC信号：伝送方式や変調方式などの受信のときに必要な情報が書き込まれた信号
　★★直交変調：局部発振器からの sin 波と、これを $\pi/2$ 遅らせた cos 波の二つの直交する搬送波を、それぞれ Q 軸信号と I 軸信号で変調し、合成して一つの信号にする方式

インターバルという。このガードインターバルは、電波の**マルチパス**（複数経路）による**遅延波**で生じるゴースト映像（アナログテレビのときに発生した）の除去対策などの目的で設けられている。OFDM送信波の場合、各シンボルの先頭部分だけが遅延波の影響を受けて波形が乱れるので、この先頭部分だけを取り除いて使えば遅延波の影響を避けることができる。この先頭部分を取り除いた部分の長さを**有効シンボル長**という。したがって、ガードインターバルの長さ（次項参照）をg〔s〕としたとき、遅延波の遅れ時間がg〔s〕以下であれば正常に受信できることになる。また、一つのサービスエリア内に中継局を置く場合でも、中継波の電波が親局の電波よりg〔s〕以下の遅れであれば、親局と同じ周波数を使っても受信に影響しない。したがって、周波数を有効利用できることになる。このように、一つのサービスエリア内の複数の局が同じ周波数を使って同じ番組を放送するネットワークを**SFN**（単一周波ネットワーク）という。

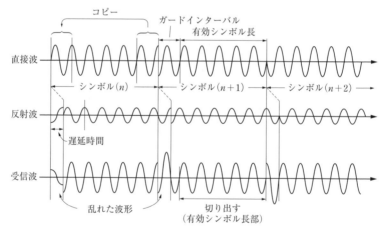

図11.12 ISDB-T の OFDM 送信波の構成

11.2.6 伝送モード

ISDB-T では、表11.1に示すように、サブキャリア本数に応じた三つのモードが用意されていて、各モードは階層ごとに独立に設定でき

る。モード１は移動体用の受信、モード３は固定受信、モード２はそれらの中間的な受信にそれぞれ適している。このうち、現在使われているのはモード３であるので、モード３の**パラメータ**（定数や決められた数値）の主なものについて説明する。

- キャリア本数：モード３ではサブキャリアの本数は5 617に決められている。このうちデータ用が5 616本で残りの１本は受信時の同期と復調用のパイロット信号（CP）である。
- キャリア間隔：送信波に使われている13セグメントの帯域幅をCPキャリア１本を除いた5 616で割ったもので、0.992〔kHz〕となる。
- 有効シンボル長：キャリア相互の直交性を得るためには、シンボル長はキャリア間隔の逆数でなければならないから、1 008〔μs〕（＝1/0.992〔kHz〕）になる。
- 畳み込み符号の符号化率：現在、64QAMでは3/4、QPSKでは2/3が使われている。
- ガードインターバル長：現在は**ガードインターバル比**★1/8が使われているので、126〔μs〕（＝1 008〔μs〕×1/8）である。

表11.1　各モードの伝送パラメータ

パラメータ ＼ モード	モード１	モード２	モード３
キャリア本数	1405	2809	5617
キャリア間隔	250/63 ≒3.965kHz	125/63 ≒1.983kHz	125/126 ≒0.992kHz
帯域幅	約5.575MHz	約5.573MHz	約5.572MHz
有効シンボル長	252μs	504μs	1008μs
キャリア変調方式	QPSK、16QAM、64QAM、DQPSK		
誤り訂正外符号	RS（204、188）		
誤り訂正内符号	畳み込み符号（符号化率1/2、2/3、3/4、5/6、7/8）		
ガードインターバル長	有効シンボル長の1/4、1/8、1/16、1/32		

★ガードインターバル比：有効シンボル長に対する割合。例えば、有効シンボル長の1/4、1/8、…など。

11.2.7　地上デジタルテレビの特徴

アナログテレビと比べたときの地上デジタルテレビの主な特徴は、

① 映像と音声がきれい

デジタル技術を駆使することにより、放送前の信号に近い信号を受信側で再現できるため画像がきれいであり、音声も複数のスピーカによるサラウンドで臨場感を得ることができる。

② 周波数の有効利用

アナログテレビと同じ 6〔MHz〕の帯域幅を使って、複数の異なる番組を放送できる。特に ISDB-T では、携帯受信用のワンセグ放送を常時行っていて、これと同時にハイビジョン放送または標準放送を行っている。

③ 安定した映像

アナログテレビで発生していたゴースト（二重映像）や画面の変動などがない。また、一つの周波数で中継放送する SFN（単一周波ネットワーク）を構成でき、周波数を効率的に使用できる。

④ 多機能性

映像、音声と同時に文字による情報交換ができる。例えば、電子番組表による録画予約、字幕スーパ、視聴者参加番組、データ放送など。

⑤ 上記のような利点と引きかえに、これらの処理に時間がかかるため、時報のような正確な時刻を提供できなくなった。

11.3　衛星デジタルテレビ放送

日本のデジタルテレビ放送には、上記の地上デジタルテレビ放送（ISDB-T）の他に **BS デジタルテレビ放送（ISDB-S）** があり、ISDB-T とは少し異なる方式であるがテレビ受信機は 1 台で済むようになっている。現在、ISDB-S には、放送用として打ち上げられた BS 衛星を使った放送と、通信衛星として打ち上げられた CS 衛星を使った放送の 2 種類がある。共に静止衛星であるが、場所が異なり

BSは東経110度、CSは東経110度の他に124度と128度がある。ただし、ここではBSについてのみ説明する。

11.3.1　BSデジタルテレビ放送の構成

図11.13はBSデジタルテレビ放送の送信系統の構成である。この構成において、ISDB-Tと異なるところはOFDM、IFFT、ガードインターバル付加などがないことである。これは衛星からの電波を乱す物体が上空にないためマルチパス波が少ないこと。また、ISDB-Tで使われているOFDM波は直線増幅器を使うため電力増幅器（**TWT**：進行波管）の利用効率が非常に悪くなるなどのためである。この構成のうち、情報源符号化部と多重化部はISDB-Tと同じであるので説明を省略する。

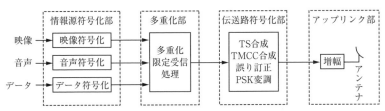

図11.13　BSデジタル放送送信系統の構成

(1)　伝送路符号化部

図11.14は伝送路符号化部の構成例である。同図において、入力された複数のMPEG-2 TS（図では二つ）は時間軸上で多重化されて一つの主信号になる。

(a)　この信号は外符号の誤り訂正としてリードソロモン誤り訂正符号が付加されて204バイトの長さになる。

(b)　フレーム構成では、情報を一定の長さ（スロット）に区切って、これを48個まとめてフレームとし、フレームを8個まとめてスーパフレームとする構成を作る。これは複数の変調方式のTSを一つにまとめて伝送できるようにするためである。1スロットはTSパケット188バイトにリードソロモン誤り訂正符号を加えた204バイトで構成されていて、変調方式などはこの最小単位の構成で行われ

る。また、同期信号とTMCC信号はフレームごとに付けられている。エネルギー拡散やインタリーブはスーパフレームごとに行う。

(c) エネルギー拡散では、出力信号が「0」または「1」が連続しないように振り分ける。これは、同じ符号（「0」または「1」）が連続すると、送信電波の周波数分布が偏ってしまい他の通信に影響を与えたり、信号の同期が不安定になったりするのを防ぐためである。

(d) インタリーブは誤り訂正の効果を上げるために行う。衛星放送では自然雑音が主であるのでバースト誤りが発生することは少ないが、発生したときの対策として信号の順序の入替（インタリーブ）を行っている。

(e) 制御データはそれぞれのTSについて変調方式や誤り訂正の符号化率などの指定を行うものである。この制御データは、外符号の誤り訂正とエネルギー拡散の処理が行われてから、TMCC信号として主信号に多重される。

(f) 内符号の誤り訂正として畳み込み符号の処理を行う。

(g) バースト信号は受信機でデジタル信号を復調するときに使うキャリアとデジタル信号を同期させるための基準信号である。

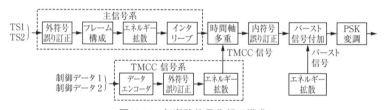

図11.14　伝送路符号化部の構成

(h) PSK変調：衛星では太陽電池で発電される電力を有効に使わなければならないから、波形を忠実に増幅する直線増幅器では電力効率が悪くて使えない。しかし、直線増幅でない場合には増幅された波形はひずむが周波数や位相の情報は維持されている。これは、受信したFM波の振幅を一定にクリップしても良好に受信できることからも理解できる。すなわち、位相変調波は増幅器の非直線範囲まで使って増幅しても問題ないことになるので、増幅器の電力効率

を上げることができる。このため、衛星放送では PSK 変調が使われている。BS デジタル放送では BPSK、QPSK、8PSK の三つの変調方式が選択でき、一回の変調で乗せることができる情報量はそれぞれ 1 [bit]、2 [bit]、3 [bit] であり、雑音に対する抵抗力は BPSK が一番強く、8PSK が一番弱い。

(i) 階層化伝送：一つの番組を異なった変調で同時に放送する方式である。例えば、ハイビジョンを 8PSK による画質の良い高階層とし、同じ番組を BPSK による低階層として 2 階層を同時に放送するような場合である。BS デジタル放送は 12 [GHz] 帯の電波を使っているため、降雨によって大きな減衰を受けることがあり受信できなくなることがある。この降雨の影響を少なくするために、降雨の影響が少ない低階層を同時に放送していれば、受信側で降雨の影響を検出したときに自動的に低階層に切り替えることができる。ただし、この切替えによって画質の低下はさけられないが、映像の遮断はさけられる。

(2) アップリンク部

伝送路符号化部で PSK 変調を受けた信号（中間周波数）はアップリンク部で地上局から衛星に送る電波に周波数変換され、TWT などで電力増幅されて大型のカセグレンアンテナから衛星に向けて送出される。

11.3.2 BS 放送波の伝送回線

(1) 伝送路の減衰量

BS などの放送衛星は静止衛星であるため地球からの距離が遠いので自由空間伝搬損が非常に大きい。また、衛星には大型アンテナを搭載できないので地球局から衛星への電波はある程度以上の強さが必要になる。このため、地球局からは利得の大きな大型アンテナを使って大電力の電波を送信しなければならない。一方、衛星では使用できる電力が限られているので、衛星から地球に送信する電波の電力は大きくできない。しかし、一般家庭で衛星放送受信用に設置できるアンテ

ナの大きさ（性能）には限度があるので、衛星からの電波も一定以上の強度が必要になる。このため、17/12GHz 周波数帯の場合、減衰（自由空間伝搬損）の少ない方の低い周波数（12GHz）をダウンリンクに、高い周波数（17GHz）をアップリンクにそれぞれ割り当てている。し

かし、雨などが降っている時には減衰（降雨減衰）が発生して、地球局から衛星へ電波が届かなくなることも考えられる。このようなことが起こらないようにするために、主地球局から遠く離れた気象条件が異なる場所に副地球局を設置して、降雨減衰の少ない方の回線へ切り替えて運用している。これを**サイトダイバーシティ**と呼び、図11.15のような構成になっている。

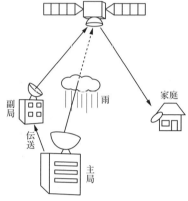

図11.15　サイトダイバーシティの構成

(2)　**中継器**

図11.16に放送衛星の中継器（トランスポンダ）の構成を示す。

中継器の動作は、

① 　地球局からの微弱な電波をアンテナで受信する。

② 　受信信号をダイプレクサで受信機へ振り分けて増幅する。ダイプレクサは送信と受信に同じアンテナを使うとき、受信信号を受信機へ導き送信機へは送らないようにし、送信機からの強力な電波をアンテナに導き受信機へは行かないようにする働きをする。

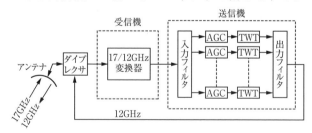

図11.16　放送衛星の中継器の構成例

③　アップリンクの周波数 17〔GHz〕をダウンリンクの周波数 12
〔GHz〕に変換する。

④　入力フィルタでチャネルごとに分離する。

⑤　AGC で信号強度を一定に保つ。

⑥　TWT 一つで 120〔W〕程度に電力増幅する。

⑦　出力フィルタで再合成してからダイプレクサでアンテナへ導き地
上へ送信する。

11.3.3　BS デジタルテレビ放送の特徴

BS によるデジタルテレビ放送は ISDB-S 伝送方式を採用し、高画
質のハイビジョン放送を実現している。その特徴の主なものは、

①　変調に TC8PSK（トレリス符号化 8 相位相変調）を採用するこ
とで、一つの中継器で 2 チャネルのデジタルハイビジョン放送を可
能にしている。

②　複数の番組を一つの信号として送ることができる。

③　一つの搬送波に異なる変調方式で変調した複数の番組を乗せるこ
とができる。

④　一つの番組を、高画質であるが雑音に弱い変調方式（TC8PSK）
と低画質で雑音に強い変調方式（BPSK）の二つで放送することに
より、降雨によって減衰が大きくなったとき受信側で自動的に
BPSK に切り替えて受信し、降雨による映像の遮断を少なくして
いる。

11.4　デジタルテレビ受信機

日本では現在、地上、BS、110度 CS の三つのデジタルテレビが放
送されている。これら三つの放送はそれぞれ電波型式が異なるので、
三つの放送すべてを受信するためには 3 台の受信機が必要になるが、
実際には 1 台で受信できるようになっている。このような受信機を 3
波共用デジタルテレビ受信機という。三つの放送が異なる点は、周波

数、変調方式、電波型式などであり、電波を復調してデジタル信号になった後は同じ回路を使うことができるように最初から設計されている。図11.17は3波共用デジタルテレビ受信機の構成例であり、フロントエンド部とバックエンド部に大きく分けられる。

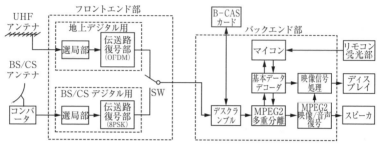

図11.17　3波共用デジタルテレビ受信機の構成例

11.4.1　アンテナ部

　受信機には、地上デジタル放送受信用の UHF 八木アンテナ接続端子と BS/CS 放送受信用のパラボラアンテナ接続端子が用意されている。UHF アンテナはそのまま接続しても良いが、通常、プリアンプ（ブースタ）で微弱な電波を増幅してから受信機に取り込む。BS/CS 受信用パラボラアンテナにはコンバータが内蔵されていて、衛星からの12GHz 帯の電波をケーブルを使って伝送できる 1GHz 帯の高周波信号にコンバータで変換してから受信機に取り込む。なお、プリアンプやコンバータを働かせるには電源が必要であるので、同じケーブルを利用して受信機から電力を供給している。

11.4.2　フロントエンド部

　それぞれ別の選局部において、地上デジタル放送と BS/CS デジタル放送の希望チャネルの高周波信号を、通常のスーパヘテロダイン受信機と同じ方法によって中間周波信号に周波数変換して増幅し、これを A/D 変換した後デジタル信号として伝送路復号部へ出力する。
　伝送路復号部では、送信側と逆の行程によって元の信号のデジタル

信号に復元してバックエンド部へ送る。すなわち、地上デジタル放送用の伝送路復号部では、OFDM 波を直交検波→ FFT →キャリア復調→デインタリーブ（インタリーブと逆の働き）→デマッピング（マッピングと逆の働き）→誤り訂正の順に行い、バックエンド部へ出力する。BS/CS デジタル放送用の伝送路復号部では、PSK 波を直交検波→デインタリーブ→エネルギー逆拡散→誤り訂正の順に行い、SW によって切り替えてバックエンド部へ送る。

11.4.3　バックエンド部

バックエンド部は地上デジタル信号と BS/CS デジタル信号で共通に使うことができる。フロントエンド部からの信号に**スクランブル**★がかかっている場合には、その鍵情報と B-CAS カードとの情報を照合してスクランブルを解除（デスクランブル）し、正常な TS 信号にする。**B-CAS カード**は受信機が許可されて製造されたものである場合にのみ発行される IC カードである。デジタル放送は何回コピーしても画質や音声が変わらないので、著作権保護のためにコピー回数に制限が設けられている。また、B-CAS カードが挿入されていない受信機で録画出力を作っても出力できないようになっている。

デスクランブルされた TS 信号は多重分離され、リモコンによる指示にしたがって必要な映像と音声などを取り出しディスプレイとスピーカに出力する。

★スクランブル：有料放送の場合、料金を支払った視聴者以外は画像が正常に見えないようにするために、放送局で画像をかきまぜる（スクランブル）操作のこと。

| 練 習 問 題 Ⅰ | 平成29年7月施行「二陸技」(A-4) |

次の記述は、図に示す我が国のFM放送（アナログ超短波放送）における主搬送波を変調するステレオ複合（コンポジット）信号等について述べたものである。□□□内に入れるべき字句の正しい組合せを下の番号から選べ。

(1) 左チャネル信号及び右チャネル信号から和信号及び差信号を作り、その内の和信号を主チャネル信号として、0〜15〔kHz〕の帯域で伝送する。副チャネル信号としては、38〔kHz〕の副搬送波を差信号で ┌ A ┐ 変調し、23〜53〔kHz〕の帯域で伝送する。なお、その副搬送波は、抑圧するものである。

(2) 19〔kHz〕のパイロット信号は、受信側で副チャネル信号を復調するときに必要な ┌ B ┐ を作るために付加する。

(3) 「主搬送波の最大周波数偏移」は±75〔kHz〕である。パイロット信号による主搬送波の周波数偏移は「主搬送波の最大周波数偏移」の10〔%〕である。また、主チャネル信号及び副チャネル信号による主搬送波の周波数偏移の最大値は、それぞれ「主搬送波の最大周波数偏移」の ┌ C ┐ である。

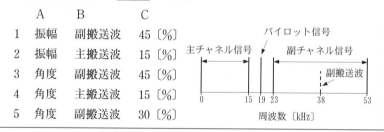

	A	B	C
1	振幅	副搬送波	45〔%〕
2	振幅	主搬送波	15〔%〕
3	角度	副搬送波	45〔%〕
4	角度	主搬送波	15〔%〕
5	角度	副搬送波	30〔%〕

練習問題 Ⅱ 　平成27年7月施行「二陸技」（A-1）

次の記述は、我が国の地上系デジタル方式の標準テレビジョン放送に用いられる送信の標準方式について述べたものである。 内に入れるべき字句の正しい組合せを下の番号から選べ。

(1) 映像信号の情報量を減らすための圧縮方式には、 A が用いられる。

(2) 圧縮された画像情報の伝送には、 B 方式が用いられる。この方式は、送信データを多数の搬送波に分散して送ることにより、単一キャリアのみを用いて送る方式に比べ伝送シンボルの継続時間が C なり、マルチパスの影響を軽減できる。

	A	B	C
1	MPEG2	残留側波帯（VSB）	短く
2	MPEG2	直交周波数分割多重（OFDM）	短く
3	MPEG2	直交周波数分割多重（OFDM）	長く
4	JPEG	残留側波帯（VSB）	長く
5	JPEG	直交周波数分割多重（OFDM）	短く

練習問題 Ⅲ 　平成30年7月施行「一陸技」（A-1）

次の記述は、我が国の標準テレビジョン放送等のうち地上系デジタル放送に関する標準方式で規定されているガードインターバルについて述べたものである。 内に入れるべき字句の正しい組合せを下の番号から選べ。

(1) ガードインターバルは、送信側においてOFDM（直交周波数分割多重）セグメントを逆高速フーリエ変換（IFFT）した出力データのうち、時間的に A 端の出力データを有効シンボルの B に付加することによって受信が可能となる期間を延ばし、有効シンボル期間において正しく受信できるようにするものである。

(2) ガードインターバルを用いることにより、中継局で親局と同一の周波数を使用する（SFN：Single Frequency Network）ことが可能であり、ガードインターバル期間長 C の遅延波があってもシンボル間干渉のない受信が可能である。

(3) 例えば、図に示すようにガードインターバル期間長が、有効シンボル期間長の1/4の252〔μs〕としたとき、SFNとすることができる親局と中継局間の最大距離は、原理的に約 D 〔km〕となる。ただし、中継局は、親局の放送波を中継する放送波中継とし、親局と中継局の放送波の送出タイミングは両局間の距離による伝搬遅延のみに影響されるものとする。また、親局と中継局の放送波のデジタル信号は、完全に同一であり、受信点において、遅延波の影響により正しく受信するための有効シンボル期間分の時間を確保できない場合はシンボル間干渉により正しく受信できず、SFNとすることができないものとする。

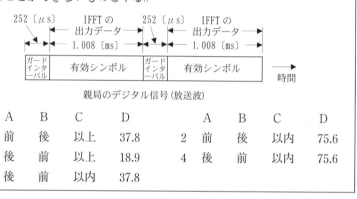

親局のデジタル信号 (放送波)

	A	B	C	D		A	B	C	D
1	前	後	以上	37.8	2	前	後	以内	75.6
3	後	前	以上	18.9	4	後	前	以内	75.6
5	後	前	以内	37.8					

第12章

航行支援システム

　航空機や船舶などが目的地に行くには、現在地を調べ障害物をさけて進まなければならない。このため、現在地を調べる方法としてGPSによる測位が、また、障害物を調べるには色々なレーダが広く使われている。しかし、GPS受信装置とレーダがあればいつでも安全に航行できるとは限らない。機器の故障や天候の急変によって遭難ということも考えられる。このような場合に備えて、救難システムが整備されている。この章では、これらの装置やシステムについて学ぶ。

12.1　測位システム

　測位システムは、過去において、電波の方向探知やロランなど多くの方法が使われてきたが、現在では測位システムの大部分でGPSが使われるようになった。

12.1.1　GPS

　周期が約12時間（高度約 20 200〔km〕）の移動衛星（測位衛星）を軌道傾斜角が約55度で軌道面の異なる6個の円軌道にそれぞれ4個ずつ計24個を配置し、地球上のどこからでも常に4個以上の衛星からの電波を受信できるようにしたシステムである。図12.1にGPS衛星の軌道と配置を示す。衛星には高安定度で高精度の原子時計が搭載されていて、時刻信号と軌道情報で搬送波を移相変調してからPN符

図12.1　GPS衛星の軌道と配置

号で拡散変調し、これを約 1.5〔GHz〕と約 1.2〔GHz〕の 2 波で送信している。この 2 波はそれぞれ異なる精度や情報を持っている。

測位には GPS 専用の受信機を使い、観測できる三つの衛星からの電波を受信し、それらの電波の到達時間と衛星の軌道情報から受信点の 3 次元位置を計算で求める。電波の到達時間を測るには、衛星の時計と受信機の時計が完全に一致していなければならないが、受信機の時計は衛星の時計ほど正確ではないので、4 番目の衛星の時計を使う。衛星から送信されている 2 波は、異なる周波数の電波が電離層を通過するときの遅延時間の差を利用して、電離層による測位精度の低下を補正するのにも使われている。

図12.2は GPS による測位の原理を描いたものである。例えば、衛星 S_1 と測位点 P までの距離 d_1 は、電波の到達時間を t_1 とすると、$d_1 = ct_1$〔m〕として求めることができる。ただし、c は光の速度である。S_1 の位置は軌道情報 (x_1, y_1, z_1) から分かるので、点 P は S_1 を中心にした半径 d_1 の球面上にあることになる。同様に、衛星 S_2 と S_3 からも半径 d_2 と d_3 の球面上にあることが分かるので、これら三つの球面の交わった点が測位点 P の位置 $(x_0、y_0、z_0)$ になる。この方式による実際の測位精度は十数メートルとされている。

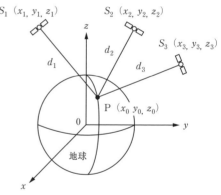

図12.2 GPS による測位の原理

12.1.2 RTK-GPS

RTK-GPS（リアルタイムキネマティック GPS）は、GPS の測位精度を上げるために、国土地理院が中心となって構築されたシステムであり、地上の基準点の座標（緯度、経度）と GPS による測位値との差を求め、その差を補正するための補正値を利用者へ配信している。

利用者はその補正値を使えば移動（キネマティック）しながらでも精度の良い測位ができる。

　現在、一般に使用されているシステムとしてネットワーク形 RTK-GPS がある。このシステムは測位をする者（移動局）が測位点の概略値をインターネットなどを使ってデータセンタへ送り、センタでは測位点の近くにある**電子基準点**★のデータを使って補正値を計算して送り返してもらう。移動局では、この補正値を使って GPS の測位値を補正して正確な位置情報を求める方法である。

12.2　レーダ

　レーダは、発射した電波が物体で反射して戻って来るまでの時間と方向、強度を観測して、物体（これをレーダでは**物標**という）の位置や移動速度などを表示する装置である。レーダには、パルスレーダ、CW レーダ、パルス圧縮レーダなど色々な種類があり、使用目的によって使い分けられている。

12.2.1　レーダの表示方式

　レーダの表示器（ディスプレイ）は観測によって得られた信号を最も分かりやすい形式の画像にして表示するものである。図12.3はその代表的な表示方式である。

　A スコープ：距離（パルスの遅れ時間）d を横軸、反射パルスの強度 E を縦軸として輝線で連続的に描く方式。オシロスコープなどで使われている。

　PPI スコープ：距離 d を半径方向、方位角 θ を回転角度にした円グ

★電子基準点：高さ 5 m のポールの上に GPS 受信機などを設置して GPS 信号を連続受信し、データを国土地理院へ送っている。現在、国内1300か所に設置されていて、これらの電子基準点のデータはリアルタイム（1秒間隔）で更新され配信されている。

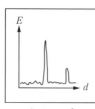 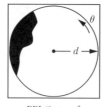 

| A スコープ | PPI スコープ | RHI スコープ |

図12.3　レーダ画像の表示方式

ラフ上の点に、観測値を輝点で描く方式（PPI：plan position indicator）であり、水平面の表示である。

RHI スコープ：距離 d を横軸、高さ h を縦軸で表した点に、観測値を輝点で描く方式で、垂直面の表示である。

12.2.2　パルスレーダ

ここで扱うパルスレーダは、細いパルスで振幅変調したマイクロ波を水平方向に360°連続回転するアンテナから放射し、物標からの反射波を同じアンテナで受けて PPI スコープで表示する方式のレーダである。この本では、このパルスレーダを単にレーダと呼ぶことにする。

(1)　レーダ装置の構成

図12.4はレーダ装置の構成例であり、送信部、受信部、表示部、アンテナから構成されている。

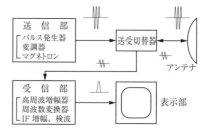

図12.4　レーダ装置の構成

(a)　送信部

パルス発生器で周期が一定の細いパルスを発生し、これを変調器を通してマグネトロン（またはクライストロン）に加える。マグネトロンはパルスが加わっている間だけマイクロ波を発振し、高周波パルスを作る。これを送受切替器（ダイプレクサ）を通してアンテナへ送り電波として発射する。

238

(b) **受信部**

　戻って来た反射波を同じアンテナで受信し、送受切替器を通して通常の受信機と同様にして、高周波増幅、周波数変換、中間周波増幅、検波して映像信号として出力する。受信部には、レーダ画面を見やすくするための色々な回路が組み込まれている。図12.5は受信部の構成を少し詳しく描いたものである。

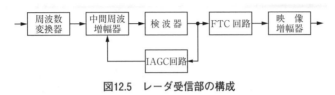

図12.5　レーダ受信部の構成

・IAGC（**瞬間自動利得調整**）

　強い反射波や他のレーダ電波の混信などがあると、中間周波増幅器の出力が飽和してしまい正常な増幅ができなくなる。これを避けるために、強い電波が入った瞬間だけ中間周波増幅器の増幅度を小さくする回路がIAGCである。通常の受信機では、電波の強度はフェージングなどによってゆるやかに変動するので、通常のAGCはゆっくり変化するように作られている。

・STC（**海面反射抑制回路**）

　遠方からの反射波は弱いので、良く見えるようにするには受信機の感度を上げる必要がある。しかし、波が高く海面が荒れているときに感度を上げると近くからの反射波も同時に大きく増幅されることになり、その結果ディスプレイの中心部分だけが特に明るくなって遠方からの弱い反射波が見えにくくなる。このため、遠くからの反射波に対しては感度を上げ、近くからの反射波には感度を下げるようにするSTC回路が備えられている。

・FTC（**雨雪反射抑制回路**）

　雨や雪が降ると、これらからの小さな反射波が重なり合って、図12.6(a)のような山形の反射波になる。この反射波は物標からの反射波をマスクしてしまうため、物標が見えにくくなる。FTC回路は雨

や雪からの反射を抑えて物標からの反射を見やすくするための回路である。この回路は微分回路（15.1.1項参照）であり、微分回路は波形の変化部分を強調するので、図(a)の波形を微分回路に通すと図(b)のようになり、物標からの反射波がよく見えるようになる。

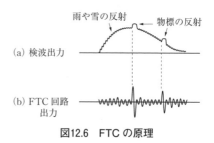

図12.6　FTC の原理

(c) 表示部

表示器は輝点を画像の中心から半径方向へ掃引するとともに360°回転させる PPI スコープを作る。輝点の明るさは受信部からの検波出力を映像増幅器で増幅して得られた電圧で制御される。また、回転角度はアンテナの方位角に同期している。

(d) アンテナ

アンテナは、送信部からのマイクロ波パルス電波を送信し、その反射波を受信して受信部へ送ると同時に、アンテナ回転角（方位角）の情報を表示器へ送る。アンテナから放射される電波の方向特性（指向性）は、図12.7のように、水平方向は非常に狭く１〜数度であり垂直方向は比較的広い（数十度）扇型（**ファンビーム**）をしている。水平方向に狭い理由は、方位分解能（次の項で述べる）を良くするためであり、また、垂直方向に広いのは、船がゆれても物標を見失わないようにすることと最小探知距離（次の項参照）を短くするためである。

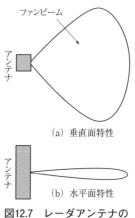

図12.7　レーダアンテナの指向性

(2) **レーダの性能**

(a) **パルス電波の電力**

図12.8のように、送信するパルス電波の幅を τ〔s〕、繰返し周期を

T〔s〕としたとき、パルス電波の電力（尖頭電力）を周期 T につい
て平均した電力を**平均電力**という。この二つの電力の関係を求めるた

め、尖頭電力を P_m、平均電力を P_a
とすれば、尖頭電力の面積（$P_m \times \tau$）
と平均電力の面積（$P_a \times T$）が等し
いので、次式が得られる。

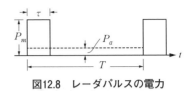

図12.8　レーダパルスの電力

$$P_m \tau = P_a T$$

$$\therefore \quad P_a = \frac{\tau}{T} P_m = DP_m \text{〔W〕} \qquad \cdots (12.1)$$

上式において、D を**衝撃係数（デューティファクタ）**といい、次式
で表される。

$$D = \frac{\tau}{T} \qquad \cdots (12.2)$$

⒝　**物標までの距離**

電波が物標で反射して戻ってくるまでの時間を t〔s〕とすれば、t
は物標までの距離（**探知距離**）d〔m〕を往復する時間であるので、
探知距離 d は次式で求められる。ただし、電波の速度を c〔m/s〕と
する。

$$d = \frac{1}{2} ct \text{〔m〕} \qquad \cdots (12.3)$$

ここで、$c = 3 \times 10^8$〔m/s〕であり、t を〔μs〕（マイクロ秒）とす
れば、上式は次のようになる。

$$d = \frac{1}{2} ct = \frac{1}{2} \times 3 \times 10^8 \times t \times 10^{-6} = 150t$$

$$\therefore \quad d = 150t \text{〔m〕} \qquad \cdots (12.4)$$

(c)　最大探知距離

　遠くにある物標を探知するには、大きな電力のパルス電波が必要であり、また、小さな反射波でも受信できる感度の良い受信機も必要になる。レーダで探知できる最大距離を**最大探知距離**といい、これを R_{max} とすれば、**レーダ方程式**★から R_{max} は次式となる。ただし、パルス電波の送信電力を P_m〔W〕、受信機で検出できる最小受信電力を S_{min}〔W〕、K を定数とする。

$$R_{max} = \sqrt[4]{K \frac{P_m}{S_{min}}} \ \text{〔m〕} \qquad \cdots(12.5)$$

　定数 K は、アンテナの利得を G、電波の波長を λ、物標の**レーダ断面積**★★を σ とすれば次式のようになる。

$$K = \frac{G^2 \lambda^2 \sigma}{(4\pi)^3} \qquad \cdots(12.6)$$

　式（12.5）から、最大探知距離は送信電力の 4 乗根に比例し、最小受信電力の 4 乗根に反比例する。また、式（12.6）を式（12.5）へ代入すると、アンテナ利得と波長の平方根に比例することが分かる。

　送信電力は、図12.8から $P_m \times \tau$ であるので、送信電力を大きくする

- -

　★レーダ方程式：レーダに帰ってくる電波の電力を S〔W〕、アンテナの利得を G、電波の波長を λ〔m〕、レーダ断面積を σ〔m²〕、物標までの距離を R〔m〕、送信電力を P〔W〕とすれば、次式の関係がある。

$$S = \frac{G^2 \lambda^2 \sigma}{(4\pi)^3 R^4} P$$

★★レーダ断面積：物標で反射されてレーダまで戻って来た電波の強度が、物標の代わりに置かれた完全反射する仮想的な平面によって反射されたものと考えて、その平面の面積 σ〔m²〕をレーダ断面積という。一般に、物標は電波を散乱させるので、レーダに戻る電波の強度は物標の断面で完全反射すると仮定した強度より小さくなる。したがって、散乱断面積は物標の断面積より小さい。

にはパルスの振幅 P_m を大きくするとともに幅 τ も大きくすればよい。また、遠方からの反射波は戻って来るまでに時間がかかるので、パルスの繰返し周期 T を反射波の時間 t_1 よりも長くしなければならない。もし、T が t_1 よりも短いと、図12.9のように、反射波 P'_1 は次の送信パルス P_2 の後に受信されることになるから、近距離からの反射波（P_2 の反射波）として誤って表示されてしまう。船舶用のパルスレーダの場合、最大探知距離の限界は電波の見通し距離（ほぼ水平線までの距離）である。この見通し距離を延ばすにはレーダアンテナの設置場所を高くする。

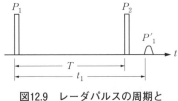

図12.9　レーダパルスの周期と反射波時間

（d）　**最小探知距離**

物標までの距離が近ければ反射波が戻る時間 t_1 が短くなる。もし、t_1 が送信パルス幅 τ より短くなると、図12.10のように、反射波は送信パルスと重なってしまう。送信パルス電波が出ている間はレーダ画面には何も描かれないようになっているので、このようになると正確な近距離反射波を見ることはできない。したがって、$t_1 = \tau$ が限界であり、そのときの距離（150τ〔m〕、ただし τ〔μs〕）がパルス幅 τ で決まる最小探知距離である。また、最小探知距離はアンテナの特性と設置する高さにも影響される。図12.11のように、アンテナから電波が照射されない範囲の角度を死角といい、死角によって決まる最小探知距離 R_{min} もある。したがって、実際の最小探知距離はパルス幅の条件とアンテナの条件（死角）によって決まる二つの最小探知距離の

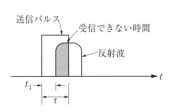

図12.10　パルス幅による最小探知距離

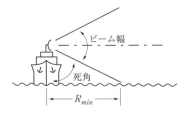

図12.11　死角による最小探知距離

うち長い方の距離である。最小探知距離は近距離を見ることができる性能であるので、短いほど良いことになる。

(e) **距離分解能**

二つの物標が前後に並んでいるとき、その二つの物標をレーダ画面によって区別できる最小の距離を**距離分解能**という。図12.12のように、遠い物標からの反射波 B が近い物標からの反射波 A より t だけ遅れて受信されたとすれば、二つの物標間の距離 d は $150t$〔m〕（ただし t は〔μs〕）である。パルスには幅が τ だけあるから、d が小さくなって t が τ より短くなると反射波 A と B が重なってしまい、二つの物標を区別できなくなる。その限界は $t = \tau$ であり、それに対応する距離が距離分解能で 150τ〔m〕（ただし τ は〔μs〕）となる。したがって、距離分解能を良くするにはパルスの幅 τ を狭くすればよいことになるが、狭くしすぎると送信電力（$P_m \times \tau$）が小さくなって最大探知距離が短くなってしまう。

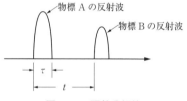

図12.12　距離分解能

(f) **方位分解能**

同じ距離にある二つの物標をレーダ画面によって見分けることができる最小の角度を**方位分解能**という。アンテナは水平に回転しながら物標を電波で照射する。このとき、アンテナから放射される電波には一定の幅 δ（ビーム幅）があるので、たとえ物標が点のように小さくても、レーダ画面には図12.13のように、幅のある物標として表示される。二つの物標間の距離が短くなって角度 θ が狭くなったとき、二つの物標の映像が重なってしまい分離できなくなる限界の角度 θ を方位分解能という。したがって、方位分解能を良くするにはアンテナの水平方向のビーム幅 δ を狭くすればよい。

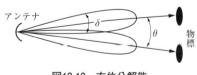

図12.13　方位分解能

12.2.3 CWレーダ

CWレーダは、CWつまり連続波を使ったレーダのことであり、パルスレーダのように送信時と受信時の区別がなく常に送信と受信を同時に行っている。CWレーダには、ドップラーレーダ、FM-CWレーダ、チャープレーダなどがある。

(1) ドップラーレーダ

移動している物体（移動体）に音波や電波を照射すれば、その反射波はドップラー効果によって周波数が変わる。固定しているドップラーレーダに速度 v〔m/s〕で向かって来る移動体に周波数が f〔Hz〕の電波を照射したとき、その反射波のドップラー効果による周波数変化量 f_D〔Hz〕（これを**ドップラー周波数**という）は次式で与えられる。ただし、c を光速〔m/s〕とする。

$$f_D = \frac{2vf}{c} \ \text{〔Hz〕} \qquad \cdots (12.7)$$

したがって、移動体の速度は次式となる。

$$v = \frac{cf_D}{2f} \ \text{〔m/s〕} \qquad \cdots (12.8)$$

ただし、ドップラーレーダでは物標までの距離を測ることはできない。

もし、移動体が図12.14のように、斜め方向に進んでいるとすれば、式（12.8）の v は移動体の真の速度ではなく、レーダから見た速度（相対速度）である。移動体が速度 v_0〔m/s〕で進んでいるとき、移動体の進む方向とレーダ電波の方向との間の角度が θ になった瞬間の相対速度 v は、$v = v_0 \cos\theta$ であるので、これに式（12.8）を代入すれば次式が得られる。

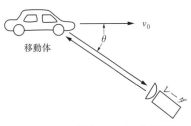

図12.14 移動体とレーダの位置関係

$$v_0 = \frac{v}{\cos\theta} = \frac{cf_D}{2f\cos\theta} \ \text{(m/s)} \qquad \cdots(12.9)$$

上式を変形すると次のようになる。

$$f_D = \frac{2fv_0}{c}\cos\theta$$

この式で v_0 が一定だとすれば、f_D と $\cos\theta$ は比例するので、$\theta = 90°$ のとき f_D は 0 になる。すなわち、電波の方向と直角に進む移動体の速度は測れないことになる。

なお、移動体とレーダの関係を入れ替えて、ドップラーレーダを移動させても全く同じ式が使える。実際に、航空機にドップラーレーダを搭載して対地速度を測っている。

(2) FM-CW レーダ

ドップラーレーダでは周波数が一定の電波を使ったが、FM-CW レーダでは周波数が連続的に変わる電波（FM 波）を使って物標までの距離を測定できる。図12.15(a)のように、周波数 f_0 を中心にして一定周期で周波数が直線的に高低を繰り返す電波を送信（図の実線）し、物標からの反射波（図の破線）を受信する。物標までの距離を R〔m〕とすれば、反射波は時間 $t = 2R/c$〔s〕だけ遅れて戻ってくる。この t〔s〕のあいだに送信周波数は f_b だけ変化しているので、送信波と受信波を合成すると周波数が f_b〔Hz〕のビート（うなり）を生じることになる。すなわち、R は t に比例し t は f_b に比例するので、距離 R はビート周波数 f_b に比例することになり、距離を求めることができる。同図(b)は f_b

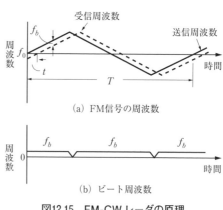

(a) FM信号の周波数

(b) ビート周波数

図12.15　FM-CW レーダの原理

の変化の様子であり、送信周波数が増加から減少、または減少から増加に変化する短いあいだ以外は一定である。もし、物標が移動しているとすれば、ドップラー効果が生じて反射波の周波数が変化するが、送信周波数が増加しているときと減少しているときではドップラー効果は逆に現れるので、周波数変化の1周期 T についてビート周波数を平均すればドップラー効果は打ち消されることになる。

FM-CW レーダの特徴は、パルスレーダのような高電力を必要としないので小型にでき、航空機の高度計などとして使われている。

12.3　航空支援システム

航空機を安全に運行するために必要な情報を得るには、レーダやGPS、無線通信などのようにすべて電波を使う。航空機にとって、離着陸を安全に行うことは最も重要なことであり、このため特に空港周辺には電波を使った色々な設備が設置されている。

12.3.1　航空交通管制用レーダ

航空用のレーダには、航空機を管制するために必要な情報を得るための最適な方式のレーダが使われている。

(1)　SSR

SSR は航空交通管制（ATC）用の 2 次レーダ★のことであり、2 次監視レーダとも呼ばれる。航空交通管制では、1 次レーダ★によって航空機の位置を知ることはできるが、管制に必要な航空機の便名や高度などの詳しい情報は得られない。そこで、SSR を 1 次レーダに併

★ 2 次レーダ：通常のレーダ（これを 1 次レーダとも呼ぶ）のように反射波を受信するのではなく、情報を得たい相手に質問信号を送り、相手からの応答信号を受けて情報を得るレーダである。この 2 次レーダの特徴は 1 次レーダでは検出できないような遠方に居る相手の情報が正確に得られることである。

設してこれらの情報を得ている。SSR は図12.16のように、地上に設置して航空機に質問信号を出すレーダ（**インターロゲータ：質問機**）である。もし、航空機に**トランスポンダ**（応答機）が搭載されていれば、インターロゲータから、その航空機宛てに出された質問に対してその航空機の情報（航空機の識別番号、飛行高度、位置情報など）を自動的に応答する。SSR ではこの応答信号を受信して管制室へ送り、処理装置で解析して得られた情報を1次レーダの情報とともにレーダ画面上に記号や英数字で表示する。これら一体の装置は ATC レーダビーコンシステム（ACTRBS）と呼ばれ、航空交通管制で非常に重要な装置である。

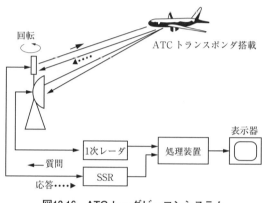

図12.16　ATC レーダビーコンシステム

⑵　**ARSR**

ARSR は**航空路監視レーダ**であり、半径約200海里（約 370〔km〕）の範囲内に居る航空機を検出するための高出力1次レーダと SSR を組み合わせた装置である。このレーダ装置は遠方の航空機を検出するために、小高い山頂などに設置されていて、航空交通管制部と専用回線で結ばれている。

⑶　**ORSR**

ORSR は**洋上航空路監視レーダ**と呼ばれ、ARSR では監視できない半径約 470〔km〕までの空域を飛行する国際線航空機を監視する2次監視レーダであり、航空機の便名、位置、高度などの情報を得るのに使われている。

⑷　**ASR**

ASR は**空港監視レーダ**であり、空港の周辺に居る航空機を監視す

るための中距離用1次レーダで、SSRと組み合わせて使われる。管制官はこのレーダを見て複数の航空機相互の位置関係を把握し、空港まで誘導する。

(5)　ASDE

ASDEは**空港面探知レーダ**であり、図12.17のように空港面上に居る航空機や車両などの位置や移動を把握するために使われる。特に、濃霧や夜間の目視ができないときに便利である。このレーダは近距離用であるので、パルス幅を細くすることで距離分解能を良くし、最小探知距離も短くしている。また、水平方向のアンテナビーム幅を狭くして方位分解能も上げている。

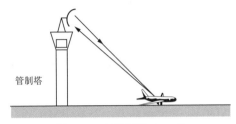

管制塔

図12.17　空港面探知レーダ

(6)　ATCトランスポンダ

これは上記SSRで述べたトランスポンダのことであり、航空機に搭載されている送受信機である。**ATCトランスポンダ**はSSRからの質問に応答するだけでなく、飛行中に他の航空機衝突防止装置から出される質問にも応答する重要な役目を持っている。

12.3.2　航空機搭載レーダ

(1)　航空機衝突防止装置（ACAS）

ACASは、飛行中に対向する航空機がACASを搭載していれば、その航空機は自機のアドレスを毎秒1回送信しているので、これを受信してさらに必要な情報を要求し、その航空機を監視する。また、ACASを搭載していない場合には、自機のACASから質問を送り回答を得て、その航空機を監視する。得られた情報とその航空機からの電波の方向、距離を総合的に解析し、その航空機が衝突する可能性があるか判断して、必要ならばパイロットに対して近接情報や衝突回避指示を出す。

(2) 気象レーダ

飛行中の航空機は安全のために針路の気象状況を常に把握している必要がある。このため、**気象レーダ**（WX レーダ）を搭載して針路を中心にした一定範囲にある雲、雨、ひょうなどを観測して表示し、もし危険性があればパイロットはこれを避けて運行する。気象レーダは通常のパルスレーダであるが特に精度の良い観測ができるように作られている。

(3) 電波高度計

航空機で使われる高度計には、海抜の高さを示す気圧高度計と地表面（山、海面を含む）からの高さを測定する電波高度計の2種類がある。さらに、電波高度計にはパルスレーダ方式とFM-CW 方式があり、特に FM-CW 方式は750〔m〕以下の低高度電波高度計として着陸の際に使われる重要な計器である。図12.18は電波高度計の構成である。

4.3〔GHz〕帯

地表面

図12.18　電波高度計の構成

12.3.3　無線航法装置

航空機が目的地へ向かって飛行するためには自機の位置や方向、高度や速度などの情報が必要である。これらの情報は地上に設置されている装置から電波によって送られたり、航空機が搭載する無線機器によって得られる。航空機がこのような電波を使って飛行する方法を**無線航法**という。無線航法装置には VOR、DME、ILS、NDB、GPSなどがあるが、GPS についてはすでに説明しているので省くことにする。

(1) VOR

VOR は**超短波全方向式無線標識**とも呼ばれ、VHF 帯（108～117〔MHz〕）の電波を使い、VOR の設置場所から見た航空機の磁方位（方位磁石で測った方位）を連続的に与える地上送信施設である。VOR

には、標準 VOR（CVOR）とドップラーVOR（DVOR）がある。標準 VOR は装置が簡単であり容易に大きな電力の送信ができるので遠方でも使える。一方、ドップラーVOR は標準 VOR より精度の良い情報を提供できる。

(a) 標準 VOR（CVOR）

CVOR 局の水平面のアンテナ放射パターンは、図12.19のような**カージオイド特性**★になっていて、これが30〔Hz〕で回転している。このアンテナから30〔Hz〕で周波数変調された一定強度の FM 波（基準位相信号となる）を放射し、これを航空機で受信すると、振幅が30〔Hz〕で AM され、さらに周波数も30〔Hz〕で FM された電波となる。受信した電波の AM 成分は、図12.20のように航空機の居る場所によって位相が異なる30〔Hz〕の信号（可変位相信号）となる。もし、磁北の方向に航空機が居るときに基準位相信号との位相差がちょうど0度になるように設定しておけば、CVOR 局から航空機を見た磁方位 θ と可変位相信号の位相角が一致する。したがって、航空機は CVOR 局の電波を受信し、FM 成分から30〔Hz〕の基準位相信号を取り出し、AM 成分から可変位相信号を取り出して二つの信号を比較することにより CVOR 局から見た自機の磁方位 θ を知ることができる。例えば、図12.20に示すように位相差が90°であれば VOR 局から見た自機の方向は E（東）であることが分かる。

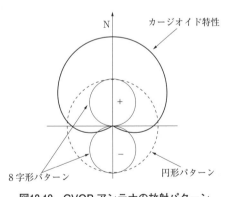

図12.19　CVOR アンテナの放射パターン

★カージオイド特性：アンテナの円形放射パターンと8字放射パターンを合成してできるパターンである。このカージオイド特性を回転させるには8字放射パターンを回転させるだけでよい。

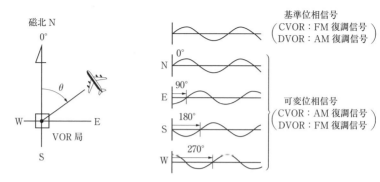

図12.20　VOR 局から見た航空機の方位と可変位相信号の位相

(b)　ドップラーVOR（DVOR）

　図12.21のように、平面大地上の一点 O を中心にして毎秒30回転するアンテナから一定周波数の電波を放射し、これを航空機で受信すると周波数がドップラー偏移を受けて変化する FM 波となる。実際にはアンテナを回転させるのではなく、円周上に等間隔に48個または50個のアンテナを並べておき、電波を出すアンテナを順次切り替えることによりアンテナを回転させるのと同じ効果を得ている。この FM 波を周波数弁別器で復調すると 30〔Hz〕の可変位相信号が得られる。また、基準位相信号は、円の中心 O に置かれたアンテナから放射されている 30〔Hz〕で振幅変調された AM 波から得られる。DVOR はCVOR と変調方法が逆になっているが、これは航空機に搭載されている受信機に手を加えることなく二つの VOR を使用できるようにするためである。

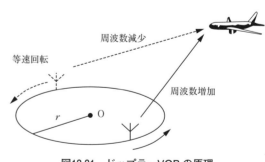

図12.21　ドップラーVOR の原理

(2)　DME

　DME（測距装置）は航空機に搭載されている 2 次レーダのトラン

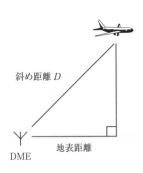

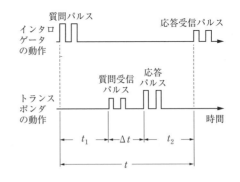

(a) 斜め距離と地表距離　　　(b) 質問パルスと応答パルスの関係

図12.22　DMEによる斜め距離測定法

スポンダと同じものが地上に設置されていると考えてよい。したがっ
て、SSRとは逆に、航空機側がインターロゲータで、地上にある
DME側がトランスポンダになる。図12.22(b)のように、航空機から
質問パルスを送ったとき、これをDMEが t_1〔s〕後に受信したとす
れば、DMEは質問パルスを受信してから決められた一定時間 Δt〔s〕
を空けて応答パルスを送信する。この応答パルスを航空機が受信する
までの時間 t_2〔s〕は、航空機が Δt〔s〕の間にほとんど移動していな
いと考えてよいので、ほぼ t_1〔s〕である。したがって、航空機が質
問信号を出してから応答信号を受けるまでの時間 t を測定すれば、t
$= t_1 + \Delta t + t_2 = 2t_1 + \Delta t$〔s〕であるから、$\Delta t$ が分かっているので航空
機からDMEまでの直線距離 D（斜め距離ともいう、図12.22(a)）は、

$$D = ct_1 = c\left(\frac{t - \Delta t}{2}\right)$$

として求めることができる。ただし、c は光速である。

(3)　ILS

ILS は**計器着陸装置**と呼ばれ、図12.23に示すように、ローカライ
ザ（水平方向の基準進入コースを与える誘導電波）、グライドパス（垂
直方向の進入コースを与える誘導電波）、マーカビーコン（滑走路か

ら通過地点までの距離を与える電波）の３種類の電波によって構成されていて、着陸しようとする航空機に対して、滑走路に正しく進入するためのコースを与える。航空機は、これらの電波が与えるコースに乗れば、霧などで滑走路が見えないときでも安全に正しく着陸することができる。

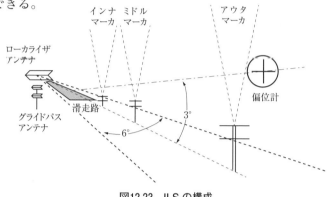

図12.23　ILS の構成

(a)　ローカライザ

ローカライザは滑走路へ着陸しようとする航空機に対して、滑走路の中心線の延長線（着陸進入コース）からの左右方向のずれを与える装置である。図12.24に示すように、滑走路の先端に設置されているローカライザアンテナから滑走路に進入してくる航空機に対して、90〔Hz〕と150〔Hz〕で変調した VHF 帯（110〔MHz〕付近）の電波を図のような強度パターンで発射する。これを航空機が受信すると、自機が着陸進入コースから右にずれていれば150〔Hz〕信号が強くなり、左にずれていれば90〔Hz〕信号が強くなる。また、正しい進入コースに乗っていれば二つの信号の強さは等しくなる。この二つの信

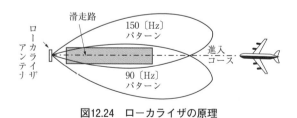

図12.24　ローカライザの原理

号の差はコックピットに装備されている偏位計に縦線で表示されるので、パイロットはこの縦線が中央に来るように航空機を操縦すれば着陸進入コースからの左右のずれを少なくできる。

(b) グライドパス

グライドパスはグライドスロープとも呼ばれ、図12.25に示すように、滑走路の横に設置されているグライドパスアンテナから、ローカライザと同様に、90〔Hz〕と150〔Hz〕で変調したUHF帯（330〔MHz〕付近）の電波を発射する。航空機がこれを受信すると、決められた降下角度（通常2.5～3度）の降下コースの上側では90〔Hz〕が強く、下側では150〔Hz〕が強い。この二つの信号の差は偏位計に横線によって表示され、差が0のとき横線が中央に来るように設定されている。パイロットはこの横線が中央に来るように航空機を操縦すれば進入コースからの上下のずれを少なくできる。

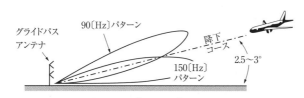

図12.25　グライドパスの原理

　したがって、パイロットは図12.23に示すような偏位計の縦線と横線のクロスポイント（交点）が中央に来るように操縦すれば、正しい進入コースに乗って安全に着陸できることになる。

(c) マーカビーコン

マーカビーコンは進入コースに沿って降下する航空機に対して地上から電波を発射し、その地点から滑走路端までの水平距離を与えるもので、図12.23に示すように、アウタマーカ、ミドルマーカ、インナマーカの三つがある。**アウタマーカ**は滑走路端から6.5～11.1〔km〕の地点に、**ミドルマーカ**と**インナマーカ**はそれぞれ900～1 200〔m〕と75～450〔m〕の地点に設置されている。各マーカは異なった周波数と断続音で変調されたVHF帯の電波を上空に向けて放射してい

る。パイロットはこの異なった周波数の断続音とランプによる表示で滑走路端までの距離を知ることができる。

⑷　NDB

NDB は**無指向性無線標識**とも呼ばれ、位置（緯度経度）が分かっている地上からパルス符号で変調した電波を発射する無線局である。これを航空機で受信し、搭載している ADF（自動方向探知器）で電波の発射されている地点の方向を探知して、機首をその方向に向けて飛行することにより NDB の上空を通過することができる。NDB は長中波帯の電波を使うため雑音などが多く VOR と比べて精度が落ちるが、装置が簡単で経済的であるので離島などに設置されることが多い。

12.4　GMDSS

GMDSS（**全世界的な海上遭難・安全システム**）は一つの機器の名前ではなく、海上における遭難と安全の世界的制度により、船舶などの遭難と安全を目的にして作られた装置や送受信機であって、国際海事機関（IMO）によって GMDSS システムとして認められたものである。したがって、GMDSS システムには、遭難を知らせるシステム、安全を確保するシステム、気象状況などの運行に必要な情報を提供するシステムなどの独立した多数のシステムがある。ここでは、それらのうち代表的なシステムについて述べる。

12.4.1　緊急・安全通信システム

⑴　狭帯域直接印刷電信

狭帯域直接印刷電信（NBDP）は、送信側でキーボードにより文章などをたたくと、その文字が符号に変えられて電波に乗せて送信され、受信側でこれを受けて文字に変換し、タイプ印字される通信方式である。電波型式は F1B で、変調速度100〔ボー〕の FSK（周波数偏移変調）による短波帯の電波を使っている。信号は1 700〔Hz〕の

サブキャリアを±85〔Hz〕でFSKしてSSB波にしたもので、高い周波数1 785〔Hz〕（＝1 700＋85）をスペース、低い周波数1 615〔Hz〕（＝1 700−85）がマークに決められている。短波帯の通信ではフェージングや雑音によって誤りが多く発生するので、ARQまたはFECによる誤り訂正が行われている。ARQは自動再送要求方式であり、受信側で誤りが検出されると、誤りがなくなるまで何回でも再送要求するので正確な情報を伝達できる。FECは前方訂正方式であり、同じ符号を2回ずつ送信し、受信側で二つの符号が一致したときに正しいと判定されてその符号が印字されるが、それ以外の符号は誤りマークとして＊（アスタリスク）が印字される。このNBDPは、古くから行われてきた通信士によるモールス通信に代わるものとして、船舶で採用されるようになった。

(2) デジタル選択呼出し（DSC）

DSCは狭帯域直接印刷電信を使って、グループや特定の局を自動的に選んで回線を設定し、送信側と受信側が同期をとって情報を送受することのできる通信である。10〔bit〕のデジタル信号を、中波と短波では100〔ボー〕、超短波では1 200〔ボー〕の速度でFSかSSBの変調で送信する。デジタル信号にはそれぞれ意味を持たせてあり、例えば全船呼出し、遭難呼出し、遭難の種類などがある。遭難呼出しを受信した場合にはそれを表示、印字して必要に応じて応答信号を出す。また、自船が遭難したときにはボタン一つで遭難信号を出せる機能を持っている。

(3) EGC/EGC 受信機

EGCはインマルサット高機能グループ呼出しであり、インマルサットを利用して全船舶向け、地域別向け、船団向けに行われる一斉放送サービスである。このサービスには、遭難安全通信を行うためのセーフティネットと一般通信を行うためのフリートネットの二つがある。EGC受信機はこの放送を受信する専用の受信機であり、NAVTEX（次の項参照）のサービス域の外の海域を航行する船舶に搭載が義務付けられている。インマルサット地球局がEGCにより情

報を送信すると、インマルサット経由で目的の船舶に搭載されている EGC 受信機によって自動受信される。

⑷　インマルサット C システム

このシステムは10.2.2項で述べたとおり、蓄積転送によりテレックス、データ通信、E メール、FAX のサービスがあり、小型軽量のため車両、小型船舶、小型航空機などに搭載されている。C システムの端末（C 端末）には EGC 受信機が組み込まれているので、C 端末を搭載している船舶は EGC 受信機が搭載されているとみなされる。

12.4.2　航行情報伝達システム

⑴　NAVTEX

NAVTEX（ナブテックス）は**航行警報テレックス**とも呼ばれ、日本沿岸から300海里以内を航行する船舶に、定時または随時に英文で放送される海上安全情報である。電波型式は F1B で中波帯 518〔kHz〕の電波を使った狭帯域直接印刷電信（NBDP）による放送である。日本では、このほかに 424〔kHz〕の電波で和文による放送も行われている。海上安全情報は、航行警報、気象警報、遭難救助情報などの緊急情報などであり、これらのうち遭難通報のような緊急情報などの重要な情報の受信は拒否できないが、それ以外は選択受信ができる。

12.4.3　遭難位置指示装置

⑴　SART

SART は**捜索救助用レーダトランスポンダ**とも呼ばれ、船舶に搭載されるトランスポンダであり、遭難したときに他の船舶や航空機、捜索艇などのレーダ画面に遭難した場所を表示させる小型装置である。SART は、船舶や航空機などのレーダが出す 9〔GHz〕帯の電波を受信すると、受信したことを音声やランプなどで同乗者に知らせるとともに、発振回路が作動して 9〔GHz〕のレーダ周波数帯の範囲内で 300〔MHz〕にわたって周波数が一方向に直線的に変化する電波を連続12回繰り返して発射する。この電波はレーダ電波の反射波と同じに

なるので、レーダ電波を出した船舶（捜索艇）や航空機などのレーダ画面には、図12.26のように、SARTのある場所からディスプレイの中心点（自船や自機の居る点）とは反対方向に12個の輝点が表示される。このため捜索艇や航空機などは、遭難した船（遭難艇）までの距離と方向を知ることができる。有効範囲は海上で10マイル、航空機で30マイルである。

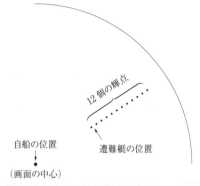

12個の輝点

自船の位置
↓
（画面の中心）

遭難艇の位置

図12.26　SARTの電波を受信したレーダ画面

(2)　EPIRB

　EPIRB（イーパブ）は非常用位置指示無線標識と呼ばれ、これを搭載した船舶が遭難したとき、沈没すれば水圧によって自動的に離れて浮上し406〔MHz〕の遭難信号を発射する。また、救命艇などに持ち込めば、手動で遭難信号を発射することができる。この遭難信号は、コスパス・サーサット衛星によって受信されて一旦蓄積され、地球局によって取り出されてEPIRBの電波のドップラー偏移から発射点が求められる。コスパス・サーサット衛星は約100分で地球を一周する極軌道衛星で、4個以上が回っているので、地球上のどこからでも常時いずれかの衛星を利用することができる。

練 習 問 題 Ⅰ　　平成30年1月施行「二陸技」（A-12）

　次の記述は、図に示す航空用 DME（距離測定装置）の原理的な構成例について述べたものである。□□内に入れるべき字句の正しい組合せを下の番号から選べ。

(1) 地上 DME（トランスポンダ）は、航空機の機上 DME（インタロゲータ）から送信された質問信号を受信すると、自動的に応答信号を送信し、インタロゲータは、質問信号と応答信号との　A　を測定して航空機とトランスポンダとの　B　を求める。

(2) トランスポンダは、複数の航空機からの質問信号に対し応答信号を送信する。このため、インタロゲータは、質問信号の発射間隔を　C　にし、自機の質問信号に対する応答信号のみを安定に同期受信できるようにしている。

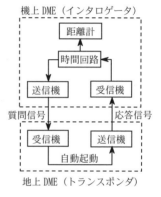

機上 DME（インタロゲータ）

	A	B	C
1	時間差	方位	一定
2	時間差	距離	一定
3	時間差	距離	不規則
4	周波数差	方位	不規則
5	周波数差	距離	一定

練 習 問 題 Ⅱ　　平成30年1月施行「二陸技」（A-13）

　パルスレーダーにおいて、受信機の入力端子の有能雑音電力 N_i〔W〕及び物標からの反射波を探知するための受信機の入力端子における信号電力の最小値 S_i〔W〕の値の組合せとして、正しいものを下の番号から選べ。

　ただし、入力端に換算した、探知可能な反射波の信号対雑音比（S/N）の最小値は 20〔dB〕、雑音は熱雑音のみとし、受信機の雑音指数の値は 4（真数）とする。

　また、ボルツマン定数を k〔J/K〕、等価雑音温度を T〔K〕、受信機の等価雑音帯域幅を B〔Hz〕とするとき、kTB の値は 1.2×10^{-13}〔W〕

とする。

	N_i	S_i		N_i	S_i
1	4.0×10^{-13}	4.0×10^{-12}	2	4.0×10^{-12}	4.0×10^{-10}
3	4.8×10^{-12}	4.8×10^{-11}	4	4.8×10^{-13}	4.8×10^{-12}
5	4.8×10^{-13}	4.8×10^{-11}			

練 習 問 題 Ⅲ　　平成31年3月施行「一海通」（A-19）

　次の記述は、インマルサット船舶地球局のインマルサットC型の無線設備について述べたものである。□□□内に入れるべき字句の正しい組合せを下の番号から選べ。

(1) アンテナの指向性が　A　小型のアンテナが用いられており、小型船舶への搭載が可能である。

(2) インマルサットC型の通信には、　B　方式が用いられており、無線設備の送信装置の条件として、送信速度は、　C　である。

	A	B	C
1	ほぼ全方向性の	蓄積交換	600〔bps〕又は 1,200〔bps〕
2	ほぼ全方向性の	回線交換	24,000〔bps〕又は 132〔kbps〕
3	鋭い	回線交換	24,000〔bps〕又は 132〔kbps〕
4	鋭い	回線交換	600〔bps〕又は 1,200〔bps〕
5	鋭い	蓄積交換	24,000〔bps〕又は 132〔kbps〕

練 習 問 題 Ⅳ　　平成30年1月施行「一陸技」（A-12）

　次の記述は、ドプラVOR（DVOR）の原理について述べたものである。□□□内に入れるべき字句の正しい組合せを下の番号から選べ。

(1) DVORは、原理図に示すように、等価的に円周上を1,800〔rpm〕の速さで周回するアンテナから電波を発射するものである。この電波を遠方の航空機で受信すると、ドプラ効果により、　A　で周波数変調された可変位相信号となる。また、中央の固定アンテナから、周回するアンテナと同期した30〔Hz〕で振幅変調された基準位相信号を発射する。

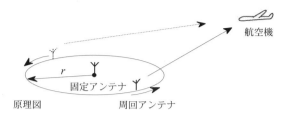

原理図　　　　　　　　　周回アンテナ

(2) 実際には、円周上に等間隔に並べられたアンテナ列に、給電する
アンテナを次々と一定回転方向に切り換えることで、(1)の周回アン
テナを実現している。この際、標準 VOR（CVOR）との両立性を
保つため、ドプラ効果による周波数の偏移量が CVOR の基準位相
信号の最大周波数偏移（480〔Hz〕）と等しくなるよう、円周の直
径 $2r$ を搬送波の波長の約　B　倍にするとともに、その回転方向
を、CVOR と　C　にする。

	A	B	C
1	30〔Hz〕	8	同一方向
2	30〔Hz〕	5	同一方向
3	30〔Hz〕	5	逆方向
4	60〔Hz〕	5	同一方向
5	60〔Hz〕	8	逆方向

練習問題・解答　　Ⅰ　3　Ⅱ　5　Ⅲ　1　Ⅳ　3

第13章

電源

　電子機器を動作させるときに必要な電力を供給する装置をここでは電源という。この電源には直流が使われるので電池は問題ないが、我々が外部から入手する商用電源は交流であるので、交流から直流に変換して使わなければならない。この変換回路を電源回路という。ここでは、電源回路、電池、無停電電源などについて学ぶ。

13.1　整流回路

　流れる方向が交互に変わる交流を一定方向に流れる直流に変える回路を整流回路という。整流回路には半波整流回路と全波整流回路がある。

13.1.1　半波整流回路

　図13.1(a)のように、トランス（変成器）とダイオード（整流器）を接続した回路を**半波整流回路**といい、交流のプラス（またはマイナス）の半サイクルだけを取り出す回路である。ダイオードの特性は、

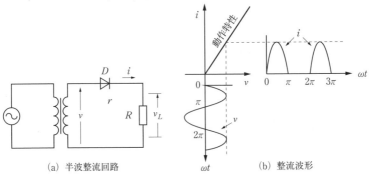

(a) 半波整流回路　　　　　　　　(b) 整流波形

図13.1　半波整流回路

同図(b)のように、入力電圧 v が正のとき抵抗 R を通して電流 i が流れるが、負になると流れない。これをダイオードの**整流作用**という。したがって、R の両端の電圧 v_L（出力電圧）は入力電圧 v の正の半サイクルと同じになり、i の向きは一定方向になる。しかし、これは直流ではない。このような電流を**脈流**という。脈流はこのままでは無線機器類の電源としては使えないので、これを滑らかな直流にする。

この直流の大きさは、図13.2のように、脈流の面積 S を 2π〔rad〕（1サイクル）にわたって平均した値（平均値）であり、脈流の最大値を V_m とすると平均値 V_a は、

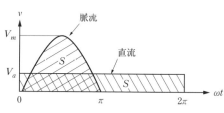

図13.2　半波整流電圧の平均値

$$V_a = \frac{V_m}{\pi} \qquad \cdots(13.1)$$

- -

★ 半波整流波の平均値 V_a の計算

図13.2において、脈流の面積 S を求めると次式となる。

$$S = \int_0^\pi V_m \sin \omega t \, d(\omega t) = V_m [-\cos \omega t]_0^\pi = 2V_m \qquad \cdots ①$$

平均値 V_a は S を 2π（1サイクル）で平均したものであるから、

$$V_a = \frac{2V_m}{2\pi} = \frac{V_m}{\pi} \qquad \cdots ②$$

となる。

★★ 半波整流波の実効値 V_e の計算

実効値 V_e は脈流を2乗して 2π で平均した値の平方根であるので、

$$V_e = \sqrt{\frac{1}{2\pi} \int_0^{2\pi} v^2 \, d(\omega t)} = \sqrt{\frac{1}{2\pi} \int_0^\pi V_m{}^2 \sin^2 \omega t \, d(\omega t)}$$

$$= \sqrt{\frac{V_m{}^2}{2\pi} \int_0^\pi \frac{1 - \cos(\omega t)}{2} \, d(\omega t)}$$

$$= \sqrt{\frac{V_m{}^2}{2\pi} \left[\frac{\omega t}{2} - \frac{\sin(2\omega t)}{4} \right]_0^\pi} = \frac{V_m}{2} \qquad \cdots ③$$

となる。

となる★(前頁)。

　実効値 V_e は半波の脈流を2乗平均した値の平方根であるので、

$$V_e = \frac{V_m}{2} \qquad\qquad \cdots(13.2)$$

となる★★(前頁)。

13.1.2　全波整流回路

　全波整流回路は、図13.3のように、ダイオードが二つの回路(a)と四つの回路(b)がある。図(a)の回路では、トランスの2次巻線が図(b)の回路の2倍になり、さらに巻線の中点に端子（タップ）が必要になる。このため、図(a)の回路のトランスでは、2次側の端子A−C間と端子C−B間には同位相で同じ大きさの電圧 v が発生する

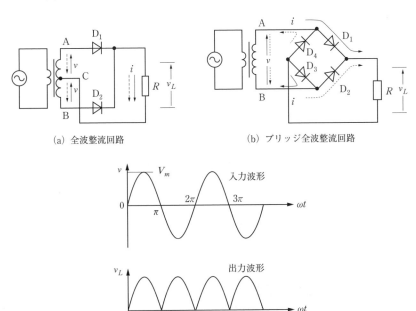

(a) 全波整流回路　　　　　　　　　　　(b) ブリッジ全波整流回路

(c) 入力波形と出力波形

図13.3　全波整流回路

ことになる。図(b)の回路はダイオードをブリッジ形に接続してあるのでブリッジ全波整流回路ともいう。

図(a)の回路の動作は、A-C間の電圧のA側が正のときダイオードD$_1$がONになり、電流が負荷抵抗Rを通して端子Cに流れ込むが、C-B間の電圧はB側が負になるのでD$_2$はOFFになって電流は流れない。1次側の電圧の極性が反転すると2次側の電圧も反転するから、C-B間の電圧はB側が正になってD$_2$がONになりRには前と同じ方向の電流が流れるが、D$_1$はOFFになって電流は流れない。したがって、Rの両端に現れる電圧v_L（出力電圧）は、図(c)のように、交流の負側が反転した脈流になる。

図(b)の回路の動作は、トランスのA側が正のときダイオードD$_1$とD$_3$がONになりD$_2$とD$_4$がOFFになって、電流が負荷抵抗Rを通ってB側に流れる。また、B側が正になるとD$_2$とD$_4$がONになりD$_1$とD$_3$がOFFになって、A側が正のときと同じ方向の電流がRを通り流れる。出力電圧の波形は図(a)の回路の場合と同じになる。

出力電圧の平均値V_aは、脈流が半波整流の2倍になるので、次のようになる。

$$V_a = \frac{2V_m}{\pi} \qquad \cdots(13.3)$$

実効値V_eは通常の交流の実効値と同じであるので、

$$V_e = \frac{V_m}{\sqrt{2}} \qquad \cdots(13.4)$$

となる。

13.1.3 倍電圧整流回路

図13.4は半波の**倍電圧整流回路**である。トランス2次側の電圧vのB側が正になると、ダイオードD$_1$がONになり、コンデンサC_1が電圧vの最大値V_mまで充電される。電圧が反転してA側が正にな

ると D_2 が ON になり、C_1 の電圧 V_m と v が加え合わされた電圧 (V_m+v) が C_2 に加わり、v が最大値 V_m になるまで充電されるので、出力は $2V_m$ となる。出力電圧の波形は、負荷を接続したとき C_2 に蓄えられた電荷が R を通して放電されるので $2V_m$ より徐々に小さくなるため、図(b)のような脈流になる。なお、全波倍電圧整流回路もあるが省略する。

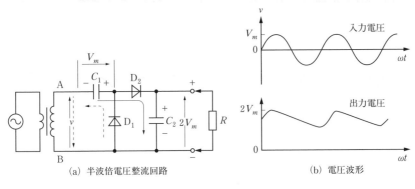

(a) 半波倍電圧整流回路　　　　　(b) 電圧波形

図13.4　半波倍電圧整流回路

13.2　平滑回路

平滑回路は整流によって得られた脈流を滑らか（平滑）な直流に変える回路である。脈流は直流成分と多くの交流成分が合成されたものと見ることができるので、直流にするには脈流から交流成分を取り除けば良いことになる。そのために使われるのがコンデンサとチョークコイル（鉄心入りのコイル）を使ったフィルタ（平滑回路）である。

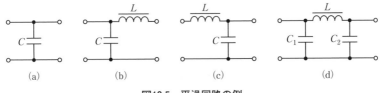

(a)　　　　　(b)　　　　　(c)　　　　　(d)

図13.5　平滑回路の例

図13.5は平滑回路の例であり、それぞれ左側が入力で右側が出力である。したがって、同図(b)のように入力側にコンデンサがある回路を**コンデンサ入力形**、同図(c)のように入力側にチョークコイルがある回路をチョーク入力形という。

13.2.1　コンデンサ入力形平滑回路

　13.5図(a)の回路もコンデンサ入力形であり、これを使った半波整流回路を図13.6(a)に示す。ダイオードで整流された脈流中の交流成分はコンデンサによって短絡されるので、出力側に現れる交流成分は少なくなり、同図(b)の太線のような波形になる。コンデンサ C に脈流電圧の一つの山が加わると、C はその最大値 V_m まで充電されるが、電圧の山が小さくなると C に蓄えられた電荷が R を通して放電され、出力電圧は V_m から次の脈流の山が来るまで徐々に低下していく。これが 2π ごとに繰り替えされるので、出力電圧は直流にのこぎり波に似た交流成分を加えた図のような形になる。このように、直流の上に乗った一定周期の変動（交流成分）を**リプル**という。もし、C の容量が十分に大きければ、リプルは消えて直流になる。電源回路で得られた直流電圧の良否は、出力にリプルが含まれている割合で決まる。

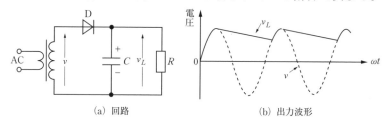

(a) 回路　　　　　　　(b) 出力波形

図13.6　コンデンサ入力形平滑回路を使った電源回路

13.2.2　チョーク入力形平滑回路

　図13.5(c)のチョーク入力形は、脈流中の交流成分をチョークコイルで阻止し、阻止できなかった交流成分をコンデンサで取り除く平滑回路である。図13.7はチョーク入力形平滑回路を使った全波整流電源回路の例である。チョークコイルは電流が流れている間だけ抵抗を示

すので、半波整流のように半周期だけしか電流が流れない回路より常に電流が流れている全波整流回路の方が有効である。したがって、チョーク入力形は主に全波整流回路に使われる。出力電圧に含まれるリプルは、図13.7(b)のように、半波整流の2倍の周波数で変動する。このため、コンデンサとチョークコイルの効果が半波整流より大きくなり、より直流に近い出力が得られるようになる。さらにリプルの少ない直流にするには、図13.5(d)のように、コンデンサ（チョークコイルとコンデンサでもよい）を追加する。

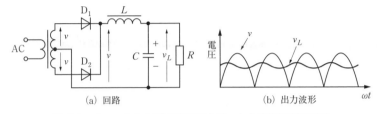

図13.7　チョーク入力形平滑回路を使った全波整流電源回路

13.3　電源回路の性能

　電子回路を安定に動作させるには、電源電圧が安定であり質の良い直流であることが重要である。電源回路の性能を評価するものとして、リプル含有率、電圧変動率、整流効率などがある。

⑴　**リプル含有率**

　リプル含有率はリプル率や脈動率などとも呼ばれ、電源の出力電圧の中に含まれるリプルの割合を表すものである。リプル含有率を γ とすれば、γ は次式で定義される。

$$\gamma = \frac{整流された電圧の交流成分の実効値}{整流された電圧の直流成分} \quad \cdots(13.5)$$

　平滑前の半波整流のリプル含有率は約1.21、全波整流では0.48である。半波整流の場合、交流の1サイクルの半分の間は電圧が0〔V〕であるので、全波整流に比べてリプルは当然多くなる。

⑵ 電圧変動率

図13.8(b)は同図(a)の回路の負荷抵抗 R の値を変えたときの出力電圧と出力電流の関係を表したものである。この図から、負荷を大きくする（電流を大きくすること）と出力電圧が低下することが分かる。このような電源を使った場合、例えば、増幅器に大きな信号が入ると増幅器は大きな電流が必要になり電源から大きな電流が流れ出すことになるので、電源の出力電圧が低下してしまう。すなわち、信号の大小により増幅率が変動して一様な増幅ができなくなり、ひずみが生ずる原因になることもある。したがって、電圧変動率はできる限り 0 に近い方がよい。**電圧変動率**を ε とすれば、ε は次式で定義される。

$$\varepsilon = \frac{（無負荷時の出力電圧）-（定格負荷時の出力電圧）}{（定格負荷時の出力電圧）} \quad \cdots (13.6)$$

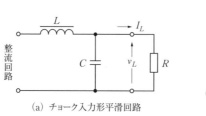

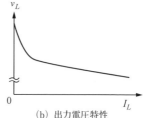

(a) チョーク入力形平滑回路 　　(b) 出力電圧特性

図13.8　チョーク入力形平滑回路の出力電圧特性

整流回路の電圧変動率は、ダイオードの内部抵抗（順方向抵抗）を r、負荷抵抗を R とすれば r/R であるので、r が小さいほど電圧変動率は良くなる。すなわち、電圧変動率を悪くする原因は電源の内部抵抗（ダイオードの順方向抵抗やコイルの抵抗など）が大きいことにある。

⑶ 整流効率

整流効率は整流回路へ入力した交流電力がどの程度直流電力に変換されたかを表すものである。

整流効率を η とすれば、η は次式で定義される。

$$\eta = \frac{負荷で消費される直流電力}{整流回路に入力される交流電力} \qquad \cdots (13.7)$$

　半波整流回路の整流効率は、ダイオード等の抵抗を無視したとき約
0.4であり、全波整流回路では約0.8である。半波整流回路では交流の
半サイクルだけしか利用しないが、全波整流回路では1サイクル全部
を利用するので整流効率は半波整流回路の2倍になる。

13.4　直流安定化電源

　電圧変動率を悪くする原因は電源の内部抵抗にあるが、これを 0
〔Ω〕にすることはできない。そこで負帰還回路を使って電圧変動率
が小さくなるように制御する回路が使われている。このような電源を
直流安定化電源という。

13.4.1　電圧安定化の原理

　図13.9は**定電圧ダイオード**（ツェナーダイオード）を使った最も簡
単な電圧安定化回路の例である。
この回路の入力端には平滑回路が
接続されて直流が入力され、また
出力端には負荷抵抗 R_L が接続さ
れている。ツェナーダイオードは
電圧の極性と逆向きに接続されて
いて、その特性は図13.10のよう
に、電圧が小さいときはほとんど
電流が流れないが、ある一定電圧
（ツェナー電圧）以上になると急
に大きな電流が流れる。ツェナー
電圧を V_Z とすれば、V_Z より大
きな電圧 V を図13.9の回路の入

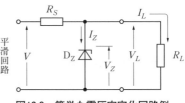

図13.9　簡単な電圧安定化回路例

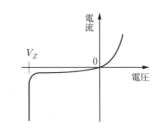

図13.10　ツェナーダイオードの特性

271

力に加えると、負荷抵抗 R_L に電流 I_L が流れると同時にツェナーダイオード D_Z にも電流 I_Z が流れる。したがって、次の関係が成り立つ。

$$V-(I_L+I_Z)\,R_S = V_Z \qquad \qquad \cdots(13.8)$$

ただし、出力電圧を V_L とすれば、回路図から $V_L = V_Z$ であり、また V_Z は一定で、V も変わらないものとする。

もし、$R_L = \infty$（無負荷）になると $I_L = 0$ となるから、負荷に流れていた電流と同じ量だけ I_Z が増えるので抵抗 R_S による電圧降下は変わらず V_L が一定に保たれる。この場合、ツェナーダイオードを焼損しないために、I_Z をツェナーダイオードの許容最大電流 I_{Zmax} 以下（$I_Z < I_{Zmax}$）になるように R_S の値を決めておかなければならない。次に、I_L を大きくしていくと I_Z は小さくなっていき、ついには $I_Z = 0$ となる。これ以上 I_L を大きくすると $V_L < V_Z$ となってしまい、出力電圧は一定に維持できなくなる。したがって、出力電圧が一定になる負荷電流 I_L の範囲は $I_L = 0 \sim I_{Zmax}$ である。なお、式（13.8）の電圧降下 $(I_L+I_Z)\,R_S$ は R_S 中で熱になって消費される量であり、これにより電源回路の効率を下げることになる。

13.4.2　線形方式安定化電源

線形方式安定化電源（リニアレギュレータ）には、図13.11(a)の**直列形制御方式**（**シリーズレギュレータ**）と同図(b)の並列形制御方式（**シャントレギュレータ**）がある。このうちシリーズレギュレータと呼ばれる直列形制御方式が現在多く使われているので、ここではこの方式について説明する。同図(a)で、もし出力電圧 V_o が ΔV だけ下がったとすれば、分圧回路で $1/n$ に分圧された電圧 V_o/n と基準電圧 V_Z が比較器で比較されて $\Delta V/n$ が検出される。この電圧は増幅され制御回路に加えられて出力電圧を ΔV だけ上げるように働き出力電圧を一定に保つ。出力電圧が下がったときには回路はこれと逆に働く。このようにして出力電圧が常に一定になるように制御される。

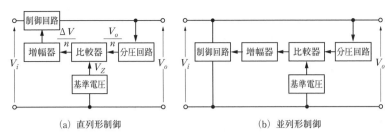

(a) 直列形制御　　　　　　　　　(b) 並列形制御

図13.11　安定化電源の構成

　基本的なシリーズレギュレータの回路を図13.12に示す。Tr_1 は制御用の大電力トランジスタ、Tr_3 は比較、検出、増幅を行うトランジスタ、D_Z は一定電圧 V_Z を与えるためのツェナーダイオードであり、R_1 と R_2 は分圧回路である。なお、保護回路は電圧の制御と直接関係がないので、最初は無視して考えることにする。

　もし、出力電圧が上昇すると分圧された出力電圧 V_D も上昇し、V_D と V_Z との差 V_{BE3} が大きくなるので、コレクタ電流 I_{C3} が増加する。I_{C3} が増加すると抵抗 R_4 の電圧降下 V_{CB1} が増加するため Tr_1 のBE 間電圧 V_{BE1} が押し下げられてコレクタ電流が減少する。すなわち、Tr_1 は可変抵抗の役目をすることになり、可変抵抗が増加することによって電圧降下が大きくなって出力電圧の上昇を押さえることになる。出力電圧が下がった場合はこれと逆の動作をする。

　保護回路は Tr_1 を保護するための回路であり、もし、負荷が短絡さ

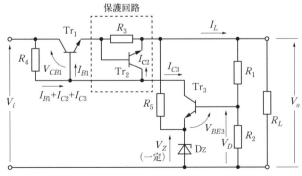

図13.12　シリーズレギュレータの基本回路

れて負荷電流 I_L が急増すれば、R_3 による電圧降下の増加により Tr_2 の BE 間電圧が増加してコレクタ電流 I_{C2} が増加する。I_{C2} が増加すると、上記と同様に、Tr_1 の CE 間抵抗が急増して負荷電流 I_L を遮断する。こうして、負荷電流の急増による Tr_1 の焼損が避けられる。

13.4.3　スイッチング方式安定化電源

スイッチング方式安定化電源（スイッチングレギュレータ）の構成例を図13.13(a)に示す。スイッチング方式は入力電圧 V_i をチョッパトランジスタ Tr によって、図(b)のように、幅 Δt のパルスに区切り、これを平滑して直流にする方式である。

　図(a)において、出力電圧が変化すると誤差電圧増幅器によって基準電圧と比較され、誤差電圧が検出され増幅されて **V-PW**（電圧－パルス幅）**変換器**に加えられる。V-PW 変換器では、パルス発生器で発生したパルスの幅を誤差電圧に応じて変化させるパルス幅変調（PWM）を行う。この PWM パルスを Tr のベースに加えてエミッタからコレクタへ通過する電力量を制御する。すなわち、パルス幅 Δt を広くして通過する電力量を多くすれば出力電圧が上がることになる。なお、v_L と i_L は平滑回路中の電圧と電流である。

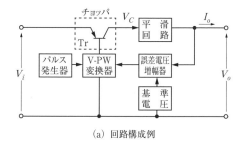

(a) 回路構成例

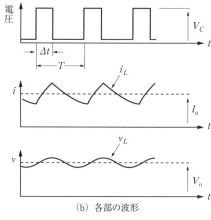

(b) 各部の波形

図13.13　スイッチングレギュレータの構成と波形

13.5　電力変換装置

　電力変換装置を**コンバータ**といい、交流（または直流）から直流（または交流）に変換する装置である。変換装置には入出力に対する交直の組み合わせにより、DC-AC コンバータ、DC-DC コンバータ、AC-DC コンバータ、AC-AC コンバータがある。このうち AC-DC コンバータは前節で述べた整流回路を持つ電源と同じものである。また、AC-AC コンバータは変成器またはトランスと呼ばれている。

13.5.1　DC-AC コンバータ

　DC-AC コンバータは特に**インバータ**と呼ばれ、直流電力を交流電力に変換する装置で、商用電源が停電したときなどに使われる。商用電源は交流 100V であり電池は直流 12V か 24V であるので、電池の電力を商用電源の代わりに使うには、直流から交流に変換し、さらに昇圧しなければならない。

　図13.14にインバータの原理を示す。図のように、連動したスイッチ S_1 と S_2 によって直流を正負交互に切り替えて方形波による擬似的な交流を作り、これをトランスの 1 次側に加えると、2 次側には方形波よりもやや丸みのある波形の交流電圧が得られる。また、トランスの 1 次と 2 次の巻き数比を変えることによって出力電圧を上げ（昇圧）ることも下げ（降圧）ることもできる。実際の回路では、スイッチの代わりにトランジスタスイッチが使われる。また、1 次側に方形波の発振回路を使うこともある。

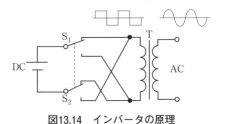

図13.14　インバータの原理

13.5.2　DC-DC コンバータ

　直流電圧をそのまま効率良く昇圧したり降圧したりすることはできない。そこで、図13.15のように、直流を一旦交流に変えてトランス

によって昇圧または降圧し（DC-AC コンバータ）、再度それを整流
して直流にもどす方法を使う。この回路は図13.14の回路の2次側に
整流器と平滑回路を付けたものとなっている。

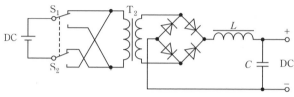

図13.15　DC-DC コンバータの原理

13.6　電池

電池には1次電池と2次電池がある。**1次電池**は乾電池とも呼ば
れ、工場で封入された化学エネルギーを電気エネルギーに変換して取
り出すものであり、封入された化学エネルギーが消耗してしまうと廃
棄される。**2次電池**は蓄電池（バッテリ）とも呼ばれ、電気を化学エ
ネルギーとして蓄え（充電）、これを電気エネルギーに変換して取り
出すもので、消耗しても充電すれば繰り返して使うことができる。

13.6.1　1次電池

現在最も広く使われている1次電池としてマンガン乾電池とアルカ
リ乾電池がある。

⑴　**マンガン乾電池**

マンガン乾電池は、図13.16のよう
な構造になっていて、陽極の減極剤に
二酸化マンガンを、陰極に亜鉛を使
い、両極の間に電解液として塩化アン
モニウムを封じ込めたものを使ってい
る。減極剤は、電池内部で発生する水
素を中和する働きをするものであり、

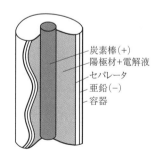

炭素棒(+)
陽極材+電解液
セパレータ
亜鉛(−)
容器

図13.16　マンガン乾電池の構造

水素が発生すると逆起電力が発生して出力電圧を下げるので、これを防止するために使われる。なお、電池の中心にある炭素棒は電気を集める役目をするものであって電圧の発生には関係しない。公称電圧は1.5Vであり、使用すると出力電圧が徐々に下がっていく。この場合、連続して使うより、時計やリモコンなどのように間欠的に使った方が電圧の下がる割合が少ない。これは乾電池には休止中に回復する能力があるためである。

(2) アルカリ乾電池

アルカリ乾電池（正式名はアルカリマンガン乾電池）は、陽極の減極剤として二酸化マンガン、陰極に亜鉛、電解液に水酸化カリウムを使用したものである。電圧発生の基本材料はマンガン乾電池と同じであるが、電池の構造が違い、陰極が中心にあり、陽極がその周りに配置されている。公称電圧は1.5Vであり、マンガン乾電池に比べて大きなパワーを出すことができるので、連続して大きな電流が必要なモータ用などの電源として使われている。

電池の容量は、通常、一定電流を流すことのできる時間とその電流の積（次項(3)参照）によって表すとされるが、乾電池の場合は電圧が実用限度以下になるまでの時間によって表される。

13.6.2　2次電池

2次電池には、以前から使われてきた鉛蓄電池のほかに、近年になって開発されたニッカド蓄電池、リチウムイオン蓄電池などの多くの蓄電池があるが、今でも鉛蓄電池は多くの装置の電源として使われている。

(1) 鉛蓄電池

鉛蓄電池は図13.17のような構造であり、陽極に二酸化鉛の板、陰極に鉛板、電解液に希硫酸を使い、両電極の間にセパレータが入れてある。図のようなセル（構成単位）一つの公称電圧は2〔V〕であり、必要な電圧の蓄電池を作るにはセルを必要な数だけ直列に接続して使う。例えば、セル6個を直列に接続して12〔V〕にした蓄電池が多く

使われている。鉛蓄電池を充電する時には、充電器を接続し充電を始めると化学反応が起こり、陽極から酸素ガス、陰極から水素ガスが発生する。また、放電するとセルの中に水が作られて希硫酸の濃度が下がるので、希硫酸を補充しなければならない。このように、鉛蓄電池は保守（メンテナンス）に手間がかかる。そこで現在はこのような保守の必要がないシール鉛蓄電池が使われるようになった。**シール鉛蓄電池**はガスと水の発生がないので封印（シール）してあり、横にしても液が漏れることはないので保守が簡単である。ただし、取扱うときの注意は、①使用した後は直ちに充電しておく、②使用しなくても月に1回は充電する、③充電は規定電流で規定時間行う。

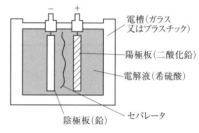

電槽（ガラス又はプラスチック）

陽極板（二酸化鉛）

電解液（希硫酸）

陰極板（鉛）

セパレータ

図13.17　鉛蓄電池の構造

(2)　リチュウムイオン蓄電池

リチュウムイオン蓄電池は、陽極にコバルト酸リチウムなど、陰極に黒鉛など、電解液にリチュウム塩などを使っている。セル一つの公称電圧は、使われる電極材によって異なり3.6〜4.2〔V〕であるが、最も多く使われている電極材はコバルト酸リチウムであり、公称電圧は3.7〔V〕である。特徴は、**メモリ効果★**がないので継ぎ足し充電ができ、また単位重量当たりのエネルギー密度が高いので小型で扱いやすく、移動体用の電源に使われている。一方、電解液のリチュウム塩が漏れ出すと金属を腐食し、発火や破裂を起こす可能性がある。取扱うときの注意は、①電池をショートさせない、②高温や多湿の環境で

★メモリ効果：充電した電気量を全部使い終わらないで、さらに充電する（これを継ぎ足し充電という）と、次に使うときには継ぎ足し充電をした時点の電圧（この電圧がメモリされている）付近で起電力が大きく低下する現象で、機器が動作しなくなる場合がある。このため、電池の容量が小さくなったかのように見える。

使わない、③正負逆に接続しない、④過充電と過放電をしないなどである。

(3) 蓄電池の容量

蓄電池（バッテリ）の容量は完全充電状態から**放電終止電圧★**になるまでの電流と時間の積で表し、これを**アンペア時**（Ah）と呼ぶ。しかし、このアンペア時は使うときの電流の大きさによって変わってしまう。例えば、容量 10〔Ah〕の蓄電池を 1〔A〕で10時間使うことができたとしても、5〔A〕では 2 時間より短い時間しか使うことはできない。すなわち、大きな電流を取り出すほど容量が小さくなってしまう。これでは容量の比較ができないので、時間率という基準が使われるようになった。h **時間率**とは、h 時間の間、一定の最大電流 I〔A〕を流し続けることができる場合、その時間 h と電流 I の積（Ih）で容量を表す方法である。鉛蓄電池では10時間率で容量を表している。例えば、容量が 40〔Ah〕の蓄電池は最大 4〔A〕の電流を10時間流し続ける能力を持っていることになる。

13.7　無停電電源

通信機器には多くのコンピュータ類が組み込まれているので、商用電源が一瞬でも停電（瞬停）すると、メモリの内容が失われるなど大きな痛手を受ける。そのため無停電電源が使われている。

13.7.1　浮動充電方式

浮動充電方式は、図13.18のように、ダイオード D の整流出力を蓄

★放電終止電圧：安全に放電を行える最低電圧のことで、蓄電池の種類と使用状態によって決められている。例えば鉛蓄電池の場合、通常の使用状態のときの放電終止電圧は 1.8〔V〕に決められている。端子電圧は完全充電のとき 2〔V〕であるが、使い続けると徐々に下がっていき 1.8〔V〕以下になっても使い続けると電池を壊してしまうことがある。

電池 B に直接接続し、その電池に負荷を接続して使う方法である。なお、蓄電池が平滑回路の役目をするので平滑回路は不要になる。通常の使用状態では、整流された電流の大部分は負荷に供給され、わずかな電流だけが電池の電圧を維持するために使われている。もし、停電などによりダイオードからの整流電流がなくなると、自動的に蓄電池から負荷に電流が供給されて機器類が保護される。しかし、このような停電や故障は非常に少ないから、電池の過充電と過放電は非常に少なくなり電池の寿命が長くなる。

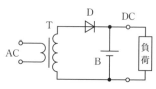

図13.18　浮動充電方式

13.7.2　無停電電源装置

無停電電源装置（UPS）には、交流入力交流出力のものと交流入力直流出力のものがあり、我が国では交流入力交流出力のものを特にUPS と呼んでいる。また、商用電源は周波数（50Hz または60Hz）が一般に不安定であるので、周波数が機器類に影響するような場合には、電圧と周波数が一定の CVCF と呼ばれる電源装置が使われる。ただし、UPS に CVCF の機能を持つものも多い。

　図13.19のような構成の UPS を常時インバータ給電方式という。商用電源から交流を入力し整流して蓄電池に浮動充電するとともに、インバータで商用電源と同じ周波数に同期した交流に変換してから切換器を通して負荷に供給する。停電した時には、浮動充電方式と同様に、蓄電池から電力を取り出してインバータで交流に変換して使う。この給電方式では常にインバータが動作しているので電力損失は大きいが、蓄電池との切り替えのときの電圧変動が小さい特徴がある。また、インバータや電池などの故障のときにはバイパス回路で商用電源を使うことができる。

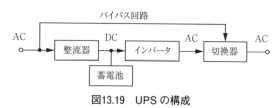

図13.19　UPS の構成

練 習 問 題 I — 平成29年7月施行「二陸技」（A-10）

次の記述は、無停電電源装置用蓄電池の浮動充電方式について述べた
ものである。□□□内に入れるべき字句の正しい組合せを下の番号から
選べ。

(1) 整流装置に蓄電池と負荷とを □ A □ に接続し、蓄電池には自己放
　　電を補う程度の電流で常に充電を行う。

(2) 通常の使用状態では、負荷には □ B □ から電力が供給される。

(3) □ C □ は、電圧変動を吸収する役目をする。

	A	B	C
1	並列	整流装置	負荷
2	並列	蓄電池	負荷
3	並列	整流装置	蓄電池
4	直列	整流装置	負荷
5	直列	蓄電池	蓄電池

練 習 問 題 II — 平成31年3月施行「一総通」（A-9）

図に示す原理的な直列制御形定電圧回路において、制御用トランジス
タ Tr1 に必要な最大コレクタ損失の値として、最も小さいものを下の番
号から選べ。ただし、出力電圧は、5〔V〕とし、入力電圧、出力電流
の動作範囲は、それぞれ、9～13〔V〕、0～1〔A〕とする。また、出力
電流は、Tr1のコレクタ電流 I_{C1} と近似的に等しいものとする。

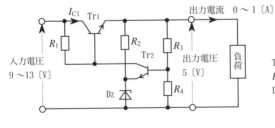

Tr1、Tr2：トランジスタ
R_1、R_2、R_3、R_4：抵抗〔Ω〕
Dz：ツェナーダイオード

1　3〔W〕	2　5〔W〕	3　8〔W〕
4　10〔W〕	5　15〔W〕	

練習問題 Ⅲ　　平成30年1月施行「二陸技」（A-11）

次の記述は、移動通信端末などに使用されているリチウムイオン蓄電池について述べたものである。　　内に入れるべき字句の正しい組合せを下の番号から選べ。

(1) リチウムイオン蓄電池の一般的な構造では、負極に、リチウムイオンを吸蔵・放出できる　A　を用い、正極にコバルト酸リチウム、電解液としてリチウム塩を溶解した有機溶媒からなる有機電解液を用いている。

(2) ニッケルカドミウム蓄電池と異なって　B　がなく、継ぎ足し充電も可能である。

(3) 充電が完了した状態のリチウムイオン蓄電池を高温で貯蔵すると、容量劣化が　C　なる。

	A	B	C
1	金属リチウム	サイクル劣化	大きく
2	金属リチウム	メモリ効果	少なく
3	炭素質材料	サイクル劣化	少なく
4	炭素質材料	メモリ効果	大きく
5	炭素質材料	メモリ効果	少なく

練習問題・解答　Ⅰ　3　Ⅱ　3　Ⅲ　4

第14章

測定用機器

通信機器が必要な性能を持っているかどうかの測定や故障したときの修理などに色々な測定器が使われる。ここでは、工場や無線局などで一般に使われている測定器類について学ぶ。

14.1　減衰器

測定信号を測定に都合のよい大きさにするために、減衰量の分かっている**減衰器（アッテネータ）**が使われる。特に高周波の減衰には、測定器や同軸ケーブルに直接接続できる同軸形減衰器が使われる。

(1)　同軸形抵抗減衰器

図14.1は**同軸形抵抗減衰器**の構造とその等価回路である。外形は、同図(a)のように、直径が同軸ケーブルとほぼ同じで、長さが約3〔cm〕の円筒形導体であり、両端は同軸ケーブルに直接接続できるようになっている。円筒導体の内部には、図のような構造の抵抗体が入っている。

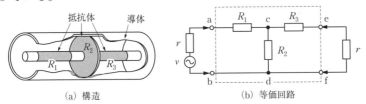

(a)　構造　　　　　(b)　等価回路

図14.1　同軸形抵抗減衰器

等価回路は、同図(b)のようにR_1、R_2、R_3の3個の抵抗によるT形4端子回路で表され、減衰量は3個の抵抗の値によって決まる。例えば、r〔Ω〕を機器類の入出力インピーダンスとしたとき、$R = r/3$と仮定して、各抵抗値を$R_1 = R_3 = R$、$R_2 = 4R$に選んだ場合、入力

端 ab から負荷側を見た合成抵抗 R_{ab} を求めると、

$$R_{ab} = R_1 + \frac{R_2(R_3+r)}{R_2+R_3+r} = R + \frac{4R(R+3R)}{4R+R+3R}$$

$$= R + \frac{16}{8}R = 3R = r \qquad \cdots(14.1)$$

となって、信号源の出力インピーダンス r と一致する。すなわち、信号源の出力と減衰器の入力は整合することになる。また、減衰器の出力と負荷も、回路の対称性から、整合することが分かる。ab 端の電圧 v_{ab} は、R_{ab} が $3R$ であるから、信号源の電圧 v の $1/2$ である。また、抵抗 R_2 の両端の電圧 v_{cd} は、cd 端から右側の合成抵抗が式 (14.1) の第 2 項より $2R$ であることから、

$$v_{cd} = \frac{2R}{R+2R} \cdot \frac{v}{2} = \frac{v}{3}$$

となる。ゆえに、出力端 ef の電圧 v_{ef} は、

$$v_{ef} = \frac{3R}{R+3R} \cdot v_{cd} = \frac{3}{4} \times \frac{v}{3} = \frac{v}{4}$$

となる。したがって、減衰量は v_{ef}/v_{ab} であるから $(v/4)/(v/2) = 1/2$ となり、デシベル表示では、

$$20\log_{10}\frac{1}{2} = -20\log_{10}2 \fallingdotseq -20 \times 0.3 = -6$$

約 6〔dB〕の減衰量となる。

(2) リアクタンス減衰器

マイクロ波のような高い周波数の電波を伝送するには導波管を使う。導波管には使う周波数(または波長)に最適な太さがあり、高い周波数ほど細くなる。もし、太さを一定にしておいて周波数を下げていくと、ある周波数以下で急に減衰が大きくなる。この周波数を遮断

周波数（または遮断波長）という。リアクタンス減衰器は、この遮断周波数以下の周波数で生じる大きな減衰を利用するものであり、結合の方法によって図14.2のように、インダクタンス形と容量形がある。

形状は円形導波管と同じであるが、一方の電極がスライドできるよう（可動）になっていて、結合量を変えることができる。電極の間隔xを短くすれば結合量が増えるから減衰量は少なくなる。すなわち、減衰量（dB）は電極の間隔xに比例することになり、減衰量を正確に計算できるので減衰器の標準として使われる。

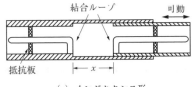

（a）インダクタンス形

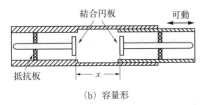

（b）容量形

図14.2　可変リアクタンス減衰器

14.2　回路計

　回路計（マルチメータ）は回路試験器またはテスタとも呼ばれ、電圧、電流、抵抗などの概略値を測定するための持ち運びできる小型測定器である。回路計にはアナログ式とデジタル式があり、それぞれアナログマルチメータ、デジタルマルチメータという。

(1)　アナログマルチメータ

　構成は、可動コイル形電流計（メータ）、回転型多接点切替器（レンジ切替器）、リード線付きテスト棒2本及び乾電池が主なものであり、小さな弁当箱程度の大きさの箱に収められている。メータの文字盤には交流用と直流用の電流目盛と電圧目盛、抵抗値の目盛などが描かれている。電流計に流すことのできる最大電流は決まっているので、大きな電流や電圧を測定するときには分流器や分圧器を切り替えて測定する。レンジ切替器は、電圧、電流、抵抗の切り替えと同時に、この分流器や分圧器を切り替えて測定範囲の拡大や縮小をするのに使

われる。乾電池は抵抗値を測定するときに使われる。

アナログマルチメータの使用方法は、まず測定しようとする場所の測定項目（電圧、電流、AC、DC）と予想される最大値に切替器のレンジ（範囲）を合わせてから、測定箇所にテスト棒を当ててメータの振れを読み回路の動作状態を検査する。抵抗測定では、まずテスト棒をショート（短絡）させておいてゼロオーム調整つまみを回しメータの振れが 0〔Ω〕になるように調整してから、テスト棒を測定しようとする抵抗の両端に当てて抵抗値を読む。

(2) デジタルマルチメータ

デジタルマルチメータは、図14.3(a)のような外形をした測定器であり、取扱いが簡単でアナログマルチメータに比べて小型軽量であるため、現在ではほとんどの現場で使われている。回路の構成は同図(b)のようになっていて、電流や電圧などのアナログ量（被測定量）が小さいときは増幅し、大きすぎるときは分圧または分流してA/D変換に適した大きさにするとともに、交流は実効値と同じ直流電圧にする。A/D変換器では、この直流電圧と基準電圧を比較すると同時にデジタル量に変換し、それを液晶や発光ダイオードなどの表示器により数字で表示する。A/D変換器には直接比較方式と間接比較方式がある。直接比較方式には逐次比較形（7.1.3項参照）と並列比較形（比較器を並列に多数並べたもの）があり、いずれも比較器によって直接比較される。間接比較方式として積分形があり、電圧を積分時間に置き換え

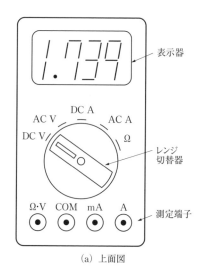

(a) 上面図

(b) 回路構成

図14.3 デジタルマルチメータ

て、その時間をカウンタで計数し表示する方式である。積分形の特徴は精度の良い測定ができることである。一方、逐次比較形は積分形や並列比較形に比べて変換時間が長い。

デジタルマルチメータの主な特徴は、

① 測定値が数字で表されるので読み取り誤差や個人差がない。

② 測定データをそのまま記録して計算などに使える。

③ 測定値は5〜6桁表示され精度良く測定できる。（アナログマルチメータでは3桁程度）

④ 入力回路にオペアンプを使っているので、入力インピーダンスが非常に高く、被測定回路に影響を与えない。

⑤ 測定範囲を考えなくてもよく、また誤った使い方をしても故障することは少ない。（大きな電圧や電流に対して回路を容易に保護できる）

⑥ 変化する現象を見るのは困難である。（アナログマルチメータでは直感的に判断できる）

14.3　周波数カウンタ

周波数カウンタは送信機や受信機の内部で作られる発振信号などの周波数を調べるときなどに使われる。測定できる信号波形は正弦波のような単純な波形だけであり、通常、ひずみ波は正しく測定できない。

14.3.1　カウンタの動作原理

図14.4はカウンタの構成例である。入力端から入れられた測定する信号（被測定信号）は増幅され、クリッパなどの波形整形回路で方形波に加工され、その立上りや立下りから**トリガ**（trigger：銃の引き金）**パルス**が作られてゲート回路に入れられる。一方、基準クロックパルス発生器で作られた正確な周期のパルスがゲート制御回路に入れられてゲート回路を一定時間だけ開き、トリガパルスを通過させる。通過したパルスの数を計数回路で数えて表示器に一定時間（1秒以上）表

示する。表示している間に次の計数を行うために、リセット回路からの信号によって計数回路をリセット（初期状態に戻す）する。以上の動作を連続的に繰り返す。

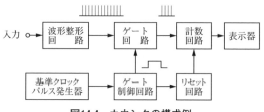

図14.4　カウンタの構成例

　いま、ゲートが開いている時間 T〔s〕の間にゲート回路を通過したパルスの数を n 個とすれば、測定する信号の周波数は n/T〔Hz〕になる。実際のカウンタは動作スピードがそれほど速くないので、非常に高い周波数を測定するときには分周（周波数を下げる）して測定し、表示器には分周前の周波数に戻して表示する。また、非常に低い周波数は周期を測定して計算によって周波数を求める機器もある。

14.3.2　カウンタの測定誤差

　測定の時に発生する誤差には、±１カウント誤差やトリガ誤差などがあるが、ここでは±１カウント誤差について説明する。

　±１カウント誤差は**非同期誤差**とも呼ばれ、ゲートパルスとトリガパルスが同期していないこと（非同期）によって発生する誤差である。図14.5のように、ゲートパルスの周期と長さ T は一定であり、トリガパルスの周期も一定であっても、ゲート１では３本が通過するがゲート２では２本通過するだけである。この現象は、ゲートを開くタイミングによってカウントが１増えたり減ったりするもので、±１カウント誤差と呼ばれる。この誤差は表示される数字の最後の桁に現れるので、表示する数字の桁数を多くすることで軽減される。

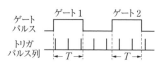

図14.5　±１カウント誤差（非同期誤差）

14.4 周波数シンセサイザ

音楽で使われるシンセサイザは色々な周波数の合成音を作る楽器であるが、通信で使われるシンセサイザは正確な周波数と大きさを持つ純粋な正弦波を作る発振器である。通信機器類の調整やテストを行うには、このような正確な信号が必要であり、その発振器が**標準信号発生器**（**SSG** または **SG**）や周波数シンセサイザである。

周波数シンセサイザは高安定度の水晶発振器の発振周波数を分周や逓倍して目的の周波数の信号を作る装置である。一般に、分周や逓倍をして別の周波数を作るときに PLL 周波数シンセサイザを使う。図14.6は PLL 周波数シンセサイザの構成であり、この動作についてはすでに2.1.1項で述べてあるので省略し、結果だけを述べる。水晶発振器の発振周波数を f_x、分周器 PD_1 の分周を $1/M$、PD_2 の分周を $1/N$ にしたとき、出力の周波数は $f_x N/M$ となる。したがって、N を変えることができるようにしておくと、シンセサイザの周波数を f_x/M の間隔（ステップ）で変えることができる。

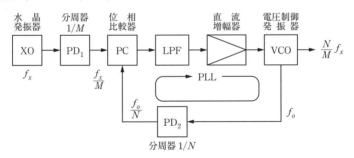

図14.6 PLL 周波数シンセサイザの構成

14.5 オシロスコープ

オシロスコープは主に信号波形を見るのに使う測定器であり、従来から使われてきたアナログオシロスコープ（ブラウン管オシロスコープ）とデジタルオシロスコープがある。現在は、小型で多機能を持つ

デジタルオシロスコープが主流になっている。

14.5.1 アナログオシロスコープ

図14.7は**アナログオシロスコープ**の構成例である。**CRT** はブラウン管のことで、細い電子ビームを蛍光面に当てて発光させ画像を描く電子管であり、電子ビームに直角に電界を加えるとその強さに応じてビームが曲がることを利用している。CRT には、この電界を作るための電極（偏向板）が縦方向（垂直軸）用と横方向（水平軸）用の二組ある。

信号波形などを見る場合には、信号を増幅して CRT の垂直軸偏向板に加える。このままでは輝点（スポット）が上下に振動するだけで画像にはならない。そこで、直線的に増加して下がることを繰り返すのこぎり歯（鋸歯）状波電圧（または、のこぎり波電圧）を掃引発振器で作り増幅して水平軸偏向板に加えると、スポットは左端から等速で右端へ移動し左端へ戻ることを繰り返す。こうすることでスポットは左から右へ移動しながら信号電圧に応じて上下振動をするようになり、波形を描くことができる。のこぎり波電圧は信号波形と同期していなければならないから、トリガ回路で信号波から同期信号を取り出し掃引発振器に加えて同期をとるようにしている。

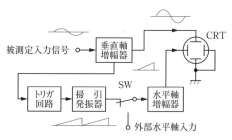

図14.7　アナログオシロスコープの構成例

14.5.2 デジタルオシロスコープ

デジタルオシロスコープは測定しようとする信号（被測定信号）をデジタル信号に変換し、小型計算機（CPU）で必要な形式にして液晶ディスプレイ（LCD）などの表示器に表示する測定器である。構成は図14.8のようになっていて、被測定信号を垂直軸増幅器で必要な

大きさまで増幅し、A/D 変換器でデジタル信号に変換した後、一定量をメモリに蓄積する。一方、同期するのに必要なトリガを得るために、垂直軸増幅器から分離した被測定信号をトリガ回路に取り込み、トリガパルスを生成してメモリ制御回路へ送る。メモリ制御回路ではクロック発生器からの信号をもとにして A/D 変換の速度とメモリ中のデータを制御し CPU へ送る。CPU では、目的の出力形式にしてディスプレイ用メモリに送り、必要に応じてそれを読み出してディスプレイに表示する。

デジタルオシロスコープの主な特徴は、

① アナログオシロスコープに比べて小型軽量である。

② 一回だけの現象も観測できる。

③ トリガ以前の現象を観測するプリトリガ機能のある機器もある。

④ 被測定信号の中にサンプリング周波数の1/2以上の周波数成分が含まれていると正しい観測結果が得られない。しかし、最近のデジタルオシロスコープにはこの現象を防ぐ対策をしたものもある。

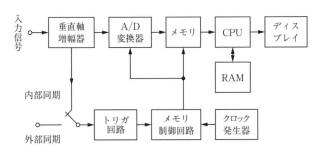

図14.8　デジタルオシロスコープの構成例

14.5.3　サンプリングオシロスコープ

サンプリングオシロスコープはデジタルオシロスコープの一つであるが、デジタルオシロスコープの特徴④のような制限がなく非常に高い周波数まで測定ができる。ただし、被測定信号は同じ波形が繰り返す一定強度の信号でなければならない。

図14.9はサンプリングオシロスコープによる波形測定の原理を描い

たものである。被測定波の1周期について考えてみると、デジタルオシロスコープでは最低でも2点以上のサンプリング値が必要であるが、サンプリングオシロスコープでは1点でよい。ただし、サンプリング点を、図のように少しずつ後へずらしていく。得られたデータを順番に並べると、図の出力波形のように被測定波の波形に相似の波形が得られる。このときの被測定波の周波数をf_i、サンプリング周波数をf_sとすれば、得られた波形の周波数f_oはf_i-f_sである。すなわち、サンプリング周波数f_sを適切に選べば、周波数f_iが非常に高い信号であっても低い周波数f_oの信号に変換して波形観測ができる。

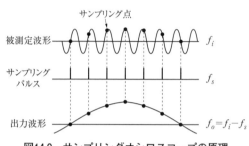

図14.9　サンプリングオシロスコープの原理

サンプリングオシロスコープの主な特徴は、

① 非常に高い周波数（例えば70〔GHz〕）まで波形測定ができる。

② 低雑音であるためダイナミックレンジが広い。

③ 被測定波は同じ波形が繰り返す一定強度の信号でなければならない。

④ 忠実に波形を測定するために、入力回路に波形に影響を与える恐れのある回路（フィルタや振幅制限器など）を使っていないので、測定には注意が必要である。

14.5.4　プローブ

オシロスコープに測定する信号を取り込むとき、導線を測定点に直接接続すると測定点の回路の状態が変化して波形やインピーダンスが変わってしまい、正しい測定ができなくなる。これを避けるために、長さ1〔m〕程度のケーブルの先端に付けられた**プローブ**と呼ばれるサインペン状の器具が使われる。

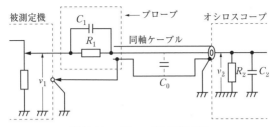

図14.10　プローブの等価回路

　図14.10はプローブとオシロスコープの等価回路である。プローブは R_1〔Ω〕の抵抗と C_1〔F〕のコンデンサが並列に接続された回路である。また、オシロスコープの入力を R_2〔Ω〕の抵抗と C_2〔F〕のコンデンサの並列回路とし、ケーブルの芯線と外部導体の間には C_0〔F〕の容量があるものとして、これらの間に次式の関係が成立するように調節する。

$$(C_0 + C_2)\,R_2 = C_1 R_1 \qquad \cdots (14.2)$$

　上式の関係があるとき、プローブの入力電圧 v_1 とオシロスコープの入力電圧 v_2 の間には次式の関係が成立する。

$$v_2 = \frac{R_2}{R_1 + R_2}\,v_1 \qquad \cdots (14.3)$$

　すなわち、v_2 は v_1 に比例する。

　式（14.2）を成立させるには、式中のどの抵抗やコンデンサを変化させても良いが、実際には C_0、C_2、R_2 は変えられないので、C_1 または R_1 を変えることになるが、通常、プローブにはドライバでねじを回して容量を変えることができるように半固定のコンデンサ C_1 が装着されている。したがって、波形などを測定する前に式（14.2）が成立するように C_1 を調整しなければならない。その調整方法は次のように行う。

　正確な方形波を出す発振器を用意し、プローブを使って方形波をオ

シロスコープへ入力する。その方形波を観測しながら、プローブの半固定コンデンサ C_1 を調整して、方形波形が正確な方形になるようにする。すなわち、方形波には多数の高調波が決まった割合で含まれているので、プローブの入力と出力の方形波形が同じになったとすれば、どのような周波数の信号でも正しくプローブを通過していることになる。また、式（14.3）の R_1 を R_2 に比べて非常に大きく選ぶことにより、プローブの入力インピーダンスをオシロスコープの入力インピーダンスより非常に大きくできるので、測定点に与える影響を小さくすることができる。

14.6 スペクトルアナライザ

スペクトルアナライザ（略してスペアナ）は、信号に含まれている周波数成分の大きさの分布を調べる測定器であり、横軸を周波数に縦軸を信号の強度として表示する。

14.6.1 スーパヘテロダイン方式スペクトルアナライザ

図14.11はスーパヘテロダイン方式スペクトルアナライザの構成例である。ここでは簡単のため、周波数が f_S の正弦波高周波信号を測定したときの動作について述べる。

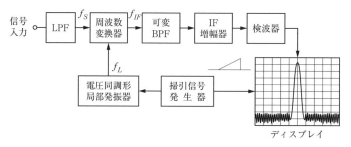

図14.11　スーパヘテロダイン方式スペクトルアナライザの構成例

高周波信号は LPF を通って周波数変換器に加えられ、周波数 f_L が一定範囲で連続的に変化する局部発振信号と混合されて f_{IF} に変換さ

れる。このため、周波数変換器の出力は、周波数 f_{IF} が $f_S - f_L = f_{IF}$（または $f_L - f_S = f_{IF}$）になったときだけ可変 BPF（帯域幅が変えられる帯域フィルタ）を通過し増幅され検波されて DC 電圧となってディスプレイの縦軸に加えられる。一方、掃引信号発生器でのこぎり波を作り二つに分けて、その一方をディスプレイの横軸に加え、他方を電圧同調形局部発振器に加えて発振周波数 f_L が直線的に変わるようにする。ディスプレイの縦軸に加えられている DC 電圧と横軸に加えられているのこぎり波は同期しているので、画面には周波数 f_S の位置にピークのある図が描かれる。なお、可変 BPF の帯域幅を広くすれば、f_S の周囲の周波数の信号も同時に画面に表れる。

　この方式のスペクトルアナライザの長所は、測定周波数を固定周波数（中間周波数）に変換してしまうため、広い周波数範囲を大きいダイナミックレンジで測定することができる。一方、短所は 1 回だけの信号は測定できず、また可変帯域フィルタの帯域を狭めると測定時間が長くなる。

14.6.2　FFT アナライザ

　FFT（高速フーリエ変換）は、時間的に変化する信号から、その周波数成分と大きさを計算によって求める数学的手法である。図 14.12 は FFT アナライザの原理的構成例であり、入力された被測定アナログ信号は増幅されて LPF を通り A/D 変換器により一定周期でサンプリングされてデジタル信号に変わる。デジタル信号は数値データであるので、これを FFT 演算器に入れてフーリエ変換計算式を使って周波数成分とその大きさを求め、それを表示器に表示する。

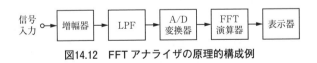

図14.12　FFT アナライザの原理的構成例

　FFT アナライザでは、入力回路に LPF が必ず必要であるから被測定信号の中に含まれている周波数は LPF の遮断周波数以下に制限さ

れる。LPF の遮断周波数は、サンプリング理論により、サンプリング周波数の1/2 以下に設定されている。もし、LPF がなければ、サンプリング周波数の1/2 以上の周波数の信号が入力されると、その周波数が誤った周波数に変換されて表示され、正しい結果が得られない。

FFT アナライザの主な特徴は、

① 信号の強度とその周波数及び位相の測定ができる。

② 一回限りの信号を解析できる。

③ マーカ機能があるので目的の周波数や時刻にマーカを置くことで正確な測定値を読み取ることができる。

14.7　ネットワークアナライザ

ネットワークアナライザはケーブルや導波管などの伝送路や回路網などの特性を調べる測定器である。ネットワークアナライザにはスカラーネットワークアナライザとベクトルネットワークアナライザがあり、スカラーネットワークアナライザは電圧測定により被測定物の周波数特性などを測定できるが、ベクトルネットワークアナライザはこれに加えて位相の測定ができるためインピーダンスや減衰量など色々な測定ができる。ここではベクトルネットワークアナライザによる測定について説明する。

図14.13はベクトルネットワークアナライザによるケーブルなどの受動回路の測定例である。最初、SW を a に入れて信号源から正弦波信号を**方向性結合器★**^(次頁) 1 を通して被測定回路の一方の端に加える。このとき、もし被測定回路の他の端が不整合の状態であれば、加えた正弦波信号の一部が反射されて入力端へ戻ってくる。方向性結合器からは入力信号強度とその反射波強度に比例した小さな信号がそれぞれ出力されるので、その大きさをネットワークアナライザの検出器で検出する。次に、SW を b にして同様に正弦波信号を方向性結合器 2 を通して被測定回路の他方の端に加え、方向性結合器 2 から出力さ

れる小さな信号をそれぞれ検出器で検出する。このようにして得られた四つの測定値を内蔵の計算機で解析して、被測定回路の特性を求め表示する。

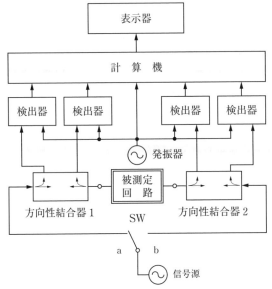

図14.13　ベクトルネットワークアナライザによる測定例

★ 方向性結合器：下図は原理的説明図であり、四つの入力出力端子を持つ器具である。実際の方向性結合器は導波管またはケーブルなどの伝送路を二つ並列に接続した構造である。図において、端子1に高周波を入れるとその大部分は端子2に出力され、残りは端子4に出力されるが端子3には出力されない。逆に、端子2から高周波を入れるとその大部分は端子1に出力されて残りは端子3に出力され、端子4には出力されない。このように、高周波の進行方向によって出力される端子が異なる器具を方向性結合器という。

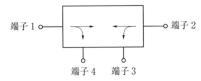

練習問題Ⅰ　　平成29年7月施行「二陸技」（A-19）

次の記述は、図に示すスーパヘテロダイン方式スペクトルアナライザの原理的な構成例について述べたものである。このうち誤っているものを下の番号から選べ。

1　ディスプレイの垂直軸に入力信号の振幅を、また、水平軸に周波数を表示する。

2　電圧同調形局部発振器の出力の周波数は、掃引信号発生器が出力する信号の電圧に応じて変化する。

3　周期的な信号のスペクトル分布のほか、雑音のような連続的なスペクトル分布も観測できる。

4　周波数分解能を上げるには、IFフィルタの周波数帯域幅を広くする。

5　掃引信号発生器が出力する信号は、のこぎり波信号である。

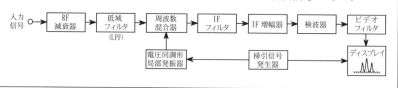

練習問題Ⅱ　　平成29年7月施行「二陸技」（B-1）

次の記述は、図に示すデジタルマルチメータの原理的な構成例について述べたものである。　　内に入れるべき字句を下の番号から選べ。

(1)　入力変換部は、アナログ信号（被測定信号）を増幅するとともに　ア　に変換し、A-D変換器に出力する。A-D変換器で被測定信号（入力量）と基準量とを比較して得たデジタル出力は、処理・変換・表示部において処理し、測定結果として表示される。

(2)　A-D変換器における被測定信号（入力量）と基準量との比較方式には、直接比較方式と間接比較方式がある。

(3)　直接比較方式は、入力量と基準量とを　イ　と呼ばれる回路で直接比較する方式であり、間接比較方式は、入力量を　ウ　してその波形の　エ　を利用する方式である。高速な測定に適するのは、　オ　比較方式である。

| 1 | 交流電圧 | 2 | 直流電圧 | 3 | 微分 | 4 | 積分 | 5 | 間接 |
| 6 | コンパレータ | 7 | ミクサ | 8 | 傾き | 9 | ひずみ | 10 | 直接 |

練習問題Ⅲ　平成30年1月施行「二陸技」(B-4)

次の記述は、デジタル方式のオシロスコープについて述べたものである。このうち正しいものを1、誤っているものを2として解答せよ。

ア　標本化定理によれば、直接観測することが可能な周波数の上限はサンプリング周波数の2倍までである。

イ　単発性のパルスなど周期性のない波形に対しては、等価時間サンプリングを用いて観測できる。

ウ　入力波形をA/D変換によりデジタル信号にしてメモリに順次記録し、そのデータをD/A変換により再びアナログ値に変換して入力された波形と同じ波形を観測する。

エ　単発現象でも、メモリに記録した波形情報を読み出すことによって静止波形として観測できる。

オ　アナログ方式による観測に比べ、観測データの解析や処理が容易に行える。

練習問題Ⅳ　平成30年9月施行「一海通」(A-13)

次の記述は、図に示す原理的構成例の測定器について述べたものである。□□□内に入れるべき字句の正しい組合せを下の番号から選べ。

(1)　この測定器の名称は、□A□である。

(2)　この測定器に繰り返し周波数を持つ方形波を入力すると、□B□が観測できる。

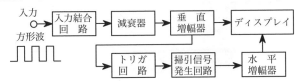

	A	B
1	FFT アナライザ	方形波に含まれる各スペクトルの振幅及び周波数
2	オシロスコープ	方形波の振幅及び繰り返し周波数
3	オシロスコープ	方形波に含まれる各スペクトルの振幅及び周波数
4	スペクトルアナライザ	方形波の振幅及び繰り返し周波数
5	スペクトルアナライザ	方形波に含まれる各スペクトルの振幅及び周波数

練習問題 V　　平成30年7月施行「一陸技」(A-20)

　次の記述は、FFTアナライザ、オシロスコープ及びスーパヘテロダイン方式スペクトルアナライザ (スペクトルアナライザ) の各測定器に、周期性の方形波など、複数の正弦波の和で表される信号を入力したときに測定できる項目について述べたものである。このうち誤っているものを下の番号から選べ。ただし、オシロスコープ及びスペクトルアナライザはアナログ方式とする。

1　FFTアナライザは、入力信号に含まれる個々の正弦波の相対位相を測定することができる。

2　オシロスコープは、入力信号に含まれる個々の正弦波の振幅を測定することができる。

3　スペクトルアナライザは、入力信号の振幅の時間に対する変化を、時間軸上の波形として観測することができない。

4　スペクトルアナライザ及びFFTアナライザは、入力信号に含まれる個々の正弦波の振幅を測定することができる。

5　スペクトルアナライザ及びFFTアナライザは、入力信号に含まれる個々の正弦波の周波数を測定することができる。

練習問題・解答

I	4	
II	ア-2　イ-6　ウ-4　エ-8　オ-10	
III	ア-2　イ-2　ウ-1　エ-1　オ-1	
IV	2	V　2

第14章　測定用機器

第15章

測定

送信機や受信機などの通信機器類が決められた性能を持っているかどうかを調べるために測定が行われる。この測定は正しい手順に従って行われなければならない。この章では、色々な種類の測定について、その測定原理と手順について学ぶ。

15.1 基本測定

通信機器類の動作状態を知るために行う測定において、最も簡易で広く行われている方法に、信号の波形を調べる波形測定、二つ以上の信号間の位相を調べる位相測定、周波数測定などの基本測定がある。

15.1.1 波形測定

フィルタや伝送路などの受動回路に信号を通したとき、通常、その出力波形は元の波形と異なる。その波形を調べることにより回路の性質を知ることができるが、波形のどの部分が変化したかを知るためには調べるための入力信号の性質が分かっていなければならない。ここでは、使用する入力信号としてパルス波形を取り上げる。図15.1は正確な方形波を回路に入れたときの出力波形の例である。

(1) 方形波各部の名称

A : (振幅) 0 レベルから $b = 0$ としたときの高さ、これを 100 〔%〕とする。

T : (周期または繰返し時間) 次のパルスまでの時間〔s〕

W : (パルス幅) 振幅の 50 〔%〕の2点間を横切る時間〔s〕

t_r : (**立上り時間**) 振幅の 10 〔%〕から 90 〔%〕まで上がる時間〔s〕

t_f : (**立下り時間**) 振幅の 90 〔%〕から 10 〔%〕まで下がる時間〔s〕

a ：（プレシュート）パルスが立上る前に 0 レベルから下がる量

b ：（**オーバーシュート**）パルスが立上った後で *A* より上に振れる量

c ：（アンダーシュート）パルスが立下がった後で 0 レベルより下に振れる量

これらの値を基にして、以下の値が定義されている。

$$f = \frac{1}{T} ：繰返し周波数〔\text{Hz}〕$$

$$D = \frac{W}{T} \times 100 ：衝撃係数〔\%〕$$

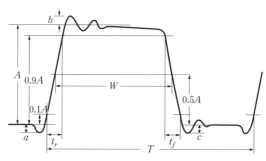

図15.1　パルス波形各部の名称

(2)　微分波形

図15.2(c)の v_o は、同図(a)または(b)の回路に方形波 v_i を入れたときの出力波形の例であり、これを微分波形という。

コンデンサ *C* と抵抗 *R* または抵抗 *R* とコイル *L* を図のように直列にした回路を**微分回路**といい、*C* と *R* の積 $CR = \tau$ または $L/R = \tau$ の値（ τ は時定数）によって波形が変わる。時定数 τ が小さいと方形波の立上りと立下りで鋭いスパイク状の波形になるが、逆に大きいと方形波の形が残る。

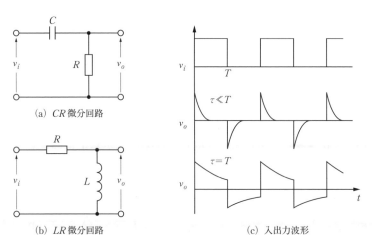

(a) CR 微分回路

(b) LR 微分回路

(c) 入出力波形

図15.2　微分回路と微分波形の例

(3) 積分波形

　図15.3(c)の波形 v_o を積分波形といい、上記微分回路のコンデンサと抵抗または抵抗とコイルをそれぞれ入れ替えた回路（これを**積分回路**という）の出力波形であり、時定数によって波形が変わる。時定数が小さいと方形波の形が残るが、大きいと直流に近い一定値に近づく。

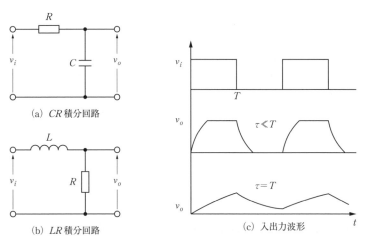

(a) CR 積分回路

(b) LR 積分回路

(c) 入出力波形

図15.3　積分回路と積分波形の例

⑷　オシロスコープによる波形測定法

　測定しようとする箇所に、オシロスコープに備え付けられているプローブを接触させ、信号波に同期をとって画面の波形を固定させる。この状態で例えば、信号の振幅を測定する場合を考えてみる。画面には同時に目盛が描かれているので、信号波形の最大点から最小点までの幅を読み取り、それを電圧に換算する。この値をP−P（peak to peak）値という。この値を1/2倍した値が信号の最大振幅になる。例えば、画面が図15.4の場合、画面に0.1mV/div のように表示されているとすれば一目盛が0.1〔mV〕ということであり、また波形の最大点から最小点までの幅が8目盛であるから、P−P値は0.1×8 = 0.8〔mV〕、最大振幅は0.4〔mV〕となる。

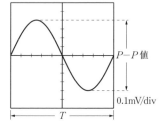

図15.4　オシロスコープ画面の例

15.1.2　位相測定

　位相を正確に測定するには、低い周波数では位相計が、また高い周波数ではネットワークアナライザなどが使われるが、ここではオシロスコープを使う方法を説明する。

⑴　二つの波形を比較する方法

　これは位相を直感的に知るのによい方法である。二つの信号波形を同時に表示できる2現象オシロスコープまたはデジタルオシロスコープを使い、図15.5のように、波形の1周期または半周期をできるだけ画面いっぱいになるように表示する。図において、波形の1周期は2π〔rad〕であり二つの波形の位相差をθ〔rad〕として、これらに対応する横軸の目盛を読み取る。例えば、θに対応する目盛の幅が1.25〔目盛〕、2π に対応する幅が10〔目盛〕とすれば、$\theta : 2\pi = 1.25 : 10$の関係が得られるから、$\theta = 1.25 \times 2\pi / 10 = 0.25\pi$〔rad〕が得られる。位相の進み遅れは二つの波形の左右のずれの方向から判断する。すなわち、二つの波形が0レベルを同じ方向に横切ったときの時刻が早い

方の波形が進んでいる。例えば、図15.5の場合、波形Aは左端で−から＋に０レベル線を横切り、波形Bはその時刻より少し遅れて（θだけ右にずれて）横切っている（画面は左から右へいくに従って時刻は遅くなる）。したがって、波形AがBより進んでいることになる。

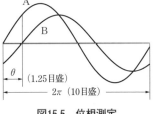

図15.5　位相測定

(2)　リサジュー図形を使う方法

　オシロスコープの通常の使用法では画面の横軸を時間軸にするので、横軸の信号として内部で発生したのこぎり波を使っている。リサジュー図形は、のこぎり波の代わりに信号波（正弦波）を使うことで描くことができる。図15.6は代表的なリサジュー図形の例であり、オシロスコープの縦軸と横軸に異なる正弦波信号を入力して、それらの位相と周波数を変えて描かせたものである。ただし、二つの正弦波の振幅は同じである。表の縦方向は信号の周波数比（横信号：縦信号）、表の横方向は信号間の位相差で、縦信号に対する横信号の遅れを表す。同じ周波数の二つの信号間の位相を測定するには、二つの信号を

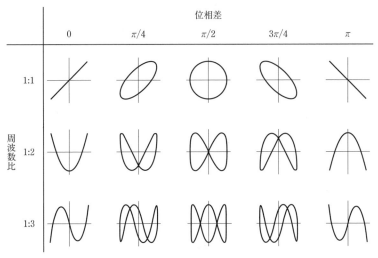

図15.6　リサジュー図形の例

それぞれオシロスコープの縦軸と横軸に入れてリサジュー図形を描かせ、表から周波数比1：1のリサジュー図形のうちで最も近い図形を選びその位相を測定値とする。例えば、リサジュー図形が円形になったとすれば、位相差は $\pi/2$〔rad〕である。もちろん、リサジュー図形から読み取った値を使って計算で求めることもできるが省略する。

図15.7はリサジュー図の作図法で、横軸（x 軸）と縦軸（y 軸）に振幅と周波数が同じで位相は y 軸が $\pi/4$ 進んでいる正弦波信号を入れたときの作図である。x 軸と y 軸の正弦波の各点（a、b、c、d、e）の時刻とリサジュー図形の各点（a、b、c、d、e）は一致している。例えば、y 軸信号の最大値（点 b）と x 軸信号の点 b の値が画面上で合成されて、リサジュー図形の点 b が描かれる。この作図法を理解していれば、描かれたリサジュー図形から容易に周波数や位相差を読み取ることができる。

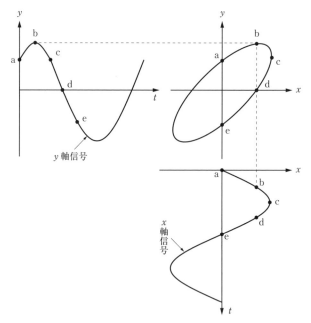

図15.7　リサジュー図の作図法

15.1.3　周波数測定

正確な周波数を知るには周波数カウンタを使えばよいが、オシロスコープでもおよその値を知ることができる。オシロスコープに被測定信号の1周期の波形を描かせ、その時間 T を読み取れば、周波数 f は $f = 1/T$ である。例えば、図15.4の場合、横軸が0.01ms/div とすれば1周期の時間 T は $T = 0.01 \times 10 = 0.1$ 〔ms〕であるので、周波数はおよそ $f = 1/(0.1 \times 10^{-3}) = 10$ 〔kHz〕となる。

また、リサジュー図形を使う方法もある。被測定信号を縦軸、標準信号発生器の信号を横軸としてリサジュー図形を描かせ、標準信号発生器の周波数を変えて図を固定すれば、標準信号発生器の周波数またはその整数倍の周波数が被測定信号の周波数である。例えば、図15.6の2行目にあるリサジュー図形のいずれかが描かれた場合には、標準信号発生器の周波数の2倍の周波数が被測定信号の周波数である。なお、リサジュー図形の周波数比 x 対 y は、図形が y 軸を横切る数と x 軸を横切る数の比である。例えば、図15.6の中央の蝶の形をした図形を例にとると、x 軸信号が y 軸を横切る線は2本（左上から右下へいく線と右上から左下へいく線が中央で交差している）であり、y 軸信号が x 軸を横切る数は中央で交差している2本と両端の合計4本であるから、x 信号対 y 信号の周波数比は $2 : 4 = 1 : 2$ である。

15.2　送信機の測定

送信機の測定は特に重要であり、規定以上の電力が出ていたり、規定以外の周波数の電波が出ていると他の通信に妨害を与えるため電波法で厳しく規定されている。

15.2.1　送信機出力電力の測定

空中線電力、**アンテナ電力**、**送信電力**などはすべて同じものであり、アンテナで電波に変換される直前の電力のことである。放射される電波の強度は受信される電波の強度を決める重要な値であるが、一般に

この値を測定することは困難である。そこで測定しやすい送信機出力電力を測定し、その値に送信機からアンテナまでの伝送路の損失やアンテナの放射効率などを考慮して放射される電波の電力を求める。

(1) ボロメータによる測定

ボロメータは温度によって抵抗値が変わる素子の総称であり、そのうち半導体や金属酸化物、セラミックのように温度によって抵抗値が大きく変化する素子を**サーミスタ**と呼んでいる。現在では、高周波電力計用のボロメータとしてサーミスタが多く使われているので、これを**サーミスタ電力計**と呼ぶことも多い。

図15.8はボロメータによる電力測定の原理図であり、**ホイートストンブリッジ★**の一辺にボロメータ B を組み込んだ回路である。まず、

高周波電力を加えない状態でスイッチを入れて可変抵抗 r を調節しブリッジの平衡をとる（検流計 G の振れを 0 にする）。このときの電流計 A の読みを I_1 とすれば、ボロメータで消費される電力 P_1 は次のようになる。

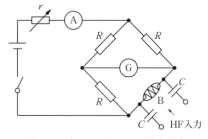

図15.8　ボロメータによる電力測定

$$P_1 = \left(\frac{1}{2}I_1\right)^2 R \qquad \cdots(15.1)$$

次に、測定する高周波をボロメータに加えると、温度が上がってボロメータの抵抗値が変化するので、ブリッジの平衡状態がくずれて G の振れが 0 ではなくなる。そこで、改めて r を調節しブリッジの平衡

★ホイートストンブリッジ：抵抗やインピーダンスの測定に使う測定器で、ブリッジ回路の 4 辺のうちの一つに測定する抵抗またはインピーダンスを接続して、他の辺はすべて既知の値とし、その内の一つを可変にして検出器の出力を 0 に調節すれば、ブリッジの平衡条件から未知の抵抗値やインピーダンス値を求めることができる。

をとり、そのときの A の読みを I_2 とすれば、ボロメータで消費される電力 P_2 は次のようになる。

$$P_2 = \left(\frac{1}{2} I_2\right)^2 R \qquad \cdots (15.2)$$

したがって、加えた高周波電力 P_H は P_1 と P_2 の差であるから、式 (15.1) と (15.2) から次のようになる。

$$P_H = P_2 - P_1 = \frac{1}{4}(I_2{}^2 - I_1{}^2)R \qquad \cdots (15.3)$$

なお、図15.8では高周波電力をコンデンサを通してボロメータに加えているが、マイクロ波のように周波数が高くなると導波管を通して電力を送り込むセンサマウントが使われる。

⑵ **CM 形電力計による測定**

CM 形電力計は静電容量 C と相互インダクタンス M により伝送路から小さな電力を取り出して測定する計器である。図15.9は CM 形電力計の動作原理の説明図であり、**CM 形方向性結合器**（主線路の内部導体と副線路の内部導体が接近して並べられている器具）の主線路には信号源と負荷が、また副線路には内部抵抗 R の熱電形電流計（または電力計）及び同じ大きさの終端抵抗が接続されている。

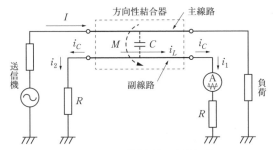

図15.9　CM 形電力計の動作原理

送信機から負荷に電力が送られているとき、主線路の内部導体に流れている電流を I、内部導体と外部導体の間の電圧を V とする。主線

路と副線路の内部導体間には大きさが M の相互インダクタンスがあるので、副線路には誘導によって $j\omega MI$ の電圧が発生し、主線路と同じ方向の電流 i_L が流れる。その電流は電流計 A と二つの終端抵抗 R が直列になった回路を通って流れるから、大きさは次のようになる。

$$i_L = \frac{j\omega MI}{2R}$$

また、主線路の内部導体と副線路の内部導体間には大きさ C の静電容量があるので、副線路には誘導によって電圧 V が加わる。この電圧による電流 i_C は、右側の電流計を通ってアースへ流れるものと、左側の終端抵抗を通ってアースへ流れるものと二つに分かれる。その大きさはほぼ同じで、

$$i_C = \frac{1}{2}\left(\frac{V}{-j/\omega C}\right) = \frac{j\omega CV}{2}$$

となる。したがって、電流計には i_L と i_C が同じ方向に流れるから、その電流 i_1 は二つの電流の和となる。

$$i_1 = \frac{j\omega MI}{2R} + \frac{j\omega CV}{2} = \frac{j\omega}{2}\left(\frac{MI}{R} + CV\right) \qquad \cdots(15.4)$$

また、左側の終端抵抗には i_C と i_L が逆向きに流れるから二つの電流の差の電流 i_2 が流れることになり、

$$i_2 = \frac{j\omega MI}{2R} - \frac{j\omega CV}{2} = \frac{j\omega}{2}\left(\frac{MI}{R} - CV\right) \qquad \cdots(15.5)$$

となる。ここで、上式のかっこ内を 0 にする、すなわち、

$$\frac{MI}{R} - CV = 0$$

とすれば、i_2 は 0 になり i_1 は i_L または i_C の 2 倍になる。

そこで、上式を次のように変形する。

$$\frac{M}{RC} = \frac{V}{I} \qquad \cdots (15.6)$$

この式の右辺は線路（ケーブル）の**特性インピーダンス★**Z_0であるので、式（15.6）は次のようになる。

$$\frac{M}{RC} = Z_0 \qquad \cdots (15.7)$$

CM形方向性結合器は式（15.7）を満足するように作られているので、図15.9のように左から信号を入力すると大部分は負荷に送られ、その一部は電流計に流れるが左側の終端抵抗には流れない。逆に右側から入力するとその一部が左側の終端抵抗に流れ電流計には流れない。すなわち、信号を入れる方向によって出力端子が異なることから、この装置を方向性結合器と呼ぶ（14.7節参照）。

CM形電力計は図15.9の二つの終端抵抗の代わりに電力計を使い、負荷にアンテナなどを接続して、アンテナなどからの反射波電力と送信電力とを同時に測定できる装置である。

(3) **SSB送信機の出力電力測定**

ラジオ放送のようなDSB（両側波帯波、A3E）は音声などの変調信号がないときには搬送波のみになるのでその電力を測定できるが、SSB（J3E）では搬送波がないので変調信号がなければ電波もなくなり何も測定できない。そこで、決められた信号で変調して電波を作り、これを決められた方法で測定してSSB波の電力としている。

図15.10は**飽和電力法**と呼ばれるSSB波電力の測定法の構成例である。低周波発振器から決められた信号を出し、その信号に含まれてい

★特性インピーダンス：ケーブルなどの伝送路が持つ固有のインピーダンスで、その大きさZ_0は伝送路の単位長さあたりの静電容量CとインダクタンスLによって決まり、$Z_0 = \sqrt{L/C}$〔Ω〕である。

る不要な高調波を取り除くLPF、その信号の強度を変える可変減衰器、信号の強度を測定するレベル計を接続してSSB送信機の音声入力端子に入れる。また、送信機からアンテナへの出力端子に、アンテナの代わりをする**擬似負荷**★を接続し、その負荷に電力計を接続する。

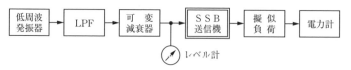

図15.10　SSB（J3E）波の電力測定法の構成例

測定方法

① SSB送信機を通常の動作状態にし、可変減衰器の減衰量を最大にする。

② 低周波発振器の発振周波数を1500〔Hz〕にセットし、出力を大きくする。

③ 可変減衰器の減衰量を徐々に減らして入力信号を大きくし、そのつどレベル計と電力計の値を読み取って、図15.11のようなグラフに書き込む。

④ 可変減衰器の減衰量を減らして入力信号を大きくしても電力計の値が増えなくなるまで③を続ける。

図15.11の例では、電力が50〔W〕以上にはならないので、この値が飽和電力であり、これをSSB送信機の**尖頭電力**

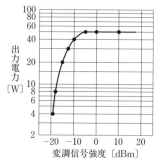

図15.11　SSB（J3E）送信機の出力特性例

★擬似負荷：送信機や受信機などを実際の動作状態で測定したいとき、アンテナなどの実際の負荷に代わるものとして使用する負荷のことで、周波数によって値が変わらない。例えば、送信機のように大電力を出力する場合には水抵抗などが、また電力をあまり出さない場合には炭素被膜抵抗などが使われる。

という。SSB 送信機の出力はこの尖頭電力で表すことになっている。

15.2.2　AM 波の測定

⑴　変調度の測定

正弦波信号で変調した AM波（DSB）をオシロスコープに表示すると図15.12のようになる。

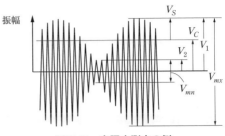

図15.12　変調度測定の例

搬送波の振幅を V_C、信号波の振幅を V_S とすれば、変調度 m は次式で定義されている（1.5.1項参照）。

$$m = \frac{V_S}{V_C} \qquad \cdots (15.8)$$

図15.12から、V_S は

$$V_S = \frac{V_1 - V_2}{2} \qquad \cdots (15.9)$$

また、V_C は変調がないとき、つまり $V_S = 0$ のときの値であるから、V_1 と V_2 の平均値であり、

$$V_C = \frac{V_1 + V_2}{2} \qquad \cdots (15.10)$$

と表される。しかし、V_1 と V_2 は波形の中心線からの値であるので、中心線の位置が分からないと読み取れない。一般に、オシロスコープではこの中心線を正確に読み取ることはむずかしい。一方、上下の包絡線の幅は簡単に読み取ることができる。その最大値を V_{mx}、最小値を V_{mn} とすれば、これらは V_1 と V_2 の 2 倍であることが分かる。すなわち、$V_{mx} = 2V_1$ と $V_{mn} = 2V_2$ であるので、この関係から V_1 と

V_2 を求めてこれを式（15.9）と（15.10）に代入すると、

$$V_S = \frac{1}{2}\left(\frac{V_{mx}}{2} - \frac{V_{mn}}{2}\right)$$

$$V_C = \frac{1}{2}\left(\frac{V_{mx}}{2} + \frac{V_{mn}}{2}\right)$$

この二つの式を式（15.8）に代入すると次のようになる。

$$m = \frac{V_{mx} - V_{mn}}{V_{mx} + V_{mn}} \qquad\qquad \cdots(15.11)$$

したがって、V_{mx} と V_{mn} を測定することで変調度を求めることができる。

(2) 信号対雑音比の測定

送信機の入力に正弦波を加えて変調し、送信機の出力（電波）を検波して取り出した正弦波と送信機内部で発生する雑音との比が送信機の信号対雑音比（S/N）である。図15.13はAM送信機の S/N 測定の構成例であり、低周波発振器の出力を可変減衰器1を通してSW（スイッチ）の一方へ入れ、他方へ**無誘導抵抗**★R を接続し、その出力を送信機の音声入力端子に入れる。また、送信機の出力を擬似負荷に入れ、その一部を直線検波器で検波してレベル計2で測定する。

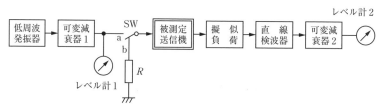

図15.13　AM送信機の S/N 測定の構成例

★無誘導抵抗：インダクタンス成分のない抵抗のことで周波数による値の変化はない。炭素被膜抵抗器などがこれにあたる。

測定法

① スイッチSWをb側にして無誘導抵抗を送信機の入力端子に接続し、レベル計2の振れが見やすい値になるように可変減衰器2を調整する。このときのレベル計2の振れを W（雑音強度を与える）、可変減衰器2の値を D_1 とする。

② SWをa側に切り替えて、低周波発振器の周波数を1000〔Hz〕にする。

③ 可変減衰器1を調節して測定したい変調度 m にする。このときのレベル計1の振れ V の値を読み取る。

④ 可変減衰器2を調節してレベル計2の振れが W になるようにする。このときの可変減衰器2の値を D_2 とする。

⑤ 入力信号強度が V のとき、すなわち変調度が m のときの送信機の信号対雑音比 S/N は、(D_2-D_1)〔dB〕である。

⑥ 可変減衰器1を少しずつ変えて③→⑤を行い、異なるいくつかの入力信号強度 V（変調度 m）に対する S/N を求める。

⑦ 変調度 m に対する S/N のグラフを作る。

15.2.3 FM波の測定

(1) 占有周波数帯幅の測定

送信機では、搬送波を信号波で変調することによって一定の広がり（帯域幅）を持つ電波が作られる。この帯域幅は信号波の振幅や周波数などによって変わるので、広がり過ぎて他の通信に妨害を与えることがある。このようなことを避けるために、送信局が占有できる帯域幅（占有周波数帯幅）が規定されている。このとき必要になるのが占有周波数帯幅の測定である。

変調されたFM電波は、図15.14のように搬送波を中心にして無数の側帯波が

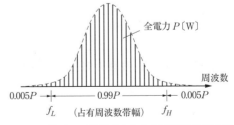

図15.14　電波の周波数分布と占有周波数帯幅の例

広がっている。**占有周波数帯幅**は、電波法によると、「全放射電力の99%を含む周波数範囲」としている。言いかえれば、周波数 $0 \sim f_L$〔Hz〕までの合計の電力が全電力の0.5%であり、$f_H \sim \infty$〔Hz〕までの合計の電力も全電力の0.5%であるとき、占有周波数帯幅は$f_H - f_L$〔Hz〕である。

図15.15はFM（F3E）波の占有周波数帯幅測定の構成例であり、変調信号となる擬似音声発生器からの信号を送信機の音声入力に加え、同時にその大きさを測るレベル計を接続する。また、送信機からの出力をアンテナの代わりをする擬似負荷に接続し、その出力をスペクトルアナライザへ入れる。

図15.15　FM 波の占有周波数帯幅測定の構成例

測定法

① 擬似音声発生器を決められたスペクトルと強度に設定し、その信号を送信機に入れる。

② 送信機を既定の変調に設定し、その出力を擬似負荷へ出す。

③ スペクトルアナライザの掃引幅を既定の占有周波数帯幅の2倍以上に設定し、搬送波の電力と必要な数の側帯波の電力とを測定して、それらの合計を送信機の全電力とする。

④ 図15.14のf_Lと思われる周波数より十分低い周波数から始めて、順次高い周波数の側帯波の電力を測定し、これを加え合わせて、その値が全電力のほぼ0.5%になる周波数の側帯波を見つける。この周波数がf_Lである。

⑤ 同様にして、f_Hと思われる周波数より十分高い周波数から始めて、順次低い周波数の側帯波の電力を測定し、これを加え合わせて、その値が全電力のほぼ0.5%になる周波数を見つける。この周波数がf_Hである。

⑥ 占有周波数帯幅は$f_H - f_L$〔Hz〕である。

(2) 周波数偏移の測定

　AM波は一つの周波数の信号波で変調すると搬送波の両側に1個ずつの側帯波ができるが、FM波では一つの信号波で変調しても搬送波の両側に無数の側帯波ができる。図15.16はFM波の搬送波 f_c を周波数 f_p の信号波で変調した側帯波の分布例であり、これらの大きさは変調指数 m によって変化する。その変化の様子は図15.17に示すようなベッセル関数で表される。例えば、搬送波の大きさは同図中の $J_0(m)$ の曲線のように、変調指数 m が0のときを1として、m が大きくなるに従って小さくなっていき、$m \fallingdotseq 2.41$ で0になり、さらに m が大きくなると負になる（位相が反転する）。同様に、第1側帯波は $J_1(m)$ の曲線、第2側帯波は $J_2(m)$ の曲線、…のように、それぞれの側帯波の大きさは m の大きさによって変化する。周波数偏移を、上記のように搬送波の大きさが0になることを利用して求める方法を、**搬送波零位法**による周波数偏移の測定という。

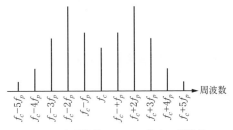

図15.16　変調指数 $m=3$ の場合の側帯波の強度分布例

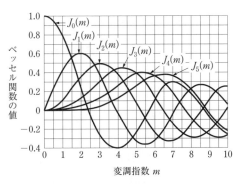

図15.17　ベッセル関数のグラフ

　図15.18は、この方法による周波数偏移の測定の構成例であり、低周波発振器から一定周波数の信号を（高調波を取り除くために）LPFを通し、可変減衰器で変えた信号強度をレベル計で測定して送信機の入力に加える。また、送信機から出力されるFM波を擬似負荷に加え、その一部をスペクトルアナライザに取り込む。

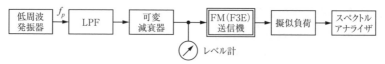

図15.18　FM波の周波数偏移測定の構成例

測定法

① 測定する送信機を動作させ、スペクトルアナライザの測定の中心周波数を送信機の搬送波周波数に合わせる。

② 可変減衰器の減衰量を最大にして（入力を最小にする）から低周波発振器を動作させ周波数 f_p の信号を入れる。

③ 可変減衰器の減衰量を徐々に減らしていく（入力を大きくする）とスペクトルアナライザに表示されている搬送波の大きさが徐々に小さくなっていき、やがて0になる。このときのレベル計の読みを V_1 とする。

④ さらに可変減衰器の減衰量を減らして行くと、搬送波の大きさが一旦大きくなり再び0になるので、このときのレベル計の読みを V_2 とする。これをさらに続けて行う。

⑤ 搬送波の大きさが0になるときの変調指数 m は図15.17の $J_0(m)$ 曲線またはベッセル関数表から分かるので、周波数偏移 ΔF は次式によって求められる。

$$\Delta F = m f_p$$

⑥ 入力信号の強度 V_1、V_2、…、に対する ΔF はそれぞれ計算できるので、入力信号の強度と周波数偏移の関係（グラフ）が得られる。

⑶ プリエンファシス特性の測定

プリエンファシスは受信側のデエンファシスとともにFM変調の高い音声周波数における SN 比を改善することを目的に行われる。図15.19は通信用 FM のエンファシス特性であり、FM 送信機がこのようなプリエンファシス特性を持っているかどうかを調べることがこの測定である。したがって、送信機の入力信号の周波数を順次変えて送

信機の復調出力を測定することでプリエンファシス特性が求められる。

図15.20はプリエンファシス特性測定の構成例であり、低周波発振器の出力を送信機の入力に加えるとともにレベル計1に接続する。また、送信機の出力を擬似負荷に入れ、その一部を復調器などで復調し、その復調出力をレベル計2に入れる。

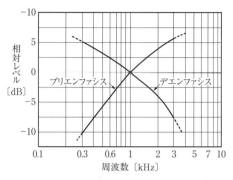

図15.19　通信用 FM のエンファシス特性

図15.20　プリエンファシス特性測定の構成例

測定法

① 低周波発振器を、送信機が規定の変調（例えば、1 000〔Hz〕の正弦波信号、出力を周波数偏移が許容値の70〔％〕になる値）になるように設定し、同時にレベル計1の値を一定に保つ。

② 送信機を動作させて測定周波数に設定する。

③ この時の復調出力をレベル計2から読み取り記録する。この値を V_0 とする。

④ 低周波発振器の周波数を300〔Hz〕、500〔Hz〕、2 000〔Hz〕、3 000〔Hz〕に順に変えて、レベル計2の値をそれぞれ読み取り記録する。この値を V_1、V_2、V_3、V_4 とする。

⑤ 測定値 V_0 に対する各周波数の測定値 V_1、V_2、V_3、V_4 の比（V_n/V_0）をデシベルで表し、これをグラフの縦軸に、また周波数を横軸にとって描けばプリエンファシス特性が得られる。

⑷　FM 送信機の信号対雑音比の測定

図15.21は FM 送信機の S/N 測定の構成例であり、低周波発振器の出力を LPF を通して高調波成分を取り除き、可変減衰器1を通して SW（スイッチ）の一方へ入れる。SW の他方の入力へ無誘導抵抗 R

を接続し、SW の出力を送信機の音声入力に入れる。また、送信機の出力を周波数偏移計で測定するとともに擬似負荷に入れ、その一部をFM用の直線検波器で検波し、その出力を可変減衰器2を通してレベル計で測定する。

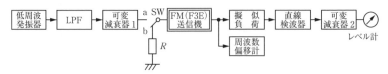

図15.21　FM 送信機の S/N 測定の構成例

測定法

① スイッチSWをb側にして無誘導抵抗を送信機に接続し、レベル計の振れが見やすい値になるように可変減衰器2を調整する。このときのレベル計2の振れを W、可変減衰器2の値を D_1 とする。

② SWをa側に切り替えて、低周波発振器の周波数を1 000〔Hz〕とし、可変減衰器1を調節して周波数偏移が規定の値になるようにする。

③ 可変減衰器2を調節してレベル計の振れが W になるようにする。このときの可変減衰器2の値を D_2 とする。

④ 規定の周波数偏移のときの送信機の信号対雑音比 S/N は（$D_2 - D_1$）〔dB〕である。

15.3　受信機の測定

受信機の性能を表すものとして感度、選択度、忠実度、安定度、雑音指数など多くの指標がある。ここでは、これらの内で主なものについて測定法を解説する。

15.3.1　感度

受信機の感度は受信できる最低の入力信号強度のことであり、〔dBμ〕または〔μV〕で表される。なお、感度名は変調方式によって

異なり、測定方法も異なる。

(1) AM 受信機の雑音制限感度

受信機の出力が既定の S/N（通常 20 〔dB〕）で既定の出力 P_0（通常 50 〔mW〕）を出すために必要な最低の受信機入力電圧を**雑音制限感度**という。図15.22は AM 受信機の雑音制限感度を測定する構成例であり、標準信号発生器（SG）の出力を**擬似アンテナ★**を通して受信機に入れ、受信機からの音声出力を電力計などで表示する。

図15.22　雑音制限感度測定の構成例

測定法

① 受信機を最大感度で動作させるため、自動利得調整（AGC）を断（OFF）にする。

② SG を動作させて、所定の変調（例えば、1 〔kHz〕、30 〔%〕変調）に設定し、測定する受信周波数に合わせる。

③ SG の出力を中程度にして、受信機の周波数を SG の周波数（受信周波数）に合わせる。

④ SG の信号を OFF にして、電力計の指示が規定出力（例えば17〔dBm〕）より既定の S/N 値だけ低い値（17 〔dBm〕−20 〔dB〕）になるように受信機の音量を調整する。

⑤ 再び SG の信号を ON にして、電力計の指示が規定出力になるように SG の出力を調整する。この時の SG の出力（受信機入力電圧と同じ）が測定する受信周波数の雑音制限感度である。

(2) AM 受信機の利得制限感度

受信機の感度が不十分で雑音制限感度が測定できない場合、利得制限感度が使われる。規定の S/N にかかわらず、受信機の利得を最大にし、SG の出力を調整して受信機の出力を規定出力にしたときの

★擬似アンテナ：実際のアンテナと同じインピーダンスを持つ回路のことであり、電波を放射することなく送信機の調整や電力の測定、あるいは受信機の測定などを行うために使われる。

SG の出力（受信機入力電圧）を**利得制限感度**という。

⑶ FM 受信機の雑音抑圧感度の測定（NQ 法）

FM 受信機は、スケルチを切っておくと信号がないときには大きな雑音を出すが、信号が入って来ると雑音が抑えられる。**雑音抑圧感度**は、この特性を利用して、信号がないときの雑音の値から 20〔dB〕低下させるような入力信号の強度で感度を表す。図15.23は **NQ 法**による FM 受信機の雑音抑圧感度測定の構成例であり、標準信号発生器（SG）の出力を擬似アンテナに入れてその出力を FM 受信機のアンテナ端子に接続する。また、受信機の出力を擬似負荷に入れ、その出力の一部を可変減衰器に通してレベル計で測れるようにする。

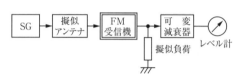

図15.23　雑音抑圧感度測定の構成例

測定法

① FM 受信機のスケルチが動作しないようにする。

② SG を測定周波数に合わせ、その出力を無変調にする。

③ 受信機の周波数を SG の周波数（測定周波数）に合わせ、レベル計の振れを確認する。

④ SG を OFF にすれば受信機の雑音出力が大きくなるから、可変減衰器を調整してレベル計の振れを一定値 N（例えば、1〔mW〕）にする。

⑤ 可変減衰器の減衰量を 20〔dB〕少なくして、SG を ON にし、レベル計の値が N になるように SG の出力を調節する。

⑥ このときの SG の出力を V_s〔dBμ〕とすれば、これが雑音抑圧感度である。

15.3.2 近接周波数選択度特性の測定

選択度は、希望信号に近い周波数の信号の混信を避けるために、これらの信号から希望信号を分離する能力である。スーパヘテロダイン受信機では、選択度は主に中間周波増幅で使われるフィルタまたは

IFT の性能で決まる。図 15.24(a)は**近接周波数選択度特性**を測定する構成例であり、標準信号発生器(SG)の出力を AM 受信機のアンテナ端子に入れ、受信機の出力を擬似負荷とレベル計に接続する。

(a) 測定の構成例

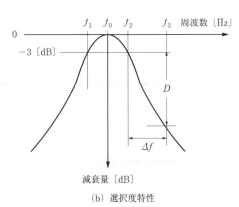

(b) 選択度特性

図15.24　近接周波数選択度特性の測定

測定法

① SG を測定周波数 f_0 に合わせ、規定の変調（例えば、1〔kHz〕、30〔％〕変調）に設定し、中程度の出力にする。

② 受信機の自動利得調整（AGC）を OFF にし、周波数を SG の周波数（測定周波数）に同調させる（レベル計の振れを最大にする）。この時の SG の出力 S_0〔dB〕とレベル計の読み V_0〔V〕を読み取る。

③ SG の周波数を少し（例えば500〔Hz〕）上げて、レベル計の指示が V_0 になるように SG の出力を調整する。この時の SG の出力 S_1〔dB〕を記録する。

④ ③を繰り返し行い SG の周波数を徐々に（例えば500〔Hz〕ずつ）上げて、その都度 SG の出力 S_n〔dB〕を記録する。これを、SG の出力をいくら上げてもレベル計が V_0 まで振れなくなるまで続ける。

⑤ SG を測定周波数 f_0 に、また出力を S_0〔dB〕に戻す。

⑥ 今度は③とは反対に SG の周波数を少しずつ下げて、④を行う。

⑦ 得られた SG の出力値から $(S_0 - S_n)$〔dB〕を求めてグラフの縦軸に、周波数を横軸にとってグラフにすると図15.24(b)のような選択度特性曲線が得られる。

帯域幅は、この曲線の最大値から 3〔dB〕下がった二つの点の周波数差 $(f_2 - f_1)$ であり、また、$D/\Delta f$ の値を**減衰傾度**という。選択度

は減衰傾度が大きく帯域幅が狭いほど良いが、帯域幅を狭くし過ぎると高い周波数の側帯波が通過できなくなるため高音がカットされてしまい、忠実度が悪くなる。

15.3.3　スプリアスレスポンスの測定

スーパヘテロダイン受信機では、局部発振器の発振周波数の高調波f_{ln}と希望波以外の電波（妨害波）の周波数f_uとが混合されて中間周波数f_mが作られることがある。このような妨害波に対する感度と希望波に対する感度の比を**スプリアスレスポンス**といい、受信機の妨害波に対する抵抗力を表す。したがって、スプリアスレスポンスの悪い受信機では、周波数f_uの強い電波があれば混信妨害を起こすことになる。

⑴　AM 受信機

図15.25はスプリアスレスポンス測定の構成例であり、標準信号発生器（SG）の信号を擬似アンテナを通して受信機に取り入れ、受信機の出力をレベル計で測る。

図15.25　スプリアスレスポンス測定の構成例

①　SG を測定周波数f_0に合わせ、規定の変調をする。

②　受信機の周波数をf_0に合わせ、AGC を OFF にする。

③　SG の出力を調節して、レベル計を見て受信機の出力が規定値になるようにする。このときの SG 出力をS_1〔dB〕とする。

④　SG の周波数を上下の方向へ連続的に大きく変えて、レベル計が振れる周波数f_n（スプリアス周波数）で止め、受信機の出力が規定値になるように SG の出力を調節する。このときの SG 出力をS_n〔dB〕とすれば、スプリアス周波数f_nのスプリアスレスポンスは$(S_n - S_1)$〔dB〕となる。

⑤　スプリアス周波数が複数あるときは④で求めた値のすべてがスプ

リアスレスポンスの許容値以内であることを確認する。

⑵　FM 受信機

FM 受信機のスプリアスレスポンス測定の構成は AM 受信機のスプリアスレスポンス測定の構成例と同じである。

測定法

① 　SG を測定周波数 f_0 に合わせ、規定の変調をする。

② 　受信機のスケルチを OFF にし、周波数を f_0 に合わせ、SG から一定の信号を加えておき、受信機の出力が規定の復調出力になるように受信機を調整する。

③ 　SG の出力を OFF にして、受信機の出力（雑音）を測定する。この測定値を N_0〔dB〕とする。

④ 　SG の出力を ON にして変調を OFF にし、受信機の出力が N_0 より 20〔dB〕低い値になるように SG の出力を調節する。このときの SG 出力を S_1〔dB〕とする。

⑤ 　SG の出力を 20〔dB〕程度大きくし、周波数を上下の方向へ連続的に変えて、レベル計が振れる周波数 f_n（スプリアス周波数）を探す。

⑥ 　⑤で探し出したスプリアス周波数における受信機の出力が N_0 より 20〔dB〕低い値になるように SG の出力を調節する。このときの SG 出力を S_n〔dB〕とすれば、スプリアス周波数 f_n のスプリアスレスポンスは (S_n-S_1)〔dB〕となる。

⑦ 　⑥で求めた値がスプリアスレスポンスの許容値以内であることを確認する。

15.4　データ伝送品質の測定

無線伝送では伝送回線の大部分が空間であり、一般に雑音やフェージングによって伝送パルスが影響を受ける。これらの影響の少ない回線が質の良い回線であり、その程度（伝送品質）はビット誤り率（式(8.2)）で表される。

15.4.1 ビット誤り率の測定

図15.26は伝送回線の**ビット誤り率測定**の構成例である。測定に使うパルスはランダムパルスが望ましいが、ランダムパルスでは送信機と受信機の同期をとることはできないので、パルスの発生順序（パルスパターン）が分かっている擬似ランダムパルス（PN符号など）を使う。送信側では、パルスパターン発生器で擬似ランダムパルスを発生し、送信機へ入力して変調し、パルス電波を発射する。受信側では、これを受信して同期信号を取り出し、パルスパターン発生器に加えて送信側と同期をとり、送信側と同じ擬似ランダムパルスを発生して誤りパルス検出器に入れる。また、受信機の復調出力から再生器でパルス列を取り出し、誤りパルス検出器に入れて擬似ランダムパルスと比較し、誤ったパルス数（有無が一致しないパルス数）を計数する。一定時間の計数をした後、計数値を読み取り、その時間に送信した全パルス数で割ってビット誤り率を求める。なお、このビット誤り率は被測定系が伝送回線と送受信機を含めた値であるが、伝送回線を除いたビット誤り率を測定するには送信機と受信機を近付けて、送信機に擬似負荷を接続し、これから信号を取り出し減衰器を通して受信機へ入力し、上記と同じ測定を行う。

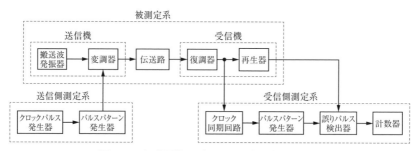

図15.26　伝送回線のビット誤り率測定の構成例

15.4.2　アイパターンの観測

PCM通信のようにパルスによって情報を送る場合、送信機に入れられたパルス波形が方形波であっても、これを送信し受信して復調し

たパルスは、図15.27(a)のように、ひずんだ角の丸い波形になってしまうのが普通である。このひずみが大きくなると、パルスの山がはっきりしなくなって、パルスの有無の判定を誤ってしまう。アイパターンは、このひずみの大きさを観測するのに使われる。

図15.27(b)のように、復調したパルス列の各周期をオシロスコープにＡスコープで重ねて描かせると目の形になるので、これを**アイパターン**と呼ぶ。アイパターンの中央部の開き x はパルス波形の左右の振れ（これを**ジッタ**という）が大きいほど小さくなり、y はパルス波形の振幅の大小と上下動が大きいほど小さくなる。パルス波形の振幅の変動は主に雑音とフェージングの影響であり、左右の変動は位相のずれによって起こるものである。したがって、アイ（目）の開きが小さくなるほどパルス波形のひずみが大きいことになり、その伝送回線の品質が悪いことが分かる。

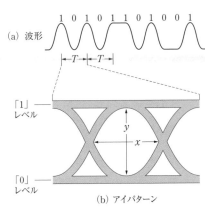

図15.27 アイパターンの原理

次の記述は、搬送波零位法による FM（F3E）波の周波数偏移の測定方法について述べたものである。□□内に入れるべき字句の正しい組合せを下の番号から選べ。なお、同じ記号の□□内には、同じ字句が入るものとする。

(1) FM 波の搬送波及び各側帯波の振幅は、変調指数 m_f を変数（偏角）とするベッセル関数を用いて表され、このうち□A□の振幅は、零次のベッセル関数 $J_0(m_f)$ に比例する。$J_0(m_f)$ は、m_f に対して図1に示すような特性を持ち、m_f が約 2.41、5.52、8.65、…のとき、ほぼ零になる。

(2) 図2に示す構成例において、周波数 f_m〔Hz〕の単一正弦波で周波数変調した FM（F3E）送信機の出力の一部をスペクトルアナライザに入力し、FM 波のスペクトルを表示する。単一正弦波の□B□を零から次第に大きくしていくと、搬送波及び各側帯波のスペクトルの振幅がそれぞれ消長を繰り返しながら、徐々に FM 波の占有周波数帯幅が広がる。

(3) □A□の振幅が零になる度に、m_f の値に対するレベル計の値（入力信号電圧）を測定する。このとき周波数偏移 f_d は、m_f 及び f_m の値を用いて、$f_d = $□C□であるので、測定値から入力信号電圧対周波数偏移の特性を求めることができ、□A□の振幅が零になるときだけでなく、途中の振幅でも周波数偏移を知ることができる。

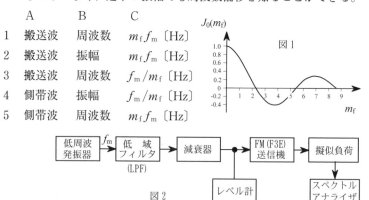

	A	B	C
1	搬送波	周波数	$m_f f_m$〔Hz〕
2	搬送波	振幅	$m_f f_m$〔Hz〕
3	搬送波	周波数	f_m / m_f〔Hz〕
4	側帯波	振幅	f_m / m_f〔Hz〕
5	側帯波	周波数	$m_f f_m$〔Hz〕

図1

図2

練 習 問 題 Ⅱ　平成29年1月施行「二陸技」（A-16）

伝送速度20〔Mbps〕のデジタル回線のビット誤り率を測定した結果、ビット誤り率が 1×10^{-8} であった。この値は、ビット誤り率の測定を開始してから終了するまでの測定時間内において、平均的に t〔s〕毎に1〔bit〕の誤りが生じていることと等価である。このときの t の値として、最も近いものを下の番号から選べ。ただし、測定時間は、t〔s〕より十分に長いものとする。

1　1〔s〕　　2　2〔s〕　　3　3〔s〕　　4　4〔s〕　　5　5〔s〕

練 習 問 題 Ⅲ　平成30年1月施行「二陸技」（A-19）

次の記述は、デジタル伝送方式において、パルスの品質を評価するアイパターンの測定について述べたものである。□□内に入れるべき字句の正しい組合せを下の番号から選べ。ただし、アイパターンは、図に示すように識別直前のパルス波形をパルス繰返し周波数（クロック周波数）に同期してオシロスコープ上に描かせたものであり、その波形には、雑音や波形ひずみ等により影響を受けた起こり得るすべての波形が重畳されているものである。

アイパターンを観測することにより受信信号の雑音に対する余裕度がわかる。すなわち、アイパターンにおける縦のアイの開きは識別における　A　に対する余裕を表し、アイパターンの横の開きは　B　信号の統計的なゆらぎ（ジッタ）等による識別タイミングの劣化に対する余裕を表す。したがって、アイの開き具合を示すアイ開口率が小さくなると、符号誤り率が　C　なる。

	A	B	C
1	信号	ドット	小さく
2	信号	クロック	小さく
3	雑音	ドット	大きく
4	雑音	ドット	小さく
5	雑音	クロック	大きく

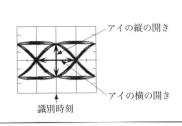

アイの縦の開き

アイの横の開き

識別時刻

次の記述は、図に示す構成例を用いた FM（F3E）送信機の占有周波数帯幅の測定法について述べたものである。□□□内に入れるべき字句の正しい組合せを下の番号から選べ。なお、同じ記号の□□□内には、同じ字句が入るものとする。

(1) 送信機の占有周波数帯幅は、全幅射電力の □ A □ 〔%〕が含まれる周波数帯幅で表される。擬似音声発生器から規定のスペクトルを持つ擬似音声信号を送信機に加え、規定の変調度に変調された周波数変調波を擬似負荷に出力する。

(2) スペクトルアナライザを規定の動作条件とし、規定の占有周波数帯幅の2〜3.5倍程度の帯域を、スペクトルアナライザの狭帯域フィルタで掃引しながらサンプリングし、測定したすべての電力値をコンピュータに取り込む。これらの値の総和から全電力が求まる。

(3) 取り込んだデータを、下側の周波数から積算し、その値が全電力の □ B □ 〔%〕となる周波数 f_1〔Hz〕を求める。同様に上側の周波数から積算し、その値が全電力の □ B □ 〔%〕となる周波数 f_2〔Hz〕を求める。このときの占有周波数帯幅は、□ C □ 〔Hz〕で表される。

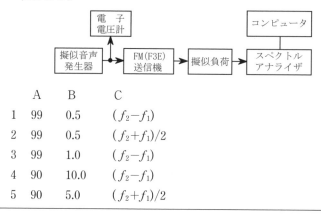

	A	B	C
1	99	0.5	(f_2-f_1)
2	99	0.5	$(f_2+f_1)/2$
3	99	1.0	(f_2-f_1)
4	90	10.0	(f_2-f_1)
5	90	5.0	$(f_2+f_1)/2$

練習問題・解答	Ⅰ	2	Ⅱ	5	Ⅲ	5	Ⅳ	1

ギリシャ文字

立　体		斜　体		呼　び　方	
大文字	小文字	大文字	小文字		
A	α	A	α	alpha	アルファ
B	β	B	β	beta	ベータ
Γ	γ	Γ	γ	gamma	ガンマ
Δ	δ	Δ	δ	delta	デルタ
E	ε、ϵ	E	ε、ϵ	epsilon	エプシロン
Z	ζ	Z	ζ	zeta	ジータ
H	η	H	η	eta	イータ
Θ	ϑ、θ	Θ	ϑ、θ	theta	シータ、テータ
I	ι	I	ι	iota	イオタ
K	$\overline{\kappa}$、κ	K	$\overline{\kappa}$、κ	kappa	カッパ
Λ	λ	Λ	λ	lambda	ラムダ
M	μ	M	μ	mu	ミュー
N	ν	N	ν	nu	ニュー
Ξ	ξ	Ξ	ξ	xi	クサイ
O	o	O	o	omicron	オミクロン
Π	π、ϖ	Π	π、ϖ	pi	パイ
P	ρ	P	ρ	rho	ロー
Σ	σ	Σ	σ	sigma	シグマ
T	τ	T	τ	tau	タウ
Υ	υ	Υ	υ	upsilon	ユプシロン
Φ	φ、ϕ	Φ	φ、ϕ	phi	ファイ
X	χ	X	χ	chi	カイ
Ψ	ψ	Ψ	ψ	psi	プサイ
Ω	ω	Ω	ω	omega	オメガ

付
録

ギリシャ文字

接頭語の名称とその記号

乗　数	接　頭　語	
	名　称	記　号
10^{24}	ヨタ	Y
10^{21}	ゼタ	Z
10^{18}	エクサ	E
10^{15}	ペタ	P
10^{12}	テラ	T
10^{9}	ギガ	G
10^{6}	メガ	M
10^{3}	キロ	k
10^{2}	ヘクト	h
10	デカ	da
10^{-1}	デシ	d
10^{-2}	センチ	c
10^{-3}	ミリ	m
10^{-6}	マイクロ	μ
10^{-9}	ナノ	n
10^{-12}	ピコ	p
10^{-15}	フェムト	f
10^{-18}	アト	a
10^{-21}	ゼプト	z
10^{-24}	ヨクト	y

図記号集

名称	新 JIS 様式	説明
線		T 接続
		二重接続
		線の交差
抵抗器		抵抗器
		可変抵抗器
		しゅう動接点付 ポテンショメータ
コイル		コイル、インダクタ、 巻線、チョーク
		鉄心入りインダクタ
スイッチ		メーク接点 （スイッチを表す図記号として使用して もよい）

名称	新 JIS 様式	説明
トランジスタ		PNP トランジスタ
		NPN トランジスタ
接合形FET	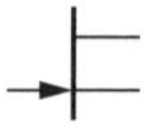	N チャネル接合形電界効果トランジスタ
	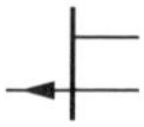	P チャネル接合形電界効果トランジスタ
絶縁ゲートFET		絶縁ゲート形電界効果トランジスタで、エンハンスメント形、単ゲート、P チャネル
	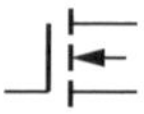	絶縁ゲート形電界効果トランジスタで、エンハンスメント形、単ゲート、N チャネル
		絶縁ゲート形電界効果トランジスタで、デプレッション形、単ゲート、P チャネル
	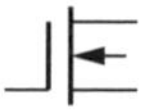	絶縁ゲート形電界効果トランジスタで、デプレッション形、単ゲート、N チャネル
演算増幅器	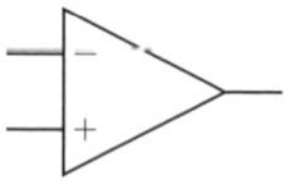	演算増幅器

付録 図記号集

334

名称	新 JIS 様式	説明
半導体ダイオード		半導体ダイオード
		発光ダイオード（LED）
		可変容量ダイオード （バラクタダイオード）
		トンネルダイオード （エサキダイオード）
		定電圧ダイオード （ツェナーダイオード）
電源		直流電源 （電池）
		交流電源
		定電流源 （理想定電流源）
		定電圧源 （理想定電圧源）
アンテナ		アンテナ （空中線）
アース		接地
		フレーム接続

参考文献

1. 一之瀬優：無線工学 A（一陸技）、情報通信振興会、2015

2. 大庭英雄、堤坂秀樹：無線通信機器、日本理工出版会、2002

3. 大類重範：アナログ電子回路、日本理工出版会、2002

4. 川口英、辰巳博章：地デジ受信機のしくみ、CQ 出版社、2010

5. 情報通信振興会：国家試験問題解答集一総通、一海通

6. 情報通信振興会：国家試験問題解答集一陸技

7. 情報通信振興会：国家試験問題解答集二陸技

8. 情報通信振興会：無線工学の基礎（一陸技）、情報通信振興会編、2013

9. 関清三：ディジタル変復調の基礎、オーム社、平成14年

10. 田中良一：やさしいディジタル無線、電気通信協会、2008

11. 千葉栄治：インマルサットシステム概説、情報通信振興会、2007

12. 津田良雄：実用航空無線技術、情報通信振興会、2012

13. 電気通信協会：ディジタル伝送用語集、オーム社、平成15年

14. 電子工学ポケットブック編纂委員会：電子工学ポケットブック、オーム社、1974

15. 電子情報通信学会：電子情報通信用語辞典、コロナ社、1999

16. 日本放送協会：NHK デジタルテレビ技術教科書、日本放送出版協会、2007

17. 日本放送協会：NHK ラジオ技術教科書、日本放送出版協会、1993

18. 生岩量久：ディジタル通信・放送の変復調技術、コロナ社、2009

19. 和田山正：誤り訂正技術の基礎、森北出版株式会社、2011

索 引

五十音順

は

ひ

ふ

一之瀬　優（いちのせ・まさる）
東京電機大学大学院修士課程修了、通信
総合研究所主任研究官、電気通信大学非
常勤講師、日本無線協会主査及び試験問
題作成委員を歴任。昭和52年、平成 8 年
及び平成18年電波受験界の講座「アンテ
ナ電波伝搬」を担当。
主な著書に一陸技・完全マスターシリー
ズ【無線工学A】【無線工学B】などが
ある。

入門
無線工学 A【無線機器および測定】（電略：キリ）

著　者　一之瀬　優

発行所　一般財団法人 **情報通信振興会**　　〒170 - 8480
　　　　　　　　　　　　　　　　　　　　東京都豊島区駒込 2 丁目 3 - 10
　　　　　　　　　　　　　　　　　　　　販売　電　話　（03）3940 - 3951
　　　　　　　　　　　　　　　　　　　　　　　FAX　（03）3940 - 4055
　　　　　　　　　　　　　　　　　　　　編集　電　話　（03）3940 - 8900

　　　　　　　　　　　　　　　　　　　　振替　00100 - 9 - 19918
　　　　　　　　　　　　　　　　　　　　URL　https://www.dsk.or.jp/

　　　　　　　　　　　　　　　　　　　　印刷　船舶印刷株式会社

定価・発行日はカバーに表示してあります。

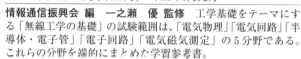

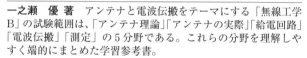